大学物理实验

主　编　汪建军

中国水利水电出版社
www.waterpub.com.cn
·北京·

内 容 提 要

本书是根据教育部《高等工科院校物理实验课程教学基本要求》，结合多年大学物理实验的教学实践经验，为适应学校发展和人才培养的需要而编写的。

全书共分四章：第一章绪论，比较系统地介绍了大学物理实验中测量误差、不确定度及数据处理的基本知识；第二章基础实验，内容涉及力学、热学、电磁学、光学；第三章近代和综合性实验，内容涉及近代物理、综合应用等方面；第四章设计性实验；书后的附录给出了实验中常用的物理常量和量值。

本书可作为大学本科工科学生的物理实验教材，也可作为教师和实验技术人员参考用书。

图书在版编目（CIP）数据

大学物理实验 / 汪建军主编. -- 北京 : 中国水利水电出版社, 2019.8(2020.7重印)
ISBN 978-7-5170-7915-6

Ⅰ. ①大… Ⅱ. ①汪… Ⅲ. ①物理学－实验－高等学校－教材 Ⅳ. ①04-33

中国版本图书馆CIP数据核字(2019)第168975号

书　　名	**大学物理实验** DAXUE WULI SHIYAN
作　　者	汪建军　主编
出版发行	中国水利水电出版社 （北京市海淀区玉渊潭南路1号D座　100038） 网址：www.waterpub.com.cn E-mail：sales@waterpub.com.cn 电话：（010）68367658（营销中心）
经　　售	北京科水图书销售中心（零售） 电话：（010）88383994、63202643、68545874 全国各地新华书店和相关出版物销售网点
排　　版	中国水利水电出版社微机排版中心
印　　刷	北京印匠彩色印刷有限公司
规　　格	184mm×260mm　16开本　12.25印张　314千字
版　　次	2019年8月第1版　2020年7月第2次印刷
印　　数	2001—5000册
定　　价	**34.00**元

前　言

物理实验是大学生在大学阶段接受系统实验方法和实验技能训练的开端，它不仅可以加深对理论的理解，更重要的是使学生获得基本的实验知识、技能和科学创新的能力，为今后从事科学研究和工程实践打下扎实基础。

本书首先在绪论中介绍测量误差、不确定度和数据处理的基础知识，然后分基础实验、近代综合实验、设计性实验进行具体的实验介绍。部分实验给出了完整的数据记录表格及具体的误差分析方法，以规范学生的实验行为。课后要求学生认真处理数据，算出测量结果及不确定度，通过手工在毫米方格纸上绘制成实验曲线（或计算机软件绘制）并打印，写出完整规范的实验报告。通过以上各环节来培养学生在实验方法、实验技能、误差分析和总结报告等各方面初步的能力以及严谨的科研作风。其次，在书中对各实验的原理都作了简明扼要的论述，对某些较深的内容，力求深入浅出地阐述物理意义。本书不另辟专章讲述实验仪器，而是把实验内容和实验仪器的介绍融于一体（或附在每个实验之后），并较详细地说明了实验的具体方法，以便学生进入实验室后能很快独立地拟订合理的实验步骤，正确使用仪器，在指定时间内独立地完成实验。每个实验都有思考题，促使学生在预习过程中积极思考、认真准备，在课后复习过程中帮助学生进一步总结，加深理解。

实验教材的编写不能脱离实验室建设和发展，本书根据浙江万里学院相关专业学院对工科类大学生公共基础实验教学的目标与要求，结合浙江万里学院目前物理实验仪器现状，广泛地参考了兄弟院校的相关教材编写。隋成华教授审阅了本书全部内容，并提出了宝贵意见，在此表示感谢。鲁俊生教授、刘青教授非常关心并大力支持本书的编写工作。

由于成书时间匆忙和编者水平所限，书中的缺点和错误在所难免，敬请广大读者批评指正。

编者

2019年2月

目录

第一章　绪　　论

一、如何做好物理实验

（一）大学物理实验课程的目的和任务

物理学是一门实验科学。物理学新概念、规律的发现和确立主要依赖于实验。物理学上的新突破也常常基于新的实验技术和方法。随着物理学的发展，人类积累了丰富的实验思想和实验方法，创造出各种精密巧妙的仪器设备；物理实验的方法、思想、仪器已被应用到各个自然科学领域。

大学物理实验是理工科各专业必修的、独立设置的一门基础实验课，是学生在大学接受系统实验方法和实验技能训练的开端。它不仅可以加深对理论的理解，更重要的是使学生获得基本的实验知识、技能和科学创新的能力，为今后从事科学研究和工程实践打下扎实基础。

本课程的目的和任务如下：

(1) 通过对实验现象的观察、分析和对物理量的测量，学习物理实验知识，加深对物理学原理的理解，提高对科学实验重要性的认识。

(2) 培养与提高学生的科学实验能力。其中包括：①能够通过阅读实验教材或资料，做好实验前的准备；②能够借助教材或仪器说明书正确使用常用仪器；③能够运用物理学理论对实验现象进行初步的分析判断；④能够正确记录和处理实验数据，绘制实验曲线，说明实验结果，撰写合格的实验报告；⑤能够完成简单的具有设计性内容的实验。

(3) 培养与提高学生的科学实验素养，要求学生具有理论联系实际和实事求是的科学作风，严肃认真的工作态度，主动研究的探索精神，遵守纪律、团结协作和爱护公共财产的优良品德。

（二）掌握物理实验课的学习特点

大学物理实验课程的教学主要由以下三个环节构成。

1. 实验前的预习

实验前的预习是一次“思想实验”的练习，即在课前认真阅读实验教材（实验指导书）和有关资料，弄清实验目的、实验原理和方法，然后在脑海中“操作”这一实验，拟出实验步骤，思考可能出现的问题和得出怎样的结论，最后写出预习报告。预习报告内容包括如下几方面：①实验名称；②实验目的；③主要仪器设备（型号、规格等）；④实验原理摘要，主要原理公式及简要说明，画出必要的原理图、电路图或光路图；⑤列出记录数据表格。

2. 实验中的操作

实验中须遵守如下规则：①遵守实验室规则；②了解实验仪器的使用及注意事项；③正式测量之前可作试验性探索操作；④仔细观察和认真分析实验现象；⑤如实记录实验数据和现象。

在实验操作中要逐步学会分析实验，不能过分地依赖教师。对所得结果要做出粗略的判断，与理论预期相一致后，再交教师签字认可。

离开实验室前，把所用的仪器整理好，数据记录须经教师审阅签名。

3. 实验报告

实验报告是实验工作的总结，实验结束后利用空余时间及时写好实验报告，对原始数据进行处理和分析，得出实验结果并进行不确定度评估和讨论。要求文字通顺、字迹端正、图表规范、数据完备和结论明确。实验报告通常分以下三部分：

(1) 预习报告。它为正式报告的前面部分，要求在实验前写好。内容包括：

1) 实验名称。

2) 实验目的。

3) 主要仪器设备（型号、规格等)。

4) 实验原理摘要：在理解的基础上，用简短的文字扼要阐述实验原理，切忌照抄。力求文图并茂。图指原理图、电路图或光路图。写出实验所用的主要公式，说明各物理量的意义和单位以及公式的适用条件等。

5) 列出记录数据表格。

(2) 实验记录。此部分在实验课上完成，内容包括：

1) 仪器：记录实验所用主要仪器的编号和规格。记录仪器编号是一个好的工作习惯，便于以后必要时对实验进行复查。

2) 内容和实验现象记录。

3) 数据：数据记录应做到整洁清晰而有条理，尽量采用列表法。要根据数据特点设计表格时，力求简单明了，达到省工少时的目的。在表格栏内要注明单位。要实事求是地记录客观现象和实验数据，切勿将数据记录在草稿纸上，应记录在实验报告原始数据栏上，不能只记结果而略去原始数据，更不可为拼凑数据而将实验记录做随心所欲地修改。

(3) 数据处理与计算。此部分在实验后进行，内容包括：

1) 作图、计算结果和不确定度估算。

2) 结果：按标准形式写出实验结果（测量值、不确定度和单位)，注明实验条件。

3) 结果分析和讨论：实验中出现的问题进行说明和讨论，归纳出实验心得或提出建议等。

4) 作业题：完成教师指定的思考题。

二、误差理论与数据处理

(一) 测量与误差的基本概念

1. 测量分类

根据获得测量结果方法的不同，测量可以分为直接测量和间接测量。

由仪器或量具直接与待测量进行比较读数，称为直接测量。如用米尺测量物体的长度，用安培表测量电流强度等所得到的相应物理量称为直接测量量。

在大多数情况下，需要借助一些函数关系由直接测量量计算出所要求的物理量，这样的测量称为间接测量，相应的物理量称为间接测量量。如钢球的体积 V 可由直接测得的直径 D，由公式 $V=\pi D^3/6$ 计算得到，这里 D 为直接测量量，V 为间接测量量。在误差分析和估算中，要注意直接测量量与间接测量量的区别。

2. 测量误差

物理量在客观上存在确定的数值，称为真值。然而，实际测量时，由于实验条件、实验方法和仪器精度等的限制或者不够完善，以及实验人员技术水平的限制，使得测量值与客观上存在的真值之间有一定的差异。为描述测量中这种客观存在的差异性，可以引进测量误差的概念。

误差就是测量值与客观真值之差。即：误差＝测量值－真值。

被测量量的真值是一个理想概念。一般来说，真值是不知道的（否则就不必进行测量了）。为了对测量结果的误差进行估算，我们用约定真值来代替真值求误差。所谓约定真值就是被认为是非常接近真值的值，它们之间的差别可以忽略不计。一般情况下，常把多次测量结果的算术平均值、标称值、校准值、理论值、公认值、相对真值等均可作为约定真值来使用。

上面定义的误差是绝对误差。在没有特别指明时，误差就是用绝对误差来表示。设测量值的真值为 x_0，则测量值 x 的绝对误差

$$\delta = x - x_0$$

但有些问题往往需要用相对误差表示。例如，用同一仪器测量 10m 长相差 1mm 与测量 100m 相差 1mm，其绝对误差相同。显然，只有绝对误差还难以评价测量结果的可靠程度，因此引入相对误差的概念。相对误差是绝对误差与真值之比，真值不能确定则用约定真值。在近似情况下，相对误差也往往表示为绝对误差与测量值之比。相对误差常用百分数表示。即

$$E = \frac{|\delta|}{x_0} \times 100\% \approx \frac{|\delta|}{x} \times 100\%$$

因此，在测量过程中，我们要建立起误差永远伴随测量过程始终的实验思想。

（二）误差的分类及其特点

按误差产生的原因和性质的不同，可分为系统误差、随机误差和粗大误差。

1. 系统误差

系统误差指误差值的大小和正负总保持不变，或按一定的规律变化，或是有规律的重复。系统误差有多种来源，从物理实验教学角度出发，主要有：

（1）仪器的零值误差。例如电表的指针不指在 0 位，即产生零值误差。所以在使用电表前，应先检查指针是否指 0，否则须旋动零位调节器使指针指 0。又如，在使用千分尺测长度之前，也要先检查 0 位，并记下零值读数（即零值误差），以便对测量值进行修正。

（2）仪器机构误差和测量附件误差等。如果天平的两个臂不完全相等，将被测物体与砝码交换，两次测量结果分别为 m_1、m_2，则被测物体质量 $m=\sqrt{m_1 m_2}$；如电学线路中电表内阻、导线电阻、接触电阻等电阻所引入的误差，有时可用替代法和示零法（电位差计、电桥）来巧妙地避免这些因素的影响。

（3）理论和方法误差。由于实验理论和实验方法不完善，所引用的理论与实验条件不符等产生的误差。如用伏安法测未知电阻，由于电表内阻的影响，使测量值比实际值总是偏大或总是偏小；单摆周期公式 $T=2\pi\sqrt{l/g}$ 的成立条件是摆角小于 5°，用此公式测量重力加速度本身带来的误差。

(4) 测量环境变化和操作人员心理、习惯等因素造成误差。前者由于周围温度、气压、振动、电磁场等环境变化发生有规律变化引起误差;后者由测量人员测量习惯不科学引起有规律变大或变小。如测量长度斜视等。

系统误差也包括按一定规律(指非统计规律)变化的误差。如"分光计的使用和调整"实验中角度的测量存在周期性的误差,此误差可通过对称设置双读数游标来解决。在"霍尔效应及磁场测量"实验中,通过改变工作电流和励磁电流(产生磁场)方向加以消除霍尔电压测量系统误差。

从上述的介绍可知,我们不能依靠在相同条件下多次重复测量来发现系统误差的存在,也不能借此来消除它的影响。原则上,系统误差均应予以改正,但系统误差的发现和估计,是个实验技能问题,常取决于实验者的经验和判断能力。在物理实验教学中,处理系统误差的通常做法是:首先,对实验依据的原理、方法、测量步骤和所用仪器等可能引起误差的因素一一进行分析,查出系统误差源;其次,通过改进实验方法、实验装置、校准仪器等方法对系统误差加以补偿、抵消;最后,在数据处理中对测量结果进行理论上修正,以消除或尽可能减小系统误差对实验结果的影响。

2. 随机误差

(1) 正态分布函数及标准误差。随机误差是指在多次等精度测量中,误差变化是随机的(包括大小和正负),没有规律,而测量次数很多时满足统计规律的误差。

随机误差是由实验中各种因素的微小变动性引起的,测量对象的自身涨落,测量仪器指示数值的变动性,以及观测者本人在判断和估计读数上的变动性等。这些因素的共同影响就使测量值围绕着测量的平均值发生有涨落的变化,这变化量就是各次测量的随机误差。

虽然某一测量值的随机误差是没有规律的,其大小和方向都是不可能预知的。但对某一量进行足够多次的测量,则会发现其随机误差服从一定的统计规律分布,即高斯分布,又称正态分布。分布函数为

$$f(\delta_x)=\frac{1}{\sigma\sqrt{2\pi}}e^{-\frac{1}{2}\left(\frac{\delta_x}{\sigma}\right)^2}$$

且满足概率

$$P(-\infty,+\infty)=\int_{-\infty}^{+\infty}f(\delta_x)\mathrm{d}(\delta_x)=1$$

式中 σ 称标准误差,是随机误差 δ_x 的分布函数 $f(\delta_x)$ 的特征量,是一个与测量条件有关的常量。它的大小反映测量的数据离散程度大小,数值越小,测量的数据越密集,精密度越高。其表达式为

$$\sigma=\lim_{n\to\infty}\sqrt{\frac{\sum_{i=1}^{n}(x_i-x_0)^2}{n}}$$

随机误差 δ_x 的分布函数 $f(\delta_x)$,如图 1-1 所示。

正态分布函数四个重要特点:

1) 单峰性:测量值与真值相差越小,这种测量值(或误差)出现的概率(可能性)越大,与真值相差大的,则概率越小。

2) 对称性:绝对值相等、符号相反的正、负误差出现的概率相等。

3）有界性：绝对值很大的误差出现的概率趋近于零。也即是说，总可以找到这样一个误差限，某次测量的误差超过此限值的概率小到可以忽略不计的地步。

4）抵偿性：随机误差的算术平均值随测量次数的增加而减小。

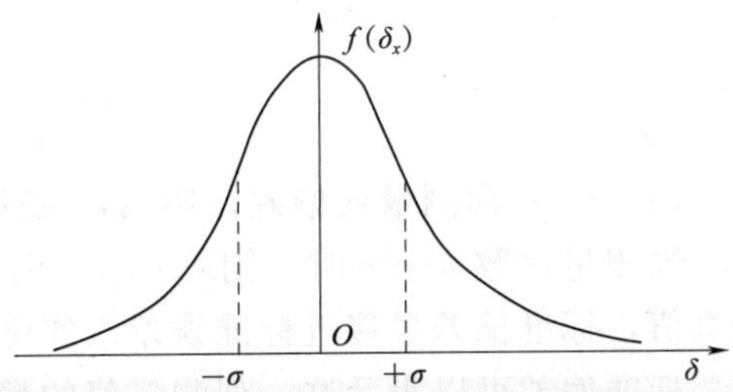

图 1-1　正态分布随机误差函数图

随机误差曲线 $f(\delta_x)$ 在区间 $d(\delta_x)$ 的面积 $f(\delta_x)d(\delta_x)$ 表示在区间 $d(\delta_x)$ 的概率，随机误差在相应区间的概率值：

$$P(-\sigma,\ +\sigma)=\int_{-\sigma}^{+\sigma} f(\delta_x)\mathrm{d}(\delta_x)=68.3\%$$

$$P(-2\sigma,\ +2\sigma)=\int_{-2\sigma}^{+2\sigma} f(\delta_x)\mathrm{d}(\delta_x)=95.4\%$$

$$P(-3\sigma,\ +3\sigma)=\int_{-3\sigma}^{+3\sigma} f(\delta_x)\mathrm{d}(\delta_x)=99.7\%$$

这说明对任一次测量，其测量值误差出现在区间（$-\sigma$，σ）内的概率为 68.3%。标准误差只是一个统计性质的特征量。表示测量值离散程度。测量值误差出现在区间（-3σ，3σ）外的概率很小，只有 0.3%。也就是说，每 1000 次测量，有 3 次测量的绝对误差值会超过 3σ。实际测量最多几十次，因此测量的绝对误差值超过 3σ 范围情况几乎不为出现，所以称 3σ 为极限误差。

由于误差存在，真值实际上无法测得。根据误差函数对称性，有

$$\lim_{n\to\infty}\frac{1}{n}\sum_{i=1}^{n}(x_i-x_0)=0$$

由算术平均值定义
$$\overline{x}=\frac{1}{n}\sum_{i=1}^{n}x_i=\frac{1}{n}(x_1+x_2+\cdots+x_n)$$

则
$$x_0=\lim_{n\to\infty}\frac{1}{n}\sum_{i=1}^{n}x_i=\overline{x}\quad(n\to\infty\text{ 情形})$$

实际测量次数有限，从而算术平均值最接近真值，是真值最佳估计值。

（2）算术平均值标准误差。对某一物理量进行等精度多次重复测量，将测得数据分成几组，每组数据个数相同。由于随机误差影响，每组数据算术平均值可能不同，因此测量列算术平均值本身存在离散性。引入算术平均值标准误差 $\sigma_{\overline{x}}$，可以证明

$$\sigma_{\overline{x}}=\frac{\sigma_x}{\sqrt{n}}$$

算术平均值标准误差表示算术平均值误差（$\overline{x}-x_0$）在区间（$-\sigma_{\overline{x}}$，$+\sigma_{\overline{x}}$）之内概率为 68.3%，或者说真值在（$\overline{x}-\sigma_x$，$\overline{x}+\sigma_x$）范围内概率为 68.3%。

（3）测量列标准偏差。标准误差 σ 只有在理论上的意义，当 $n\to\infty$ 时，才趋于正态分布。在实际测量中，真值无法测得，测量次数有限，随机误差不符合正态分布，而遵从 t 分布（又称学生分布），通常用算术平均值参与标准误差估算，实验中用贝塞尔公式计算测量列 x_1，x_2，…，x_n 标准偏差 S_x。

$$S_x = \sqrt{\frac{\sum_{i=1}^{n}(x_i - \overline{x})^2}{n-1}}$$

$(x_i - \overline{x})$ 称测量列偏差，用 Δx_i 表示，$\Delta x_i = x_i - \overline{x}$ $(i=1, 2, \cdots, n)$。

当测量次数 $n \to \infty$ 时，则 $\overline{x} \to x_0$，$S_x \to \sigma_x$，也就是说无限多次重复测量算术平均值最接近真值，标准偏差最接近标准误差。实际测量时用 S_x 估算 σ_x 值。

标准偏差可以表示这一列测量值的精密度，反映出测量值的离散性。标准偏差小就表示测量值很密集，即测量的精密度高；标准偏差大就表示测量值很分散，即测量精密度低。现在很多计算器上都有这种统计计算功能，可以直接用计算器求得 S_x 和 $\overline{x}$ 等数值。

(4) 测量列算术平均值标准偏差。由于随机误差影响，同样测量列算术平均值也存在离散性。测量列算术平均值标准偏差用 $S_{\overline{x}}$ 表示。可以证明

$$S_{\overline{x}} = \frac{S_x}{\sqrt{n}} = \sqrt{\frac{\sum_{i=1}^{n}(x_i - \overline{x})^2}{n(n-1)}}$$

所以用算术平均值标准偏差 $S_{\overline{x}}$ 估计算术平均值标准误差 $\sigma_{\overline{x}}$ 的值。

3. 粗大误差

明显超出规定条件下预期值的误差称为粗大误差，例如 $|\sigma_x| > 3\sigma$。这是在实验过程中，由于某种差错使得测量值明显偏离正常测量结果的误差。例如读错数、记错数或者环境条件突然化而引起测量值的错误等。在实验数据处理中，将某次测量误差 $|\sigma_x| > 3\sigma$ 的粗大误差应剔除。

(三) 不确定度及估算方法

1. 不确定度概念

一个完整测量不仅给出测量量大小，同时也要给出不确定度。用不确定度来表征该测量结果可信赖程度。

由于真值不知道，因而无法确定误差的大小。因此，实验数据的处理只能求出实验的最佳估计值及其不确定度，通常把测量结果表示为

测量值＝最佳估计值±不确定度(单位)

如基本物理常数基本电荷表达式：

基本电荷 $e = (1.6021773 \pm 0.0000003) \times 10^{-19}$ C

何为不确定度？不确定度是指由于测量误差的存在而对被测量值不能肯定的程度，或者说它表征被测量的真值在某个量值范围的一个客观的评定，是测量结果携带的必要参数。由此可见，不确定度与误差有区别。误差是一个理想的概念，一般不能精确知道，但不确定度反映误差存在分布的范围，可由误差理论求得。

不确定度一般包含多个分量，按其数值的评定方法可归并为两类：

(1) A 类不确定度：多次重复测量时用统计方法计算的那些分量 Δ_A。

(2) B 类不确定度：用其他非统计方法估出的那些分量 Δ_B，它们只能基于经验或其他信息作出评定。

2. 直接测量不确定度估算方法

(1) A 类不确定度分量的估算。实际测量中，一般只能进行有限次测量，这时随机误

差不完全服从正态分布规律，而是服从 t 分布的规律。这种情况下，不确定度 A 类分量 Δ_A 等于测量值的标准偏差 S_x 乘以一因子 $t_p(n-1)/\sqrt{n}$，但在大学物理实验中为简化起见，直接取

$$\Delta_A = S_x$$

（2）B 类不确定度分量的估算。一般用近似的等价标准差 Δ_B 表征：$\Delta_B=\Delta_{仪}/C$。

其中，$\Delta_{仪}$为仪器误差，C 为修正因子。但在大学物理实验中为简化起见，直接取 $C=1$，则 $\Delta_B=\Delta_{仪}$，$\Delta_{仪}$可由以下途径获得：

1）仪器铭牌或说明书给出。

2）仪表准确度等级获得。$\Delta_{仪}=k\%\times$量程，式中 k 为仪器准确度等级。

3）连续读数仪器 $\Delta_{仪}=$ 最小分度值一半。

4）非连续读数仪器 $\Delta_{仪}=$ 最小分度值。

5）数字式仪表取末位±1 或±2。

例如 0～25mm 的一级千分尺（螺旋测微器）的仪器误差 $\Delta_{仪}=0.004$mm（计量标准规定）；0～300mm 的游标卡尺的仪器误差 $\Delta_{仪}=0.02$mm（游标有 50 分格）；普通米尺 $\Delta_{仪}=0.5$mm；如果数字万用表的读数为 15.25V，则 $\Delta_{仪}=0.01$V。

实验室常用测量仪器中连续读数仪器指米尺、千分尺、各类指针式仪表（电压、电流、欧姆表等）、温度计等；非连续读数仪器指游标卡尺、分光计、电阻箱、箱式电桥等。在工业或商业用途上，仪器误差置信概率为 95%。

（3）合成不确定度。A 类和 B 类分量采用"方、和、根"，得到直接测量的合成不确定度

$$\Delta=\sqrt{\Delta_A^2+\Delta_B^2}\approx\sqrt{S_x^2+\Delta_{仪}^2}\text{（置信概率 }P=95\%\text{）}$$

不确定度大小与置信概率有关。国家计量技术规范《测量不确定度评定与表示》（JJF 1059—1999）推荐三种置信概率，分别是 68%、95%和 99%，给出测量结果不确定度时，除 $P=95\%$外，其他两个必须注明 P 值。

例 1-1 用千分尺（$\Delta_{仪}=0.004$mm）对一钢丝直径 d 进行六次测量，读数分别为 1.577mm、1.580mm、1.578mm、1.581mm、1.575mm、1.576mm，千分尺零位读数（零误差）为 0.006mm，求出测量结果。

解：读数平均值 $\overline{d}_{(0)}=\frac{1}{6}\sum_{n=1}^{6}d_i=1.578(\text{mm})$

测量平均值 $\overline{d}=\overline{d}_{(0)}-d_0=1.572(\text{mm})$

$$S_d=\sqrt{\frac{\sum_{n=1}^{6}(d_i-1.578)^2}{6-1}}=0.0023(\text{mm})$$

$$\Delta_d=\sqrt{S_d^2+\Delta_{仪}^2}=\sqrt{0.0023^2+0.004^2}=0.0046\approx0.005(\text{mm})$$

钢丝直径测量结果 $d=1.572\pm0.005(\text{mm})$

请特别注意：以后在大学物理实验报告中，任何一个物理量的测量结果都应该以上述结果表达形式给出，即必须表示成：测量值=最佳估计值±不确定度（单位）。

3. 间接测量不确定度估算

上面介绍的是直接测量，对于间接测量的物理量处理如下。设间接测量值 y 是各相互

独立的直接测量值 $x_1,x_2,\cdots,x_m$ 的函数

$$y=f(x_1,x_2,\cdots,x_m)$$

其中 $x_1=\overline{x}_1+\Delta_{x1}$，$x_2=\overline{x}_2\pm\Delta_{x2}$，…，$x_m=\overline{x}_m\pm\Delta_{xm}$ [按照上面介绍的方法，每个直接测量结果表示成测量值=最佳估计值±不确定度（单位）]。

把每个直接测量的平均值带入，则间接测量值 y 最佳估算值

$$\overline{y}=f(\overline{x}_1,\overline{x}_2,\cdots,\overline{x}_m)$$

对函数求偏微分 $$\mathrm{d}y=\frac{\partial y}{\partial x_1}\mathrm{d}x_1+\frac{\partial y}{\partial x_2}\mathrm{d}x_2+\cdots+\frac{\partial y}{\partial x_m}\mathrm{d}x_m$$

因不确定度 Δ 是微小的量，相当于数学中“增量”，因此间接测量的计算公式与数学中全微分公式基本相同。不同之处：①要用不确定度 Δ_x 等替代微分 $\mathrm{d}x$ 等；②要考虑不确定度合成的统计性质，一般是用“方、和、根”的方式进行合成。于是间接测量不确定度

$$\Delta_y=\sqrt{\left(\frac{\partial f}{\partial x_1}\Delta_{x1}\right)^2+\left(\frac{\partial f}{\partial x_1}\Delta_{x2}\right)^2+\cdots+\left(\frac{\partial f}{\partial x_m}\Delta_{xm}\right)^2}$$

和直接测量一样，间接测量结果也应该表示为

$$y=\overline{y}\pm\Delta_y$$

对于积商形式函数，两边取对数

$$\ln y=\ln f(x_1,x_2,\cdots,x_m)$$

间接测量值 y 的相对不确定度

$$\frac{\Delta_y}{\overline{y}}=\sqrt{\left(\frac{\partial \ln f}{\partial x_1}\Delta_{x1}\right)^2+\left(\frac{\partial \ln f}{\partial x_2}\Delta_{x2}\right)^2+\cdots+\left(\frac{\partial \ln f}{\partial x_m}\Delta_{xm}\right)^2}$$

上述求解间接测量值 y 的不确定度过程仅供参考，大学物理实验中，对于间接测量的物理量，一般都已给出求解测量值 y 的不确定度的具体公式，无须再去推导。

例 1-2 设 A，B，C 是独立变量，求下列两种情形下 y 不确定度：

（1）$y=3A+2B$。（2）$y=\dfrac{A^kC^l}{B^m}$。

解：（1）$\Delta_y=\sqrt{(3\Delta_A)^2+(2\Delta_B)^2}=\sqrt{9\Delta_A^2+4\Delta_B^2}$

（2）$\ln y=k\ln A+l\ln C-m\ln B$

$$\frac{\partial \ln y}{\partial A}=\frac{k}{A},\frac{\partial \ln y}{\partial B}=-\frac{m}{B},\frac{\partial \ln y}{\partial C}=\frac{l}{C}$$

$$\frac{\Delta_y}{y}=\sqrt{\left(\frac{k}{A}\Delta_A\right)^2+\left(\frac{l}{C}\Delta_C\right)^2+\left(-\frac{m}{B}\Delta_B\right)^2}$$

$$\Delta_y=\frac{A^kC^l}{B^m}\cdot\sqrt{\left(\frac{k}{A}\Delta_A\right)^2+\left(\frac{l}{C}\Delta_C\right)^2+\left(-\frac{m}{B}\Delta_B\right)^2}$$

例 1-3 圆柱体的直径和高分别为 $D=10.000\pm0.006(\mathrm{cm})$，$H=10.012\pm0.005(\mathrm{cm})$，质量 $m=713.8\pm0.3(\mathrm{g})$，圆柱体体积公式为 $V=\dfrac{\pi}{4}D^2H$，取 $\pi=3.1416$，试计算圆柱体体积 V 和密度 ρ。

解： $$\overline{V}=\frac{\pi}{4}\overline{D}^2\overline{H}=0.25\times3.1416\times10.000^2\times10.012=786.34(\mathrm{cm}^3)$$

$$\ln V=\ln\frac{\pi}{4}+2\ln D+\ln H$$

$$\frac{\partial \ln V}{\partial D}=\frac{2}{D};\frac{\partial \ln V}{\partial H}=\frac{1}{H}$$

$$\frac{\Delta_V}{\overline{V}}=\sqrt{\left(\frac{2\Delta_D}{\overline{D}}\right)^2+\left(\frac{\Delta_H}{\overline{H}}\right)^2}=\sqrt{\left(\frac{2\times0.006}{10.000}\right)^2+\left(\frac{0.005}{10.012}\right)^2}=0.00130\approx0.13\%$$

$$\Delta_V=786.34\times0.00130=1.02\approx1.1(\mathrm{cm}^3)$$

$$V=\overline{V}\pm\Delta_V=786.3\pm1.1(\mathrm{cm}^3)$$

$$\overline{\rho}=\frac{\overline{m}}{\overline{V}}=\frac{713.8}{786.3}=0.9078(\mathrm{g/cm}^3)$$

$$\frac{\Delta_\rho}{\overline{\rho}}=\sqrt{\left(\frac{\Delta_m}{\overline{m}}\right)^2+\left(\frac{\Delta_V}{\overline{V}}\right)^2}=\sqrt{\left(\frac{0.3}{713.8}\right)^2+\left(\frac{1.1}{786.3}\right)^2}=0.00146\approx0.15\%$$

$$\Delta_\rho=0.9078\times0.00146=0.00133\approx0.0014(\mathrm{g/cm}^3)$$

$$\rho=\overline{\rho}\pm\Delta_\rho=0.9078\pm0.0014(\mathrm{g/cm}^3)$$

（四）有效数字及运算

1. 有效数字概念

测量总伴随着误差，它的值不能无止境地写下去。例如，用米尺测量某一物体长度，测得长度读数 7.26cm，显然 7.2 是准确数字，而 6 是可疑数字；又如某长方体体积计算值 $V=112.3456\mathrm{cm}^3$，不确定度 $\Delta_V=0.5\mathrm{cm}^3$，小数点后第一位 3 已是可疑数字，这样 V 的最后三位数 456 没有意义，结果表示为 $V=(112.3\pm0.5)\mathrm{cm}^3$，这样包含准确数字和一位可疑数字称有效数字。测量结果应该用有效数字表示。

(1) 有效数字位数。如 0.507、0.0753、5.73×10^4 是三位有效数字，0.5730、0.5703 是四位有效数字。小数点后首位非零数字之前的零不计入有效数字位数。在十进制单位换算中，只涉及小数点位置改变，而不允许改变有效位数。例如 5.6m 为两位有效数字，在换算成 km 或 mm 时应写为

$$5.6\mathrm{m}=5.6\times10^{-3}\mathrm{km}=5.6\times10^{3}\mathrm{mm}$$

而 5.6m＝5600mm 的写法是错的。

(2) 有效数字位数由测量仪器决定。测量仪器精度越高，测量数据有效数字位数也越多。如分别用米尺、游标卡尺、千分尺测长度为 16.4762mm 某物体，记数分别为 16.5mm、16.48mm、16.476mm。

2. 有效数字与不确定度

在前面（三）部分，我们要求所有测量结果必须表示成测量值＝最佳估计值±不确定度（单位）的形式，其中的最佳估计值的有效数字按照下述“有效数字的运算规则”来确定。而不确定的有效数字规定如下：

不确定度（相对不确定度）一般取一位有效数字，首位是 1 或 2 应取二位有效数字。在例题 1－1 中：用千分尺对一钢丝直径 d 进行测量，最后计算出的不确定度 $\Delta_d=\sqrt{S_d^2+\Delta_{仪}^2}=\sqrt{0.0023^2+0.004^2}=0.0046\approx0.005(\mathrm{mm})$，由于计算结果 0.0046 首位为 4，并非 1 或 2，所以只能保留一位有效数字，即写成 0.005。当然如果这里 Δ_d 计算结果为 0.0223，这时由于

首位为 2，则其不确定度 $\Delta_d=0.0223\approx0.023$，此时取二位有效数字。注意一点：对于不确定度，其有效数字只进不舍，如 $\Delta_x=0.042\approx0.05$，以确保结果的可靠性。最后的结果表达式，即：测量值＝最佳估计值±不确定度（单位），其最佳估计值和不确定度的有效数字按照上述所说确定。其结果表达式应该遵循：最佳估计值有效数字末位应与不确定度的末位对齐。

用不确定度表示的测量结果正确形式应该如：(157.6±0.3)g、(7.386±0.007)mm、$(979.35\pm0.25)\text{cm/s}^2$、$(115.80\pm0.19)\text{cm}^3$；而 (157.26±0.3)g、(157.6±0.13) 等都是不规范的形式。相对不确定度如：0.15%、0.6%、0.23%、0.3%，取一或二位有效数字。

3. 有效数字尾数修约法则（四舍六入五凑偶，而非四舍五入）

（1）要保留有效数字末位的那个数如果大于等于 6 则进位；如果小于等于 4 则舍去。

（2）紧跟要保留有效数字末位的那个数如果是 5，5 后面有不为零的数，则进位；5 后面数全为零或没有数，则看要保留有效数字末位的那个数，若是奇数进位；偶数（包括 0）不进位。

如：将下面数保留四位有效数字。

17.086→17.09	17.0846→17.08	17.075→17.08
17.085→17.08	17.0850→17.08	17.0852→17.09

4. 有效数字的运算规则

运算时应使结果具有足够的有效数字，不要少算，也不要多算。少算会带来附加误差，降低结果精度；多算没有必要，算的位数很多，但绝不可能减少误差。

有效数字运算取舍的原则是：运算结果保留一位可疑数字。

（1）加、减运算。

如：$28.6\underline{1}+2.21\underline{2}+0.0085\underline{3}=30.8\underline{3053}=30.8\underline{3}$

$78.2\underline{5}-4.67\underline{2}-5.6\underline{9}=67.8\underline{68}=67.8\underline{7}$

结论：诸量相加（相减）时，其和（差）值在小数点后所应保留的位数与诸数中小数点后位数最少的一个相同。

（2）乘、除运算。

如：$2.16\underline{8}\times20.\underline{1}=43.\underline{5768}=43.\underline{6}$

$2407.24\underline{8}\div24\underline{0}=10.\underline{0302}=10.\underline{0}$

结论：诸量相乘（除）后其积（商）所保留的有效数字，只需与诸因子中有效数字最少的一个相同。

（3）乘方、开方的有效数字与其底的有效数字相同。

如：$(5.03\underline{6})^2=25.\underline{361296}=25.3\underline{6}$

$\sqrt{28.7\underline{5}}=5.36\underline{19\cdots}=5.36\underline{2}$

（4）对数函数、指数函数和三角函数运算结果的有效数字必须按照不确定度传递公式来决定（通过例 1－4 说明）。

（5）无理常数 π，$\sqrt{2}$，…，计算过程中这些常数项参加运算时，其取的位数应比测量数据中位数最少者多取一位。例：计算圆面积公式 $S=\pi R^2$，圆半径 $R=5.60\text{cm}$，应取 $\pi=3.142$，则 $S=17.6\text{cm}^2$。

例 1－4 已知 $x=200.0\pm0.2$，$\theta=60.0°\pm0.03°$，试求：

(1) $y=\ln x$。(2) $y=\sqrt[3]{x}$。(3) $y=\sin\theta$。

解：(1) $y=\ln 200.0=5.298317367$（由函数型计算器给出）。

$$\Delta_y=\frac{\Delta_x}{x}=\frac{0.2}{200.0}=0.001$$

ln200.0 应取三位小数，即 $\ln 200.0=5.298$。

(2) $y=\sqrt[3]{200.0}=5.848035476$（由函数型计算器给出）。

$$\Delta_y=\frac{\Delta_x}{3\sqrt[3]{x^2}}=\frac{1}{3}\times(200.0)^{-\frac{2}{3}}\times 0.2=0.002$$

$\sqrt[3]{200.0}$应取三位小数，即$\sqrt[3]{200.0}=5.848$。

(3) $y=\sin 60.00°=0.866025403$（由函数型计算器给出）。

$$\Delta_y=|\cos\theta|\Delta_\theta=\cos 60.00°\times 0.03\times\frac{\pi}{180}=0.0003$$

sin60.00°应取四位小数，即 $\sin 60.00°=0.8660$。

应该指出，有效数字位数取决于测量，并非运算过程。我们不能任意增加有效数字位数。同学们最容易犯的一个错误就是在计算过程中，随意增减计算结果的有效数字。例如用米尺测量某物体长度两次结果分别为 1.10cm 和 1.11cm，则其同学们在计算平均值时一般就直接给出结果$\frac{(1.10+1.11)}{2}=1.105$cm；这是错误的，按照上述规则，最后的平均值应该是 1.10cm。目前普遍使用函数型计算器进行计算，一般可显示 10 位有效数字，实际计算时并不需要那么多，应由有效数字的运算规则合理取舍。但也不能人为减少有效数字，以确保计算的可靠性。

（五）实验数据处理方法

物理实验中常用的数据处理方法有列表法、作图法、逐差法、最小二乘法线性拟合等。

1. 列表法

在记录和处理数据时，要将数据列成表格，用表格表示数据显得清楚明了，有关物理量之间的关系以及数据和处理数据过程中存在的问题都能在表格中显示出来。列表的基本要求如下：

(1) 各栏目均应标注名称和单位。

(2) 列入表中的主要应是原始数据，计算过程中的一些中间结果和最后结果也可列入表中，但应写出计算公式，从表格中要尽量使人看到数据处理的方法和思路，而不能把列表变成简单的数据堆积。

(3) 栏目的顺序应充分注意数据的联系和计算的程序，力求条理化和简明化。

(4) 必要的附加说明，如测量仪器的规格、测量条件、表格名称等。

2. 作图法

用图线表示实验结果可以形象、直观、简便地表达物理量间的变化关系。其作用如下：①研究物理量之间的变化规律，找出对应的函数关系或经验公式；②求出实验的某些结果，如直线方程 $y=kx+b$，可根据曲线斜率求出 k 值，从曲线截距获取 b 值；③用内插法可从曲线上读取没有进行测量的某些量值；④用外推法可从曲线延伸部分估读出原测量数据范围以外的量值；⑤作图连线对数据点可起到平均的作用，从而减少随机误差。

要特别注意的是，实验作图不是示意图，而是用图来表达实验中得到物理量间的关系，同时还要求反映出测量的准确程度，因而必须按一定原则作图。

（1）作图规则。

1）选用合适的坐标纸：根据作图参量的性质，选用毫米直角坐标纸、双对数坐标纸、单对数坐标纸或其他坐标纸等。坐标纸的大小应根据测得数据的大小、有效数字多少及结果的需要来定。

2）坐标轴的比例与标度：①一般以横轴代表自变量，纵轴代表因变量；②轴的末端近旁标明所代表的物理量及其单位；③适当选取横轴和纵轴的比例和坐标起点，使曲线大体上充满整个图纸；④图上实验点的坐标读数的有效数字位数不能少于实验数据的有效数字位数；⑤横轴和纵轴的标度可以不同，交点可不为零。

3）曲线的标点与连线：数据点应该用大小适当的明显标志×、+、△，同一张图上的几条曲线应采用不同的标志；连线要光滑，不一定要通过所有的数据点。因为每个实验点的误差情况不一定相同，因此不应强求曲线通过每个实验点而连成折线（仪表的校正曲线不在此例）。应该按实验点的总趋势连成光滑的曲线或直线，要做到图线两侧的实验点与图线的距离最为接近且分布大体均匀。

4）写明图线特征和名称：利用图上空白位置注明实验条件和从图线上得出某些参数，如截距、斜率、极大值、极小值、拐点和渐近线等。有时需要通过计算求一些特征量，图上还须标出被选计算点的坐标及计算结果，最后写上图的名称。有时也可列出主要的实验对象和条件等。

（2）图解法求拟合直线的斜率和截距。设拟合直线为 $y=a+bx$。

1）求斜率：$b=\dfrac{y_2-y_1}{x_2-x_1}$。可在所作直线上选取两点 $P_1(x_1,y_1)$ 和 $P_2(x_2,y_2)$ 代入上式求得。P_1 与 P_2 两点一般不取原来测量的数据点，并且要尽可能相距得远些，在图上标出它们的坐标。为便于计算，x_1、x_2 两数值可选取整数，斜率的有效数字要按有效数字规则计算。

2）求截距：如果横坐标的起点为零，则直线的截距可直接从图线中读出，否则可用下式计算截距：$a=\dfrac{x_2y_1-x_1y_2}{x_2-x_1}$。

例 1-5 用惠斯登电桥测定铜丝在不同温度下的电阻值，数据见表 1-1。试求铜丝的电阻与温度的关系。

表 1-1 **铜丝电阻与温度的关系**

温度 t/℃	30.0	37.0	40.0	43.0	48.0	53.0	55.0	60.0	67.0	70.0
电阻 R_t/Ω	57.28	58.82	59.47	60.10	61.16	62.23	62.65	63.72	65.20	65.81

解：以温度 t 为横坐标，电阻 R_t 为纵坐标。横坐标选取 2mm 代表 10℃，纵坐标 1mm 代表 0.20Ω。绘制铜丝电阻与温度曲线如图 1-2 所示。由图中数据点分布可知，铜丝电阻与温度为线性关系，满足下面线性方程

$$R_t=a+bt$$

在图线上取两点（图 1-2），计算斜率 b 和截距 a 得

$$b=\frac{64.80-58.40}{65.0-35.0}=0.213(\Omega/℃)$$

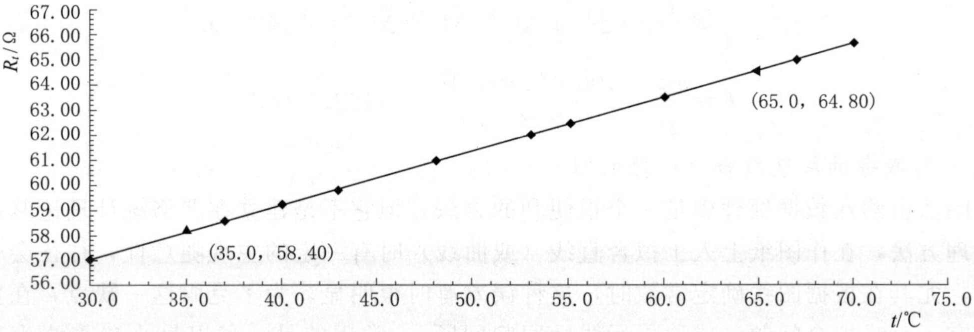

图 1-2 铜电阻 R_t-t 关系图

$$a=\frac{65.0\times58.40-35.0\times64.80}{65.0-35.0}=50.9(\Omega)$$

所以，铜丝电阻与温度的关系为

$$R_t=50.9+0.213t(\Omega)$$

如果两物理量成正比，在实验中常作多次测量，用图解法求比例系数，这样做可使结果比单次测量准确得多。

3. 逐差法

当两个被测物理变量之间存在多项式函数关系，且自变量为等间距变化时，常常用逐差法处理测量数据，既能充分利用实验数据，又具有减小误差的效果。

逐差法就是把实验得到的偶数组数据分成前后两组，将对应项分别相减。另外，还可以对实验数据进行逐次相减，这样可验证被测量之间的函数关系，及时发现数据差错或数据规律。本书中有杨氏模量实验、声速测量实验、牛顿环实验、迈克尔逊干涉测激光波长实验、夫兰克-赫兹实验等都要用逐差法处理数据。

下面举例说明用逐差法处理实验数据过程和方法。

例 1-6 每个砝码质量为 100 克，实验测得弹簧所挂砝码与弹簧长度（单位：cm）关系数据见表 1-2。求弹簧劲度系数。

表 1-2 弹簧劲度系数数据记录表

所挂砝码 m/g	100	200	300	400	500	600	700	800
弹簧长度 l/cm	10.00	10.80	11.59	12.42	13.21	14.00	14.82	15.61

解： 低组 l_i 10.00 10.80 11.59 12.42

高组 l_{i+4} 13.21 14.00 14.82 15.61

$\Delta l_4=l_{i+4}-l_i$ 3.21 3.20 3.23 3.19

$$\Delta l_4=(3.21+3.20+3.23+3.19)\div4=3.21(\text{cm})$$

$$\overline{k}=\frac{mg}{\Delta l}=\frac{4mg}{\Delta l_4}=\frac{4\times100\times9.80\times10^{-3}}{3.21\times10^{-2}}=122(\text{N/m})$$

也可以用逐差法直接列式计算，测量次数 $n=8$，即 $n/2=4$。

$\Delta l_1=13.21-10.00=3.21$；$\Delta l_2=14.00-10.80=3.20$；$\Delta l_3=14.82-11.59=3.23$；$\Delta l_4=15.61-12.42=3.19$。

$$\overline{\Delta l}=\frac{1}{4}\times\frac{1}{4}\times(\Delta l_1+\Delta l_2+\Delta l_3+\Delta l_4)=0.802(\text{cm})$$

$$\bar{k}=\frac{mg}{\overline{\Delta l}}=\frac{100\times9.80\times10^{-3}}{0.802\times10^{-2}}=122(\text{N/m})$$

4. 实验数据的线性拟合（线性回归）

作图法虽然在数据处理中是一个很便利的方法，但它不是建立在严格统计理论基础上的数据处理方法，在作图纸上人工拟合直线（或曲线）时有一定的主观随意性，往往会引入附加误差，尤其在根据图线确定常数时，这种误差有时很明显。为了克服这一缺点，在数据统计中研究了直线拟合问题（或称一元线性回归问题），常用的是一种以最小二乘法为基础的实验数据处理方法。感兴趣同学可自行查阅相关资料，大学物理实验中为简化，略去。

此外相关计算机软件如 Excel，以及专业的 Matlab、Oringe、Mathematics 等可以提供各种所需的数据处理功能，有余力同学可学习参考。

三、练习题

1. 试述读数值、测量值、平均值、真值的区别；零值误差、误差、偏差、标准偏差、不确定度的区别；系统误差、随机误差和粗大误差的区别。正态分布随机误差特点及三个重要区间概率。

2. 某物体长度为 2.38565cm，分别用游标卡尺（游标 50 分格）、螺旋测微器对其测量，根据有效数字尾数修约法则，测量值分别记为多少？

3. 千分尺（$\Delta_{仪}=0.004$mm）重复测量某圆柱体的直径共六次，测量值为（单位 mm）6.298、6.296、6.278、6.290、6.262、6.280。试求测量结果（最佳值、不确定度和单位）。

4. 不确定度一般取几位有效数字？测量结果的有效数字位数如何由其不确定度决定？

5. 某电阻的测量结果为 $R=(47.28\pm0.05)\Omega$，下列各种解释中哪种是正确的？

（1）测量值是 47.23Ω 或 47.33Ω；（2）真值是位于 47.23Ω 到 47.33Ω 之间的某一值。

（3）被测电阻的真值位于区间［47.23Ω，47.33Ω］之外的可能性（概率）很小。

6. 改正下列错误，写出正确结果：

（1）$L=3571\text{km}=3571000\text{m}=357100000\text{cm}$。（2）$d=10.430\pm0.3\text{cm}$。

（3）$F=25860\pm300\text{N}$。　　（4）$U=0.258\text{V}\pm4.5\text{mV}$。

（5）$E=(1.95\times10^{11}\pm5.79\times10^{9})\text{N/m}^2$。

7. 实心金属球直径 $D=1.876\pm0.002(\text{cm})$，质量 $m=27.1\pm0.1(\text{g})$，已知球体积 $V=\pi D^3/6$，取 $\pi=3.1416$。试计算：（1）球的体积 V。（2）金属的密度 ρ。

8. 测量弹簧劲度系数实验，每个砝码质量 100g，取重力加速度 $g=9.80\text{m/s}^2$，实验测得弹簧所挂砝码质量与弹簧长度关系数据见表 1-3。

表 1-3　实验测得弹簧所挂砝码质量与弹簧长度关系

m_i/g	100	200	300	400	500	600	700	800
l_i/cm	10.00	10.80	11.59	12.42	13.21	14.00	14.82	15.61

分别用下列两种数据处理方法求弹簧劲度系数：

（1）作图并用图解法求弹簧劲度系数 k_1。

（2）用逐差法求弹簧劲度系数 k_2。

9. 利用单摆测量重力加速度 g，当摆角很小时有 $T=2\pi\sqrt{l/g}$ 的关系。式中 l 为摆长，T 为周期。现测得实验数据见表 1－4，试用图解法（图作在毫米方格纸上）求出重力加速度 g。

表 1－4　　单摆测重力加速度的实验数据

摆长 l/cm	46.1	56.5	67.3	79.0	89.4	99.9
周期 T/s	1.363	1.507	1.645	1.784	1.900	2.008

10. 不同温度下的铜电阻阻值见表 1－5，试用最小二乘法进行直线拟合（用 Excel 软件处理数据），已知铜电阻温度特性 $R_t=R_0(1+\alpha t)$，求出铜电阻温度系数 α 和 0℃时电阻值 R_0 及拟合直线方程相关系数 r。

表 1－5　　不同温度下铜电阻阻值

t/℃	20.0	25.0	30.0	35.0	40.0	45.0	50.0	55.0	60.0	65.0
R_t/Ω	55.84	56.69	57.50	58.29	59.08	59.85	60.66	61.47	62.26	63.34

四、实验报告范例

实验名称：静态拉伸法测金属丝杨氏模量

班级：________　姓名：________　学号：________　成绩：________

【实验目的】

（1）掌握"光杠杆"测量微小长度变化的原理。

（2）学会用"对称测量"消除系统误差和用逐差法处理数据。

（3）学习如何依实际情况对各个测量量进行误差估算。

【实验仪器】

杨氏弹性模量测量仪（包括望远镜、测量架、光杠杆、标尺、砝码、金属丝）、钢卷尺、游标卡尺、螺旋测微器。

【实验原理】

请仔细阅读，并总结提炼；应主要包括以下几个方面：①实验测什么？搞清楚实验所要测量的物理量定义，相关背景，实际中应用等；②实验怎么测？应包含主要的实验原理公式；③实验为什么这样测？比如该实验为何要采用光杠杆法？光杠杆法具体是什么原理？如果不采用光杠杆法，还有别的方法吗？

【数据记录与处理】

（1）测量微小伸长量 Δn（表 1－6）。

表 1－6　　测量微小伸长量　　（单位：cm）

拉伸力/N	标尺读数								
	拉伸力增加时		拉伸力减小时		平均值 $\overline{n}=\frac{n_i+n_i'}{2}$		$(\Delta n)_i=\lvert\overline{n}_{i+4}-\overline{n}_i\rvert$		$\lvert(\Delta n)_i-\overline{(\Delta n)}\rvert$
M_0g	n_0	0.00	n_0'	0.01	$\overline{n}_0$	0.01	$(\Delta n)_0$	1.81	0.01
$(M_0+1)g$	n_1	0.45	n_1'	0.49	$\overline{n}_1$	0.47	$(\Delta n)_1$	1.81	0.01
$(M_0+2)g$	n_2	0.91	n_2'	0.98	$\overline{n}_2$	0.94	$(\Delta n)_2$	1.82	0.00

续表

拉伸力 /N	标尺读数						$(\Delta n)_i=\|\overline{n}_{i+4}-\overline{n}_i\|$		$\|(\Delta n)_i-\overline{(\Delta n)}\|$
	拉伸力增加时		拉伸力减小时		平均值 $\overline{n}=\frac{n_i+n_i'}{2}$				
$(M_0+3)\ g$	n_3	1.37	n_3'	1.40	$\overline{n}_3$	1.38	$(\Delta n)_3$	1.85	0.03
$(M_0+4)\ g$	n_4	1.80	n_4'	1.85	$\overline{n}_4$	1.82			
$(M_0+5)\ g$	n_5	2.27	n_5'	2.30	$\overline{n}_5$	2.28	$\overline{(\Delta n)}=1.82$		$\Delta_{\Delta n}=0.01$
$(M_0+6)\ g$	n_6	2.76	n_6'	2.75	$\overline{n}_6$	2.76			
$(M_0+7)\ g$	n_7	3.23	n_7'	3.23	$\overline{n}_7$	3.23			

注 表1-6中$\Delta_{(\Delta n)}$是微小伸长量Δn的平均偏差［即（0.01+0.01+0.00+0.03）/4］，这里用平均偏差近似表示标准偏差或不确定度，是一种简化处理方法。

微小伸长量测量结果：$\Delta n=(1.82\pm0.01)\text{cm}$

（2）测量钢丝直径d（表1-7）。

表1-7 测量钢丝直径 （单位：mm）

次数 i	1	2	3	4	5	6
d_i/mm	0.602	0.598	0.603	0.601	0.602	0.599
$\overline{d}$	0.601		S_d	$S_d=0.00436$		
Δ_d	$\Delta_d=0.00592\approx0.006$		$d=\overline{d}\pm\Delta_d$	$d=0.601\pm0.006$		

其中：$S_d=\sqrt{\dfrac{\sum\limits_{i=1}^{6}(d_i-\overline{d})^2}{5}}$，$\Delta_d=\sqrt{S_d^2+0.004^2}$。

（3）单次测量L、d、b值，估计不确定度，写出L、D、b测量结果。

$$L=96.2\pm0.5(\text{cm})$$

$$D=127.8\pm0.5(\text{cm})$$

$$b=7.528\pm0.002(\text{cm})$$

注意：实验中测量L、D采用的是最小刻度为2mm的米尺，按照“B类不确定度分量的估算”部分知识，其不确定度应该是“连续读数仪器$\Delta_{仪}=$ 最小分度值一半”，即应该取1mm=0.1cm，但是由于实际测量很难达到相应的测量精度，故这里取0.5cm。

（4）计算杨氏模量最佳估计值及相对不确定度。

$$\overline{E}=\frac{8\overline{DLF}}{\pi\overline{d}^2\,\overline{b}\,\overline{\Delta n}}=\frac{8\times107.8\times96.2\times9.80\times4}{3.14\times0.0601^2\times7.528\times1.82}=2.01\times10^7(\text{N/cm}^2)$$

$$\frac{\Delta_E}{\overline{E}}=\sqrt{\left(\frac{\Delta_L}{\overline{L}}\right)^2+\left(\frac{\Delta_D}{\overline{D}}\right)^2+\left(\frac{2\Delta_d}{\overline{d}}\right)^2+\left(\frac{\Delta_b}{\overline{b}}\right)^2+\left(\frac{\Delta_{\Delta n}}{\overline{(\Delta n)}}\right)^2}$$

$$=\sqrt{\left(\frac{0.5}{96.2}\right)^2+\left(\frac{0.5}{127.8}\right)^2+\left(\frac{2\times0.006}{0.601}\right)^2+\left(\frac{0.002}{7.528}\right)^2+\left(\frac{0.01}{1.82}\right)^2}$$

$$=0.217=2.2\%$$

$$\Delta_E=\overline{E}\times\frac{\Delta_E}{\overline{E}}=0.044\times10^7\approx0.05\times10^7(\text{N/cm}^2)$$

杨氏模量测量结果：　　$E=\overline{E}\pm\Delta_E=(2.01\pm0.05)\times10^7(\mathrm{N/cm^2})$

【原始数据记录】

实验课堂上记录的数据应全部记录在原始数据部分，而所有处理部分应该在上面的“**数据记录与处理**”部分完成。切记：不要在原始数据部分直接处理！

第二章　基 础 实 验

学生学习大学物理实验是一个逐步深入的过程，首先要注意培养实验习惯，了解实验进程和实验方法。对实验的兴趣和重视程度，主要取决于学生的态度，学生必须自始至终持有耐心，并且认识到每一个实验都是用来达到某些实验目的的。

实验一～三是力学实验，实验四和实验五是热学实验，实验六是声学实验。通过实验学会常用仪器的构造原理、性能和操作方法。在力学实验、热学实验、声学实验中要巩固不确定度和有效数字的应用。

电磁学是现代科学技术的主要基础之一，在此基础上发展起来的电工技术、电子技术不仅广泛应用于农业、工业、通信、交通、国防、科学技术研究各个领域，而且已经深入到家用设备。掌握电磁学基本方法已成为各学科领域的基本要求。电磁学实验包括基本电磁量测量方法以及电磁测量仪器仪表的工作原理和使用方法两部分。电磁测量可以实现电磁量和电路元件特性的测量，还可以通过各种传感器将各种非电量转换为电量进行测量。电磁量测量的优点特别适用于迅变和动态过程的测试和记录。电磁量测量特点：①测量精度高；②仪器灵敏度高；③响应快；④测量范围宽；⑤可实现自动化测量；⑥非电量通过各种传感器转换为相应的电量进行测量。电磁量测量内容：①电磁量的测量，如电压、电流、功率、介电常数、电导率、磁感应强度、磁导率等；②信号特性的测量，如频率、周期、相位、波形等；③电路元件参数测量，电阻、电容、电感、Q 值等；④各种非电量（如重力、压力、位移、速度、温度等）通过各种传感器转换为电学量进行测量。电磁量测量方法：如模拟法、比较法、直接法、补偿法和非电量的电测法在电磁测量中常常用到，在物理实验中要注意这些基本方法的学习和应用。实验七～十二，实验二十一～二十四，实验二十七～二十八，实验三十都是电磁学实验。

实验十三～十六是光学实验，实验十七、实验二十、实验三十一和实验三十二也要用到许多光学仪器。光学仪器具有精密度高、损坏后不易复原等特点，所以光学实验对同学的实验技能提出了更高的要求，实验过程中尤其要注意对光学元件和仪器的正确使用和维护。通常光学元件大多是由光学玻璃制成的，其光学表面大多经过精密的研磨和抛光，有时为了提高其反射率和折射率，在其表面还镀有薄膜，而其机械性能和化学性能可能很差，所以在使用过程中必须遵循下列基本的规则：①必须了解仪器的操作和使用方法后方可使用；②轻拿轻放，特别要防止摔落，不使用的光学元件应随时放入专用盒内；③切忌用手触摸元件的光学表面，如必须用手拿光学元件时，只能接触其磨砂面；④光学元件表面上如有灰尘，用专用的干燥脱脂棉轻轻拭去或用橡皮球吹掉；⑤光学表面上若有轻微的污痕或指印，用清洁的镜头纸轻轻拂去；⑥调整光学仪器时，要耐心细致，动作要轻、慢，严禁盲目操作；⑦仪器用毕应放回盒内或加罩。光学测量中另一个经常遇到的问题是“视差”的消除。这里的“视差”指的是物体经物镜成的像和十字叉丝平面不重合所引起的读数误差，消除的方法是稍稍调节像或标尺的位置，并同时微微晃动眼睛观察，直到它们之间无视差后方可进行测量。光学实验中经常要用一个或多个透镜成像。为了获得质量好的像，必须进行共轴调节：使各个透镜的主光轴重合（即共轴）并使物体位于透镜的主光轴附近。此外透镜成像公式中的物距、像距等都是沿主光轴计算长度的，为了测量准确，必须使透镜的主光轴与带有刻度的标尺平行。

实验一 静态拉伸法测金属丝杨氏模量

杨氏模量是表征固体力学性质的重要物理量，它是工程技术中机械构件选材时的重要参数。本实验不仅介绍了如何测定此参数，更重要的是通过实验可以领会仪器的配置原则，了解为什么对不同的长度测量应选用不同的测量仪器，以及在测量中由于测量对象及方法的改变如何估算其系统误差。在实验方法上，通过本实验可以看到，以"对称测量法"消除系统误差的思路在其他类似的测量中极具普遍意义。在实验装置上的光杠杆放大法，由于它的性能稳定、高精度，而且是线性放大，所以在设计各类测试仪器中得到广泛的应用。

【实验目的】

(1) 掌握"光杠杆"测量微小长度变化的原理。

(2) 学会用"对称测量"消除系统误差和用逐差法处理数据。

(3) 学习如何依实际情况对各个测量量进行误差估算。

【实验原理】

当截面为 S，长度为 L_0 的棒状（或线状）材料，受拉力 F 拉伸时，伸长了 ΔL，其单位面积截面所受到的拉力 F/S 称为应力，而单位长度的伸长量 $\Delta L/L_0$ 称为应变。根据胡克定律，在弹性形变范围内，棒状（或线状）固体所受应力与它的应变成正比：

$$\frac{F}{S}=E\,\frac{\Delta L}{L_0}$$

其比例系数 E 取决于固体材料的性质，称为杨氏弹性模量。

$$E=\frac{FL_0}{S\Delta L} \tag{2-1}$$

本实验是测定某一种型号钢丝的杨氏弹性模量，其中 F、S、L_0 都可用常规的测量方法测量，但 ΔL 却难以用常规的方法精确测定，故采用"光杠杆"放大法来测定这一微小的长度改变量 ΔL。

图 2-1 所示为光杠杆测微小长度变化的原理图。图 2-2 所示为光杠杆镜示意图，图 2-3所示为杨氏模量实验仪器（主要部分）。其中 G 是光杠杆镜。图 2-1 中 b 是光杠杆常数，就是光杠杆镜后足尖到前两足尖连线的距离，即三足尖连线形成等腰三角形的高。光杠杆镜后足尖置于夹紧钢丝的圆柱体 B 上，并且 B 刚好悬在 C 台圆孔中间（图 2-3），光杠杆镜后足尖随被测钢丝的伸长、缩短而下降、上升，从而改变了杠杆镜面法线的方向，使得钢丝原长为 L_0时，位于图右侧的望远镜从杠杆镜面中看到的读数为 n_1；而钢丝受力伸长后光杠杆镜的位置变为虚线所示，此时望远镜上的读数则为 n_2。这样，钢丝的微小伸长量 ΔL，对应有光杠杆镜的角度变化量 θ，而对应的读数变化则为 $\Delta n=n_1-n_2$。从图 2-1 中可见：

$$\theta\approx\frac{\Delta L}{b} \tag{2-2}$$

$$2\theta\approx\frac{|n_2-n_1|}{D}=\frac{\Delta n}{D} \tag{2-3}$$

将式 (2-2) 和式 (2-3) 联立后得

$$\Delta L=\frac{b}{2D}\Delta n \tag{2-4}$$

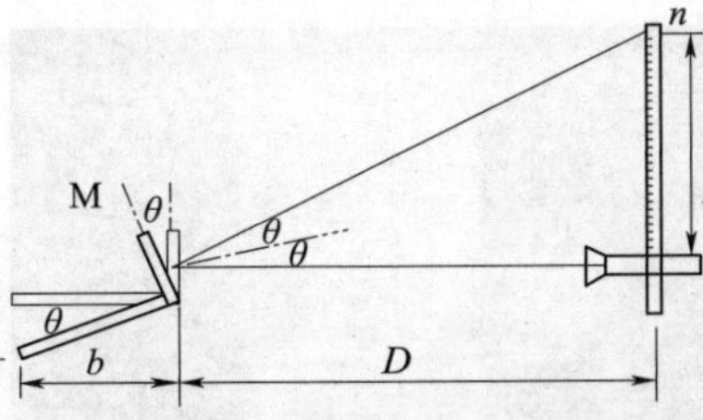

图 2-1　光杠杆原理

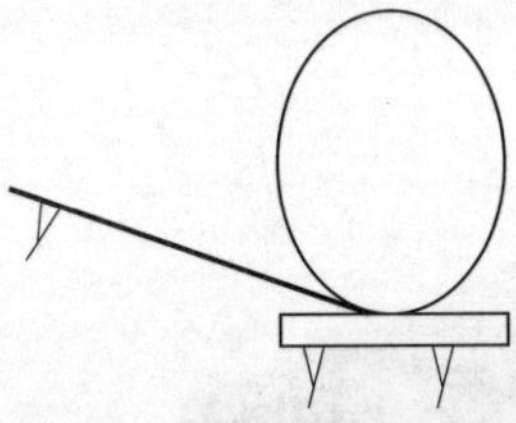

图 2-2　光杠杆镜

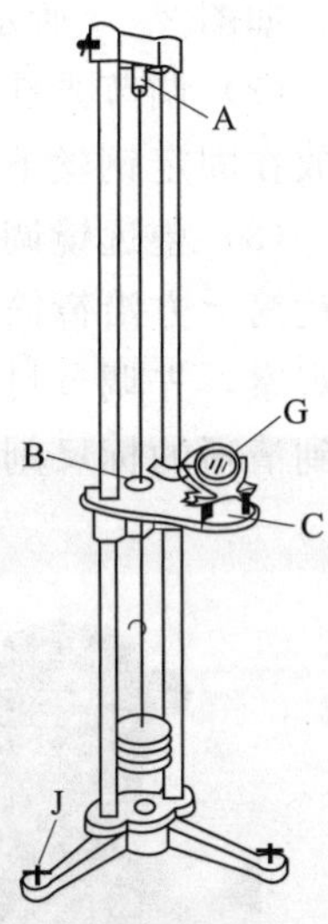

图 2-3　杨氏模量仪

式中 $\Delta n=|n_2-n_1|$，其中 D 是置于平台 C 上光杠杆镜镜面到标尺的距离，如图 2-1 所示。由于 $D\gg b$，所以 $\Delta n\gg\Delta L$，从而获得对微小量的线性放大，提高了 ΔL 的测量精度，这被称为放大法。

鉴于金属受外力时存在着弹性滞后效应，即钢丝受到拉伸力作用时，并不能立即伸长到应有的长度 L_i（$L_i=L_0+\Delta L_i$），而只能伸长到 $L_i-\delta L_i$。同样，当钢丝受到的拉伸力一旦减小时，也不能马上缩短到应有的长度 L_i，仅缩短到 $L_i+\delta L_i$。因此，为了消除弹性滞后效应引起的系统误差，测量中应包括增加拉伸力以及对应地减少拉伸力这一对称测量过程。因为只要将相应的增、减测量值取平均，就可以消除滞后量 δL_i 的影响。

$$\overline{L_i}=\frac{1}{2}[L_{增}+L_{减}]=\frac{1}{2}[(L_0+\Delta L_i-\delta L_i)+(L_0+\Delta L_i+\delta L_i)]=L_0+\Delta L_i$$

由式（2-1）、式（2-4）及 $S=\frac{1}{4}\pi d^2$ 得

$$\overline{E}=\frac{8DLF}{\pi d^2 b\,\Delta n}$$

估算不确定度

$$\frac{\Delta_E}{\overline{E}}=\sqrt{\left(\frac{\Delta_L}{L}\right)^2+\left(\frac{\Delta_D}{D}\right)^2+\left(\frac{2\Delta_d}{d}\right)^2+\left(\frac{\Delta_b}{b}\right)^2+\left(\frac{\Delta_{(\Delta n)}}{(\Delta n)}\right)^2}$$

最后将结果记为

$$E=\overline{E}\pm\Delta_E$$

杨氏弹性模量单位为 N/m^2。

【实验仪器】

杨氏模量测定仪（图 2-3），螺旋测微器，游标卡尺、钢卷尺，望远镜（附标尺），砝码，金属丝。

【实验内容与步骤】

（1）调节杨氏模量仪底脚螺丝 J，观察放在平台上的水准尺，直至中间平台处于水平状

态，如图 2-3 所示。

（2）调节光杠杆 G 位置。将光杠杆镜放在 C 平台上，两前足尖放在平台横槽内，后足尖放在固定钢丝下端圆柱形套管 B 上，并使光杠杆镜镜面基本垂直，如图 2-4 所示。

（3）望远镜调节。将望远镜置于距光杠杆镜约 1.5m 左右处，并与镜面基本等高。从望远镜筒上方沿镜筒轴线瞄准光杠杆镜面，移动望远镜位置，直至镜中看到标尺。然后再从目镜观察，先调节目镜使十字叉丝清晰，最后缓缓旋转调焦手轮，使物镜在镜筒内伸缩，直至看到清晰的标尺刻度为止，如图 2-5 所示。

图 2-4　光杠杆镜放置平台上

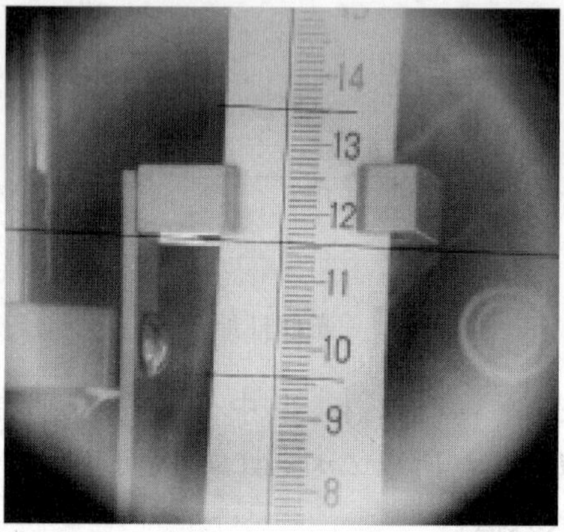

图 2-5　目镜中清晰的标尺刻度像

（4）观测伸长变化。用 1kg 砝码挂在金属丝下端，使金属丝位置拉直，并以此时的读数作为开始拉伸的基数 n_0，此时钢丝受力 M_0g，然后每加上 1kg 砝码，读取一次数据，得 n_0、n_1、n_2、n_3、n_4、n_5、n_6、n_7，这是增加拉力过程。紧接着再每次撤掉 1kg 砝码，读取一次数据，得 n_7'、n_6'、n_5'、n_4'、n_3'、n_2'、n_1'、n_0'，这是减力过程。加（或减）砝码后，钢丝会有一个伸缩的微振动，要等钢丝渐趋平稳后再读。数据记录见表 2-1。

（5）测量光杠杆常数 b，作单次测量，估计不确定度。把光杠杆镜的三只足尖在白纸上压出凹痕，用尺画出两个前足尖的连线，再用游标卡尺量出后足尖到该连线距离。

（用最小分度为 0.5mm 的小钢尺测量行否？有效位数够吗？）

（6）测量钢丝直径 d，用螺旋测微器在钢丝的不同部位测 6 次，数据记录见表 2-2。

（7）用钢卷尺量出光杠杆镜镜面到望远镜附标尺的距离 D，作单次测量，估计不确定度。

（从镜面到标尺，这两头各应从何算起？如何估算上述不确定度？）

（8）用钢卷尺测量钢丝原长 L_0（$L \approx L_0$），作测单次测量，估计不确定度。

（测量的起讫点各在哪里？如何估算不确定度？）

注意事项：钢丝的两端 A、B 一定要夹紧，避免砝码加重后拉脱而砸坏实验装置。在测量金属丝伸长变化的整个过程中，不能移动望远镜及其安放的桌子，否则重新开始测量。被测金属丝一定要保持平直，以免将金属丝拉直的过程误测为伸长量，导致测量结果错误。

【数据记录与处理】

（1）测量微小伸长量 Δn。测量数据填入表 2-1，用逐差法计算 Δn 的平均值与不确定度。

表 2－1　　　　　　　　　　　**测量微小伸长量**　　　　　　　　　　　（单位：cm）

拉伸力/N	标尺读数								
	拉伸力增加时		拉伸力减小时		平均值 $\overline{n}_i=\frac{n_i+n_i'}{2}$		$(\Delta n)_i=\lvert\overline{n}_{i+4}-\overline{n}_i\rvert$		$\lvert(\Delta n)_i-\overline{(\Delta n)}\rvert$
M_0g	n_0		n_0'		$\overline{n}_0$		$(\Delta n)_0$		
$(M_0+1)g$	n_1		n_1'		$\overline{n}_1$		$(\Delta n)_1$		
$(M_0+2)g$	n_2		n_2'		$\overline{n}_2$		$(\Delta n)_2$		
$(M_0+3)g$	n_3		n_3'		$\overline{n}_3$		$(\Delta n)_3$		
$(M_0+4)g$	n_4		n_4'		$\overline{n}_4$				
$(M_0+5)g$	n_5		n_5'		$\overline{n}_5$		$\overline{(\Delta n)}=$		$\Delta_{(\Delta n)}=$
$(M_0+6)g$	n_6		n_6'		$\overline{n}_6$				
$(M_0+7)g$	n_7		n_7'		$\overline{n}_7$				
微小伸长量　$\Delta n=\overline{(\Delta n)}\pm\Delta_{(\Delta n)}$									

注　$\Delta_{(\Delta n)}$是微小伸长量 Δn 的平均偏差。这里用平均偏差近似表示不确定度，是一种简化处理方法。

（2）测量钢丝直径 d。

表 2－2　　　　　　　　　　　**测 量 钢 丝 直 径**　　　　　　　　　　　（单位：mm）

次数 i	1	2	3	4	5	6
d_i/mm						
$\overline{d}$			S_d			
Δ_d			$d=\overline{d}\pm\Delta_d$			

表 2－2 中 $S_d=\sqrt{\frac{\sum_{i=1}^{6}(d_i-\overline{d})^2}{5}}$，$\Delta_d=\sqrt{S_d^2+0.004^2}$。

（3）单次测量 L、D、b 值，估计不确定度，写出 L、D、b 测量结果。

表 2－3　　　　　　　　　　　**L、D、b 的测量**　　　　　　　　　　　（单位：cm）

待测量	L		D		b	
测量值						
仪器误差 $\Delta_{仪}$	0.2		0.2		0.002	
结果表达式	$L\pm0.2$		$D\pm0.2$		$b\pm0.002$	

（4）计算 $\overline{E}$ 及 u_E 并写出杨氏模量 E 的结果表达式（其中 $F=4mg=39.2\text{N}$）。

$$\overline{E}=\frac{8DLF}{\pi\,\overline{d}^2 b\,\overline{\Delta n}}$$

$$u_E=\frac{\Delta_E}{\overline{E}}=\sqrt{\left(\frac{\Delta_L}{L}\right)^2+\left(\frac{\Delta_D}{D}\right)^2+\left(\frac{2\Delta_d}{\overline{d}}\right)^2+\left(\frac{\Delta_b}{b}\right)^2+\left(\frac{\Delta_{(\Delta n)}}{\overline{(\Delta n)}}\right)^2}$$

$$\Delta_E=u_E\times\overline{E}$$

杨氏模量测量结果：$E=\overline{E}\pm\Delta_E$。

【思考题】

1. 实验应如何采用作图法来求得实验结果 E 的值？

2. 实验中使用了哪些长度测量仪器？选择它们的依据是什么？

3. 实验中如何考虑尽量减小系统误差？理解用“对称测量法”消除钢丝弹性滞后效应给实验测量带来系统误差的方法。

实验二　扭摆法测规则刚体转动惯量

转动惯量是刚体转动惯性大小的量度，是表征刚体特性的一个物理量。转动惯量的大小除与物体质量有关外，还与转轴的位置和质量分布（即形状、大小和密度）有关。如果刚体形状简单，且质量分布均匀，可直接计算出它绕特定轴的转动惯量。但在工程实践中，我们常碰到大量形状复杂，且质量分布不均匀的刚体，理论计算将极为复杂，通常采用实验方法来测定。

转动惯量的测量，一般都是使刚体以一定的形式运动。通过表征这种运动特征的物理量与转动惯量之间的关系，进行转换测量。本实验使物体作扭转摆动，由摆动周期及其他参数的测定算出物体的转动惯量。

【实验目的】

（1）用扭摆测定弹簧的扭转常数 K。

（2）用扭摆测定几种不同形状物体的转动惯量并与理论值进行比较。

（3）验证平行轴定理。

【实验原理】

1. 扭摆的简谐运动

扭摆的结构如图 2-6 所示，其垂直轴 1 上装有一根簿片状的螺旋弹簧 2，用以产生恢复力矩。在轴上方可以装上各种待测物体。垂直轴与支座间装有轴承，使摩擦力矩尽可能降低。为了使垂直轴 1 与水平面垂直，可通过底脚螺丝钉 3 来调节，4 为水平仪，用来指示系统调整水平。

将物体在水平面内转过一角度 θ 后，在弹簧的恢复力矩作用下，物体就开始绕垂直轴作往返扭转运动。根据胡克定律，弹簧受扭转而产生的恢复力矩 M 与所转过的角度成正比，即

$$M=-K\theta \tag{2-5}$$

式中：K 为弹簧的扭转常数。

根据转动定律

$$M=I\beta \tag{2-6}$$

式中：I 为转动惯量；β 为角加速度。

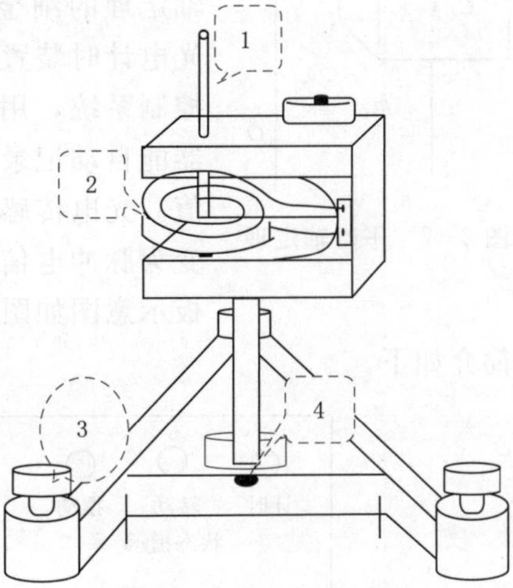

图 2-6　扭摆结构图

由式（2-5）与式（2-6）得

$$\beta=-\frac{K}{I}\theta$$

其中 $\omega^2=\dfrac{K}{I}$，忽略轴承的摩擦力矩，则有

$$\beta=\frac{d^2\theta}{dt^2}=-\frac{K}{I}\theta=-\omega^2\theta$$

此方程表明忽略轴承摩擦力矩的扭摆运动是角简谐振动，且角加速度 β 与角位移 θ 成正比，

方向相反。此方程的解为

$$\theta = A\cos(\omega t + \phi)$$

式中：A 为简谐振动的角振幅；ϕ 为初位相；ω 为角频率。

此简谐振动的周期为

$$T = \frac{2\pi}{\omega} = 2\pi\sqrt{\frac{I}{K}} \quad (2-7)$$

利用式（2-7），测得扭摆的周期 T，在 I 和 K 中任何一个量已知时即可计算出另一个量。

本实验用一个转动惯量已知的物体（几何形状有规则，根据它的质量和几何尺寸用理论公式计算得到），测出该物体摆动的周期，再算出本仪器弹簧的 K 值。若要测量其他形状物体的转动惯量，只需将待测物体安放在本仪器顶部的各种夹具上，测定其摆动周期，由式（2-7）即可计算出该物体绕转动轴的转动惯量。转动惯量单位为 $kg \cdot m^2$。

2. 平行轴定理

若质量为 m 的物体绕通过质心轴的转动惯量为 I_c，当转轴平行移动距离 x 时（图 2-7），则此物体对新轴的转动惯量 $I_0 = I_c + mx^2$，称为转动惯量的平行轴定理。

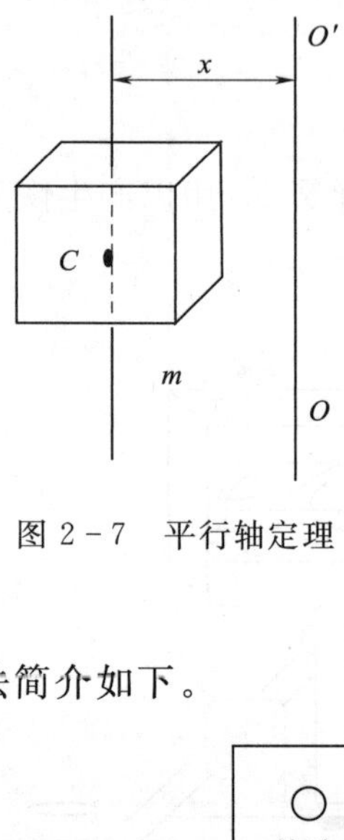

图 2-7 平行轴定理

【实验仪器】

转动惯量实验组合仪，电子秤，游标卡尺。

TH-2 型转动惯量测试仪由扭摆、光电计时装置及几种待测刚体（空心金属圆柱体、实心塑料圆柱体、木球、验证转动惯量平行轴定理的细金属杆，杆上有两块可以自由移动的金属滑块）组成。光电计时装置由主机和光电传感器两部分组成。主机采用单片机作控制系统，用于测量物体转动周期（计时）和旋转体的转速。本仪器能自动记录、存储多组实验数据并能精确地计算多组数据的平均值。光电传感器主要由红外发射管和红外接收管组成，将光信号转变为脉冲电信号送入主机，控制单片机工作。多功能计时计数器面板示意图如图2-8所示，多功能计时计数器如图 2-9 所示，使用方法简介如下。

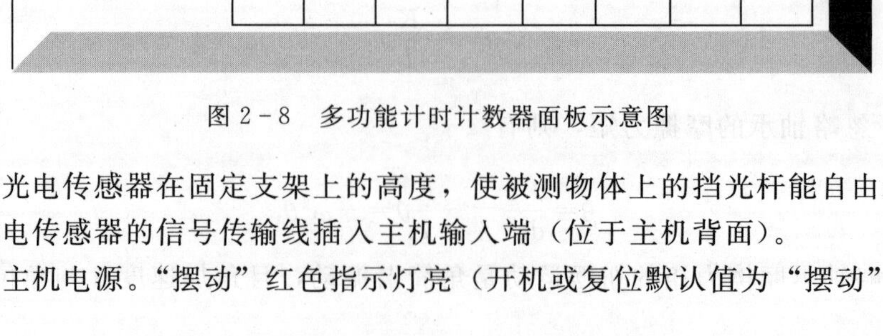

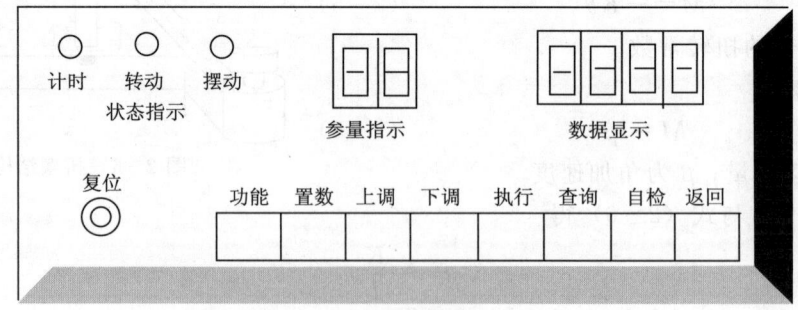

图 2-8 多功能计时计数器面板示意图

（1）调节光电传感器在固定支架上的高度，使被测物体上的挡光杆能自由地往返通过光电门，再将光电传感器的信号传输线插入主机输入端（位于主机背面）。

（2）开启主机电源。“摆动”红色指示灯亮（开机或复位默认值为“摆动”），参量指示为“P_1”，数据显示为“— — — —”。

(3) 本机默认累计计时的周期数为 10，也可根据需要重新设定计时的周期数，方法为：按“置数”键，显示“$n=10$”，按“下调”键，周期数依次减 1，调至所需的周期数后，再按“置数”键确认，显示“end”（表明扭摆周期预置确定）。更改后的周期数不具有记忆功能，一旦关机或按“复位”键，便恢复原来的默认周期数。

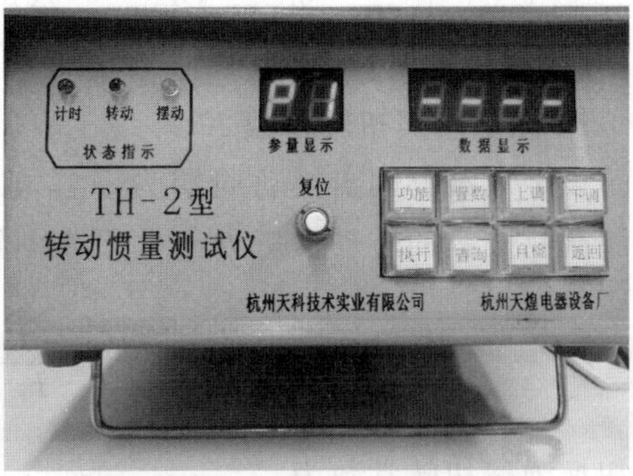

图 2-9　多功能计时计数器

(4) 按“执行”键，数据显示为“000.0”，表示仪器处在等待测量状态，当被测物体上的挡光杆第一次通过光电门时开始计时，直至仪器所设置的周期数时，便自动停止计时，由“数据显示”给出累计的时间，同时仪器自行计算摆动周期 T_1 并予以存储，以供查询和作多次测量求平均值，至此 P_1（第一次测量）测量完毕。

(5) 按“执行”键，“P_1”变为“P_2”，数据显示又回到“000.0”，仪器处于第二次待测状态。本机设定的重复测量次数为 5 次，即 P_1、P_2、P_3、P_4、P_5。通过“查询”键可得知各次测量的周期值 T_i（$i=1\sim5$）和它们的平均值 $\overline{T_i}$ 以及当前的周期数“n”，若显示“NO”表示没有数据。

(6) 按“返回”键，系统将无条件地回到初始状态，清除当前状态的所有执行数据，但预置的周期数不改变。

(7) 按“复位”键，实验所得数据全部清除，所有参数恢复初始默认值。

【实验内容与步骤】

(1) 熟悉扭摆的构造、使用方法，掌握 TH-2 型转动惯量测试仪的正确操作要领。

(2) 测定扭摆弹簧的扭转常数。

(3) 测定高塑料圆柱、金属圆筒、木球与金属细杆的转动惯量，并与理论值进行比较，求百分误差。

(4) 改变滑块在细杆上的位置，验证转动惯量的平行轴定理。

(5) 主要操作要点：

1) 用电子秤和游标卡尺分别测出待测物体的质量和必要的几何尺寸。如圆柱体的直径，金属圆筒的内外径，木球的直径以及金属细杆的长度（用米尺测）等。

2) 调整扭摆基座底脚螺丝，使水准仪中气泡居中。

3) 装上金属载物圆盘，调节光电探头的位置。要求光电探头放置在挡光杆的平衡位置处，使载物盘上的挡光杆处于光电探头的中央，且能遮住发射和接收红外线的小孔。测定其摆动周期 T_0。

4) 将高塑料圆柱垂直放在载物盘上，测出摆动周期 T_1。

5) 用金属圆筒代替塑料圆柱，测出摆动周期 T_2。

6) 取下载物金属圆盘，装上木球，测出摆动周期 T_3。

7) 取下木球，装上金属细杆（细杆中心必须与转轴中心重合），测出摆动周期 T_4。

8) 将滑块对称地放置在金属细杆两边的凹槽内，此时滑块质心离转轴的距离分别为

5cm、10cm、15cm、20cm、25cm，分别测定细杆加滑块的摆动周期 T_5。

【数据与结果】

1. 标定扭摆扭转常数 K

设金属载物圆盘摆动周期为 T_0，在载物圆盘上放置低塑料圆柱时摆动周期为 $T_{盘+柱}$，金属载物圆盘的转动惯量为 I_0，低塑料圆柱转动惯量的理论值 $I_{柱理}$，则由式（2-7）得

$$\frac{I_0}{I_{柱理}}=\frac{T_0^2}{T_{盘+柱}^2-T_0^2}$$

则扭摆弹簧扭转常数为

$$K=4\pi^2\frac{I_{柱理}}{\overline{T}_{盘+柱}^2-\overline{T}_0^2} \tag{2-8}$$

低塑料圆柱质量 m，直径 $\overline{D}$，则转动惯量 $I_{柱理}=m\overline{D}^2/8$，再由式（2-8）计算 K，并填入表 2-4。

表 2-4 用低塑料圆柱标定扭摆扭转常数 K

<table>
<tr><th>m /kg</th><th>D_i /cm</th><th>$\overline{D}$ /cm</th><th>$I_{柱理}$ /(10^{-4}kgm²)</th><th>T_0 /s</th><th>$\overline{T}_0$ /s</th><th>$T_{盘+柱}$ /s</th><th>$\overline{T}_{盘+柱}$ /s</th><th>K /(Nm/rad)</th></tr>
<tr><td rowspan="3"></td><td></td><td rowspan="3"></td><td rowspan="3"></td><td></td><td rowspan="3"></td><td></td><td rowspan="3"></td><td rowspan="3"></td></tr>
<tr><td></td><td></td><td></td></tr>
<tr><td></td><td></td><td></td></tr>
</table>

2. 转动惯量测定实验数据

计算转动惯量的理论值、实验值、测量百分误差。计算结果直接写在表 2-5 中对应位置。

表 2-5 转动惯量测量数据记录表

<table>
<tr><th>物体名称</th><th>质量 /kg</th><th colspan="2">几何尺寸 /cm</th><th colspan="2">周期 /s</th><th>转动惯量理论值 /(10^{-4}kg·m²)</th><th>转动惯量实验值 /(10^{-4}kg·m²)</th><th>百分误差</th></tr>
<tr><td rowspan="4">载物盘</td><td rowspan="4">—</td><td colspan="2" rowspan="4">—</td><td rowspan="3">T_0</td><td></td><td rowspan="4">—</td><td rowspan="4">$I_0=\frac{I_{柱理}\overline{T}_0^2}{\overline{T}_{盘+柱}^2-\overline{T}_0^2}$</td><td rowspan="4">—</td></tr>
<tr><td></td></tr>
<tr><td></td></tr>
<tr><td>$\overline{T}_0$</td><td></td></tr>
<tr><td rowspan="4">高塑料圆柱
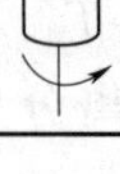</td><td rowspan="4"></td><td rowspan="3">D</td><td></td><td rowspan="3">T_1</td><td></td><td rowspan="4">$I_1'=\frac{1}{8}m\overline{D}^2$</td><td rowspan="4">$I_1=\frac{K\overline{T}_1^2}{4\pi^2}-I_0$</td><td rowspan="4"></td></tr>
<tr><td></td><td></td></tr>
<tr><td></td><td></td></tr>
<tr><td>$\overline{D}$</td><td></td><td>$\overline{T}_1$</td><td></td></tr>
</table>

续表

物体名称	质量/kg	几何尺寸/cm		周期/s		转动惯量理论值/(10^{-4}kg·m²)	转动惯量实验值/(10^{-4}kg·m²)	百分误差
金属圆筒 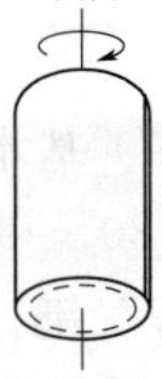		$D_外$		T_2		$I_2'=\frac{1}{8}m(\overline{D}_外^2+\overline{D}_内^2)$	$I_2=\frac{K\overline{T}_2^2}{4\pi^2}-I_0$	
		$\overline{D}_外$						
		$D_内$						
		$\overline{D}_内$		$\overline{T}_2$				
木球 		D		T_3		$I_3'=\frac{1}{10}m\overline{D}^2$	$I_3=\frac{K\overline{T}_3^2}{4\pi^2}-I_0'$	
		$\overline{D}$		$\overline{T}_3$				
金属细杆 		L		T_4		$I_4'=\frac{1}{12}mL^2$	$I_4=\frac{K\overline{T}_4^2}{4\pi^2}-I_0''$	
				$\overline{T}_4$				

已知：球支座转动惯量实验值 $I_0'=\frac{K\overline{T}_0''^2}{4\pi^2}=0.179\times10^{-4}\text{kg}\cdot\text{m}^2$

细杆夹具转动惯量实验值 $I_0''=\frac{K\overline{T}_0''^2}{4\pi^2}=0.232\times10^{-4}\text{kg}\cdot\text{m}^2$

$$百分误差=\frac{|测量值-理论值|}{理论值}\times100\%$$

3. 验证转动惯量平行轴定理

平行轴定理验证数据记录到表 2-6 中。

已知：二滑块绕质心轴的转动惯量的理论值

$$I_s'=2\left[\frac{1}{16}m(D_外^2+D_内^2)+\frac{1}{12}ml^2\right]=0.809\times10^{-4}\text{kg}\cdot\text{m}^2$$

表 2-6　　平行轴定理验证数据记录表（二滑块质量 2m=　　kg）

$x/10^{-2}$m	5.00	10.00	15.00	20.00	25.00
摆动周期 T/s					
$\overline{T}$/s					
实验值/(10^{-4}kg·m²) $I=\frac{K\overline{T}^2}{4\pi^2}-I_0''$					

续表

$x/10^{-2}$m	5.00	10.00	15.00	20.00	25.00
理论值/(10^{-4}kg·m^2) $I'=I_4'+2mx^2+I_s'$					
百分误差					

【注意事项】

(1) 弹簧的扭转常数 K 不是固定的常数，它与摆角大小略有关系，在40°～90°基本相同。由于摩擦力矩存在，实验时减少测量周期数，一般周期数取 $n=3$，摆角维持80°～90°，以减少实验的系统误差。实验时先让物体摆动，摆角合适后再按数字计时仪“执行”键。

(2) 光电探头宜放置在挡光杆的平衡位置处，挡光杆不能与它接触，以免增加摩擦力矩。

(3) 在安装待测物体时，其支架必须全部套入扭摆的主轴，并且将止动螺丝旋紧，否则扭摆不能正常工作。

(4) 机座应保持在水平状态。

【思考题】

1. 数字计时仪的仪器误差为0.01s，实验中周期数 n 取多少较为合适？

2. 如何用刚体实验装置测定任意形状物体绕特定轴的转动惯量？

实验三　落球法测量液体的黏滞系数

【实验目的】

根据斯托克斯公式用落球法测定油的黏滞系数。

【实验仪器】

玻璃圆筒（高约 50cm，直径约 5cm），停表，螺旋测微器，游标卡尺，分析天平，比重计，温度计，小球（两种各 10 个，直径 1～2mm），镊子，漏勺，待测液体（蓖麻油）。

【实验原理】

当半径为 r 的光滑圆球，以速度 v 在均匀的无限宽广的液体中运动时，若速度不大，球也很小，在液体中不产生涡流的情况下，斯托克斯指出，球在液体中所受到的阻力 F 为

$$F=6\pi\eta vr \tag{2-9}$$

式中：η 为液体的黏滞系数，单位是 Pa・s。

此式称为斯托克斯公式。从式（2－9）可知，阻力 F 的大小和物体运动速度成正比。

当质量为 m、体积为 V 的小球在密度为 ρ 的液体中下落时，作用在小球上的力有三个，即：①重力 mg；②液体的浮力 ρVg；③液体的黏性阻力 $6\pi\eta vr$。这三个力都作用在同一铅直线上，重力向下，浮力和阻力向上，如图 2－10 所示。球刚开始下落时，速度 v 很小，阻力不大，小球作加速度下降。随着速度的增加，阻力逐渐加大，速度达一定值时，阻力和浮力之和将等于重力，那时物体运动的加速度等于零，小球开始匀速下落，即

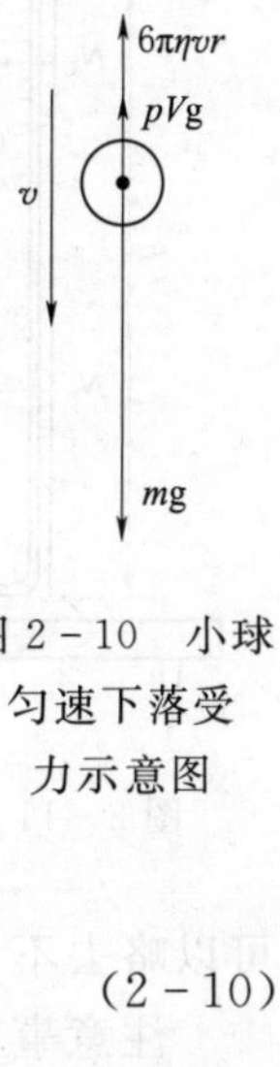

图 2－10　小球匀速下落受力示意图

$$mg=\rho Vg+6\pi\eta vr$$

此时的速度称为终极速度，由此式可得

$$\eta=\frac{(m-\rho V)g}{6\pi rv}$$

将 $V=\frac{4}{3}\pi r^3$ 代入上式，得

$$\eta=\frac{m-\frac{4}{3}\pi r^3\rho}{6\pi rv}g \tag{2-10}$$

由于液体在容器中，而不满足无限宽广的条件，这时实际测得的速度 v_0 和上述式中的理想条件下的速度 v 之间存在如下关系

$$v=v_0\left(1+2.4\frac{r}{R}\right)\left(1+3.3\frac{r}{h}\right) \tag{2-11}$$

式中：R 为盛液体圆筒的内半径；h 为筒中液体的深度。

将式（2－11）代入式（2－10），得出

$$\eta=\frac{\left(m-\frac{4}{3}\pi r^3\rho\right)g}{6\pi rv_0\left(1+2.4\frac{r}{R}\right)\left(1+3.3\frac{r}{h}\right)} \tag{2-12}$$

其次，斯托克斯公式是假设在无涡流的理想状态下导出的。实际小球下落时不会是这样

理想状态，因此还要进行修正。已知在这时的雷诺数 Re 为

$$Re=\frac{2rv_0\rho}{\eta} \tag{2-13}$$

当雷诺数不甚大（一般在 $Re<10$）时，斯托克斯公式修正为

$$F=6\pi r v\eta\left(1+\frac{3}{16}Re-\frac{19}{1080}Re^2\right) \tag{2-14}$$

则考虑此项修正后的黏滞系数，测得值 η_0 等于

$$\eta_0=\eta\left(1+\frac{3}{16}Re-\frac{19}{1080}Re^2\right)^{-1} \tag{2-15}$$

实验时，先由式（2-12）求出近似值 η，用此 η 代入式（2-13）求出 Re，最后由式（2-15）求出最佳值 η_0。黏滞系数单位为 Ns/m^2。

【实验内容】

实验装置如图 2-11 所示，在圆筒油面下方 7～8cm 和筒底上方 7～8cm 处，分别设标记 N_1 和 N_2，对 N_1、N_2 间距离 l，油筒内半径 R，油的深度 h，选取适当仪器去测量。

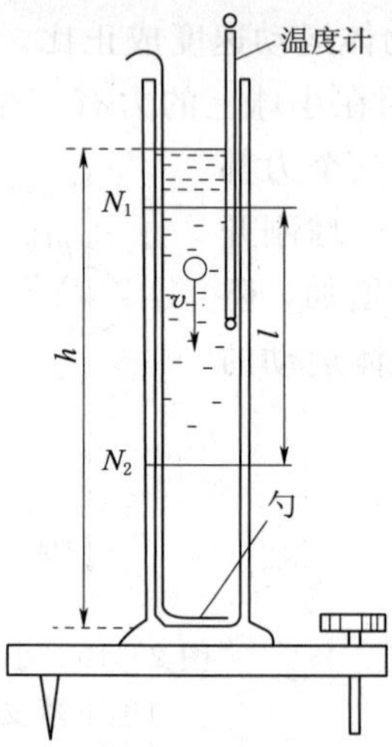

图 2-11 实验装置

待测油的密度 ρ 用密度计或比重瓶去测量。

测量用的小球为钢球，用乙醚、酒精混合液洗净、擦干后，测量直径和质量（分别测 10 个球的直径取平均；同时测 10 个球质量，求出一个的质量）。测后将其浸在和待测液相同的油中待用。

借助铅锤将油筒调到铅直方向。

用镊子取一个小球，在油筒中心轴线处放入油中，用停表测出小球通过 N_1、N_2 间的时间 t。逐一测量，求出 t 的平均值，再求 v_0。

温度对液体黏滞系数影响较大，用温度计测量蓖麻油温度，在全部小球下落完后，再测一次蓖麻油温度，取其平均值。

换另一半径不同的球用同样方法进行测量。求出结果和标准不确定度［按式（2-10）考虑即可，补正项的不确定度一般不大，可以略去不计］。

注意事项：

（1）读温度时不要将温度计提出瓶外。

（2）小钢球沾上蓖麻油后，未用小毛巾擦干净前，禁止丢入导管内。

（3）实验结束后，用磁铁一次性将钢球全部吸出，而后擦干净放回，中途不得吸取小球（球不够向老师领取）。

（4）实验中不要碰玻璃桶，否则要重新调整。

【思考题】

1. 如果用实验的方法求补正项 $\left(1+2.4\dfrac{r}{R}\right)$ 的补正系数 2.4，应如何进行？

2. 如果投入的小球偏离中心轴线，将出现什么影响？

3. 如何判断小球已进入匀速阶段？

4. 造成误差的主要因素是什么？如何改进。

5. 在实验室里能否用落球法测量水的黏滞系数？

6. 在特定的液体中，当小球的半径减小时，它的收尾速度如何变化？当小球的密度增大时，又将如何变化？选择不同密度和不同半径的小球做实验时，对结果的影响如何？

实验四　热线法测气体导热系数

气体导热系数是气体热学物理性质的重要参数。在气相色谱分析中，气体导热系数这一热学性质被用来鉴别不同的气体。本实验的测量室可以看作是气相色谱仪中热导池的原型，它为掌握热导检测器提供了一种简洁、直观的实验装置。

测量气体导热系数的基本方法是"热线法"，这也是本实验的基本依据。为了减少气体对流传热的影响，实验测量又须在低气压下进行，然后通过线性外推求算结果，因此，实验者将在低真空系统的基本操作、"线性回归"和"外推法"处理实验数据等方面获得综合性的训练。

【实验目的】

(1) 掌握低真空系统的基本操作方法，学会正确使用数显式电子真空计。

(2) 掌握用热线法测定气体导热系数的基本原理和正确方法。

(3) 学习应用"线性回归"和"外推法"对实验数据进行处理。

【实验原理】

1. "热线法"测量气体导热系数的原理

将待测气体置于沿轴线方向张有一根钨丝的圆柱形容器内（图 2-12），并给钨丝提供一定的电流使其温度为 T_1。设容器内壁的温度近似为室温 T_2。由于 $T_1>T_2$，容器中的待测气体必然形成一个沿径向分布的温度梯度。由于待测气体的热传导，将迫使钨丝温度下降，因而无法维持测量室中温度梯度的稳定状态。只有设法维持钨丝的温度恒为 T_1，容器内待测气体的温度分布才能保持为稳定的径向分布的温度场。

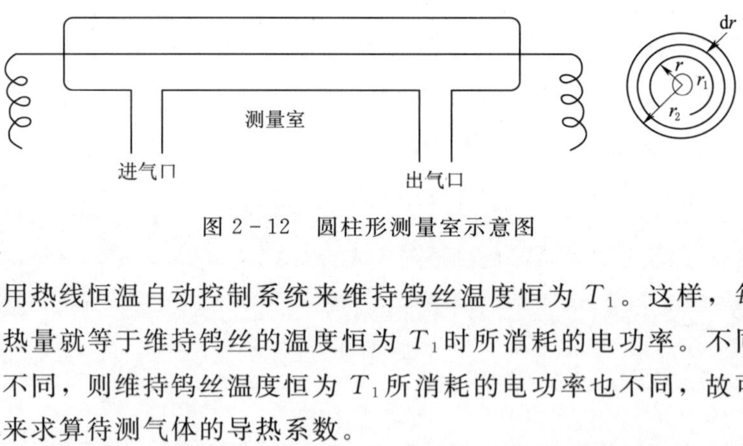

图 2-12　圆柱形测量室示意图

本实验就是用热线恒温自动控制系统来维持钨丝温度恒为 T_1。这样，每秒钟由于气体热传导所耗散的热量就等于维持钨丝的温度恒为 T_1时所消耗的电功率。不同气体的导热性能（导热系数）不同，则维持钨丝温度恒为 T_1所消耗的电功率也不同，故可以通过测量钨丝消耗的电功率来求算待测气体的导热系数。

图 2-12 所示为测量室（盛放待测气体的容器）的示意图。假设钨丝的半径为 r_1，测量室的内半径为 r_2，钨丝的温度为 T_1，长度为 l，室温为 T_2。距热源钨丝 r 处取一薄层圆筒状气体层，设其厚度为 $\mathrm{d}r$，长为 l，内外圆柱面的温差为 $\mathrm{d}T$，每秒钟通过该柱面传输的热量为 Q，依傅立叶定律有

$$Q=-K\frac{\mathrm{d}T}{\mathrm{d}r}\times\Delta S=-K\frac{\mathrm{d}T}{\mathrm{d}r}\times 2\pi rl$$

它可改写为

$$Q\,\frac{dr}{r}=-K\times 2\pi l dT$$

两边积分得

$$Q\times\int_{r1}^{r2}\mathrm{d}r/r=-2\pi lK\int_{T1}^{T2}\mathrm{d}T$$

则

$$Q\times\ln(r_2/r_1)=2\pi lK(T_1-T_2)$$

$$K=\frac{Q}{2\pi l}\times\frac{\ln(r_2/r_1)}{T_1-T_2} \tag{2-16}$$

其中 K 就是要求的气体导热系数，单位为 W/(m·K)。上式中 l、r_2、r_1 皆为仪器常数，测量室内壁温度 T_2 可以近似地看作等于室温，问题在于 Q 与 T_1 怎么测定？

我们知道，只有不断地为热丝提供电能，才能保持热丝的温度恒为 T_1，且每秒钟通过气体圆柱面传输的热量 Q 事实上就等于钨丝所耗散的电功率，而电功率的测定可通过测量钨丝两端的电压和流经钨丝的电流获得：$Q=W=U\times I$。对于长度为 l 的钨丝而言，在不同温度时，它的电阻值是不相同的，只要预先标定好钨丝的温度，根据材料电阻率与温度的关系，便可通过测量钨丝的电阻值而求出它的温度 T_1。

2. 二项修正

(1) 钨丝耗散的总功率，除气体传导的热量之外，尚有钨丝热辐射以及连接钨丝两端的电极棒的传热损失。倘若将测量室抽成真空（低于 0.133Pa 或 10^{-3} Torr），此时为保持钨丝的温度仍为 T_1 所消耗的电功率，将主要用于钨丝的热辐射与电极棒的传热损失，它等于：

$$W_{真空}=U_{空}\times I_{空}$$

故气体每秒钟所传导的热量 $Q_{低}$（指低气压条件下气体每秒钟传导的热量）应为

$$Q_{低}=W-W_{真空}=UI-U_{空}\times I_{空}$$

在实际测量过程中，由于测量室的外管壁温度会有所提高，带来的系统误差使 $Q_{低}$ 值偏小。为了消除这一系统误差，经长期实验发现，在以上公式中用乘 1.2 的系数加以修正即可

$$Q_{低}=(W-W_{真空})\times 1.2=(UI-U_{空}\times I_{空})\times 1.2 \tag{2-17}$$

(2) 为了减少气体对流传热的影响，测量应在低气压（133.3～1333Pa 或 1～10Torr）条件下进行。因为在低气压的情况下，通过 $Q_{低}$ 算出的 $K_{低}$（低气压下的气体导热系数）和测量时测量室内的压强 P 存在着下述关系：

$$\frac{1}{K_{低}}=\frac{A}{P}+\frac{1}{K} \tag{2-18}$$

从式（2-16）可见 Q 与 K 成正比（因为 r_2、r_1、l 为仪器常数，T_1、T_2 在测量中为恒定值），因此式（2-18）中的 $K_{低}$ 和 K 可以用 $Q_{低}$ 和 Q 来代替，只是系数 A 要转换为另一系数 B，于是可将式（2-18）改写为以下的形式：

$$\frac{1}{Q_{低}}=\frac{B}{P}+\frac{1}{Q} \tag{2-19}$$

本实验是在不同压强 P 的情况下，测出相应的 $Q_{低}$，然后以 $1/P$ 为横坐标，$1/Q_{低}$ 为纵坐标作图，所得到的实验曲线将近似为一直线。此直线在纵坐标上的截距即为 $1/Q$，这就是

所谓用外推法求 Q 值，将所得的 Q 代入式（2-16），便得到欲求的气体在 $T_1 \sim T_2$ 时的平均导热系数。

综上所述，测量气体导热系数的过程，实际上就是测量不同低气压（P）情况下相应的 $Q_{低}$，这里 $[Q_{低}=(U_P I_P - U_{空}\ I_{空})\times 1.2]$，通过 $1/P$ 与 $1/Q_{低}$ 作图求出截距 $1/Q$，将 Q 及已知的 l、r_1、r_2、T_1、T_2 代入式（2-16）而求出气体在 $T_1 \sim T_2$ 之间的平均导热系数 K。

本实验装置如图 2-13 所示，其中各部分的作用分别如下。

热线恒温调节电位器：它可以设定钨丝（热线）初始温度的高低，并通过仪器自动恒温控制系统保证热线在不同气压条件下皆保持同一温度设定值 T_1。

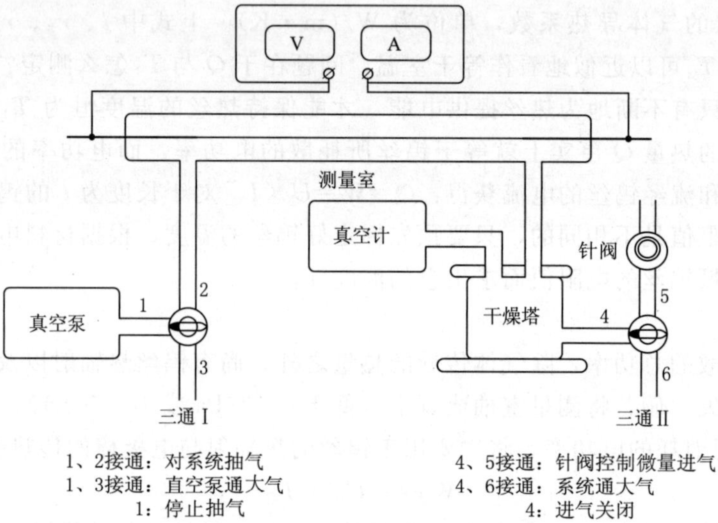

图 2-13　实验装置

测量室：作为待测气体的存储与测量空间；真空计：用于测量系统的真空度；干燥塔：用于对待测气体干燥除湿，同时缓冲系统气压变化速率，从而保护电子真空计的压力传感器；针阀：用于调节待测气体的进气速率（注意：该阀仅用于流量的调节，而不可作为截止阀使用）；三通Ⅰ：用来转换 1、2 接通（真空泵对系统抽气状态）或 1、3 接通（真空泵进气口通大气状态，以免真空泵回油）；三通Ⅱ：可转换 4、5 接通（针阀控制进气状态）或 4、6 接通（系统直接通大气状态）。

若三通Ⅰ为 1、2 接通，三通Ⅱ为关闭状态，则此时对测量室及全系统抽气。

【实验仪器】

FB-202 气体导热系数测定仪，真空泵等。

【实验内容与步骤】

1. 熟悉实验装置，选择合适的热线温度

（1）对照实验装置图熟悉气体导热系数测定仪（简称气导仪）的基本结构，了解面板上各开关、旋钮等的功能，特别注意三通Ⅰ和三通Ⅱ的旋转操作。

（2）接好仪器电源，三通Ⅱ旋至 6（即旋钮尖端指向“大气”），闭合仪器电源总开关，按气导仪面板上的真空计校准按钮“+”或“-”，直至数字气压表显示 760mmHg 高为止，（仪器能自动将校正后数据存储），然后将三通Ⅱ旋至 4（即旋钮尖端指向“关闭”）。三通

Ⅰ旋至 2（即旋钮尖端指向“系统”），

（3）调节热线的恒温温度 T_1。将测量室的钨丝用导线与气导仪上两个接线柱相联，电表开关打在“开”的位置，缓缓调节钨丝的温度选择旋钮，从电压表及电流表读出钨丝的电压 U 及电流 I，并估算钨丝的电阻值 $R=U/I$，使它的电阻值达到 90～100Ω（对于导热系数特别大的气体，如氢气，电阻值要适当再调低一些，以免测量时超出电表量程）。

2. 测量钨丝热辐射与电极棒传热耗散的电功率 $W_{空}$

（1）预抽真空。三通Ⅱ旋至 4（即旋钮尖端指向关闭），开动真空泵，三通Ⅰ旋至 1、2 相通（即旋钮尖端指向系统），抽气约 20 分钟，从数字式真空计读数观察系统的真空度，应使真空度达到约 0.1333Pa 或 10^{-3} Torr。此时进行真空计零值校准，零值校准的方法是：把系统抽到 10^{-3} Torr 数量级的低气压，按置零按钮，数字显示为零，本系统以此值作为真空看待（注：此值为一般机械真空泵的极限真空度）。实际测量时，一般以热丝耗散功率小于 0.20W 作为系统的真空对待。例如，在 R_t 的设置值为 100Ω 时，只要系统抽气到电压表显示值小于 5V 时，则系统就基本满足真空要求。如果电压表读数值还可以继续减小，原则上应该抽到越低越好。此时，可按真空计的置零按钮，使真空计“置零”。

（2）测量 $W_{真空}$ 值。在真空度约 0.1333Pa（或 10^{-3} Torr）时测出热线两端的电压 $U_{空}$ 及流过它的电流 $I_{空}$。$W_{空}=U_{空}\times I_{空}$ 即为非气体导热所消耗的热功率。

注意：如果系统长时间没有使用，或者系统漏气较多，系统不易达到所要求的真空度，应仔细检查系统各气路接口有否漏气的地方并予以排除，必要时可拔下两个三通阀的阀芯，清洗后涂上新的真空脂，在排除系统内部吸附的气体后，系统应能达到所需的真空度。

3. 测量干燥空气的导热系数

鉴于测量时待测气体的气压应为 133.3～1333Pa（1～10Torr）的低气压，实验时应将待测气体注入抽空了的测量室，通过控制针阀的漏气率注入部分气体来控制气压，使之符合上述范围。实验的过程是测出不同气压 P 值时，钨丝两端的电压 U_p 及流经钨丝的电流 I_p。其具体步骤如下。

（1）测量 $W_{真空}$ 后，测量室处于真空状态，校准好真空计零点后，再把三通Ⅱ调至 4、5 联通，把三通Ⅱ至针阀之间的管路中的残余气体的气压抽到 1 乇以下。接着关闭三通Ⅱ。将三通Ⅰ从 1、2 联通的位置旋转到 1、3 联通，此时关闭真空泵，使真空泵不再对测量室抽气，然后旋转三通Ⅱ至 4、5 联通（即旋钮尖头指向针阀），使干燥空气缓慢地进入抽空了的测量室。

注意：漏率的大小，要以实验人员在 1～10Torr 的气压范围内，能及时读取并记录相关数据为宜，该阀非常精密，应在教师指导下进行调节，请不要随意调节，以免损坏针阀。

（2）在三通Ⅱ至 4、5 联通时，由针阀不断注入的空气（或其他气体）使系统气压缓慢地升高，当气压到达 1Torr 左右，测定出一组相应的电压值与电流值，以后每间隔 0.5Torr 左右测量一组数据，只要在 1～10Torr 的范围内，均匀地读取十几组数据并分别记录到表格内即可。

注意：为了避免真空泵回油，实验过程中或实验结束时，只要真空泵停机时，都应该及时使其进气口通大气，即三通Ⅰ转到 1、3 位置（旋钮尖端指向空气）。

（3）如果不注意（或操作不熟练）把过多的气体放入系统内，可以参照以上操作步骤，用真空泵把系统内气压抽到实验需要值再继续测量。

【数据与结果】

1. 数据记录表（表 2-7）

表 2-7　　空气导热系数测量记录表

测量次数	真空时	1	2	3	…	19
气压 P/Pa 或 Torr						
电压 U/V						
电流 I/A						
P^{-1}/Pa^{-1}或 Torr^{-1}						
$Q_{低}=(UI-U_{空}I_{空})\times 1.2$/W						
$Q_{低}^{-1}$/W^{-1}						

2. 数据处理

（1）外推法求 Q。鉴于 $Q_{低}^{-1}=BP^{-1}+Q^{-1}$ 是线性方程，故以 $Q_{低}^{-1}$ 为纵坐标，P^{-1} 为横坐标，则沿各实验数据点可作出一条最佳直线，该直线在纵轴上的截距即 Q^{-1}，如图 2-14 所示。从而可求出 Q 值，它是在常压下 $T_1\sim T_2$ 之间气体耗散的平均热功率。

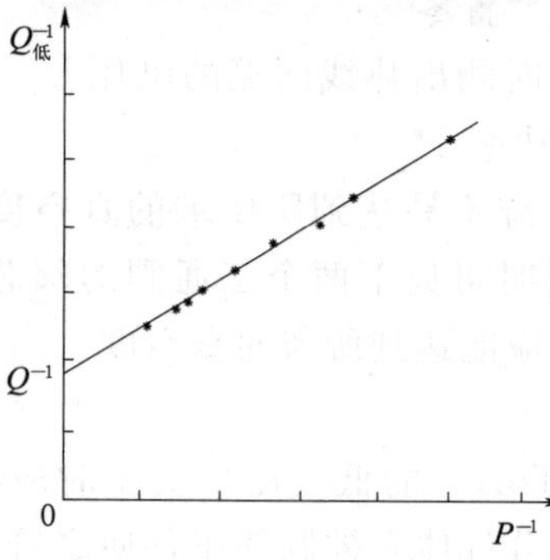

图 2-14　外推法求 Q

（2）求 T_1 与 T_2。实验时的室温可近似地作为测量室的壁温 T_2。热线温度 T_1 可通过 $t_1=(R-R_0)/\alpha\cdot R_0$ 求出，式中 $T_1=273+t_1$，R_0 是钨丝在 0℃时的电阻值，它将由实验室给出；R 为实验测量时的热线电阻（即热线恒温为 T_1 时的电阻），它等于 U/I；温度系数 $\alpha=5.1\times10^{-3}$℃$^{-1}$。

（3）求 $T_1\sim T_2$ 之间的平均导热系数。依实验室给出的 r_1、r_2 和 l，再根据求出的 Q、T_1、T_2，利用式（2-16）即可求出空气在 $T_1\sim T_2$ 间的平均导热系数。

$$K=\frac{Q\times\ln(r_2/r_1)}{2\pi l(T_1-T_2)}$$

（4）求 $T_1\sim T_2$ 间平均导热系数的理论值。气体的导热系数与温度有关，从手册中可查出 0℃时某些气体的导热系数，见表 2-8。

表 2-8　　0℃时某些气体的导热系数

0℃时的导热系数	气体				
	空气（干燥）	氢气	二氧化碳	氧气	氮气
K_0/[10^{-4}W/(cm·K)]	2.38	13.8	1.38	2.34	2.34

$T_1\sim T_2$ 间的平均导热系数：

$$\overline{K}=\frac{1}{T_2-T_1}\int_{T_1}^{T_2}K_0\times\left(\frac{T}{273}\right)^{\frac{3}{2}}\mathrm{d}T$$

$$=\frac{2}{5}\times\frac{1}{(273)^{\frac{3}{2}}}\times\frac{T_2^{\frac{5}{2}}-T_1^{\frac{5}{2}}}{T_2-T_1}\times K_0$$

将所得的 $T_1 \sim T_2$ 之间的平均导热系数 $\overline{K}$ 与 K 值比较，即可求出测量的相对误差：

$$E=\frac{|K-\overline{K}|}{\overline{K}}\times 100\%$$

3. 测量氢气或其他气体的导热系数

基本操作方法与实验内容相同，但须注意：

(1) 待测气体样品由针阀及三通Ⅱ的4、5接通放入测量室。

(2) 氢气的导热系数特别大，为避免电表读数超量程，热线的设定电阻值应降到60～70Ω，而且在向测量室充气时可切断对热线的电压输出（避免电表读数将因超量程而溢出），待稍稍抽气后再接通热线电压。

【思考题】

1. 开启或停止真空泵之前应该注意什么问题？
2. 使用电子式真空计应注意哪些问题？
3. 为什么要先测量低气压下气体的传热数据，再用外推法求常压下的气体导热系数？
4. 为何要测量真空条件下钨丝耗散的电功率？
5. 为何要避免系统一边进气一边抽气？

【附录】

1. 式（2-18）的简单推导

在推证式（2-16）时，假设紧邻钨丝或玻壁的气体温度分别与钨丝或玻壁的温度相同，于是在气体内部，其径向温度分布如以“$\ln r$ - T”图表示，应如图2-15中虚线 T_1、T_2 所示，但在低气压条件下，实验的径向温度分布与上述假设是有差异的。图中实线表明，在紧邻钨丝或玻壁的气体薄层内（厚度约为气体分子运动的平均自由程 λ 的数量级），有明显的温度跃变现象，跃变的温度差可形式上写成：

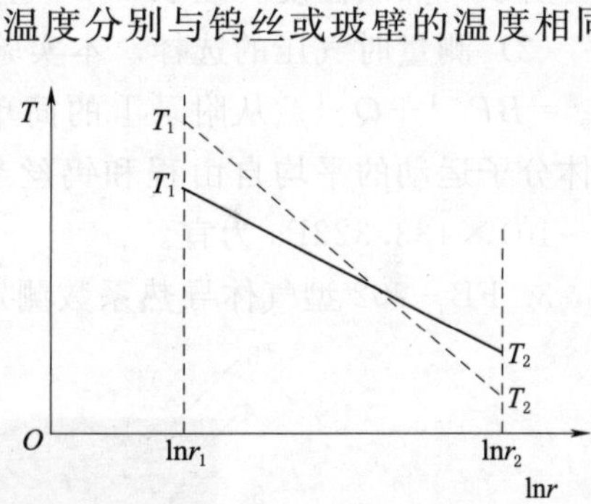

图 2-15　气体内部径向温度分布

$$T_1-T'_1=-g_1\left(\frac{\mathrm{d}T}{\mathrm{d}r}\right)_1, T'_2-T_2=-g_2\left(\frac{\mathrm{d}T}{\mathrm{d}r}\right)_2$$

g_1 和 g_2 可以形式上称为温度跃变距离。根据热传导定律有

$$\left(\frac{\mathrm{d}T}{\mathrm{d}r}\right)_2=\frac{-Q}{2\pi r_2\times l\times K_2}$$

因而由前两式可得

$$T_1-T_2=(T'_1-T'_2)+\frac{Q}{2\pi l}\left(\frac{g_1}{r_1K_1}+\frac{g_2}{r_2K_2}\right)$$

对于实验中的低气压气体的表面导热系数和内部的实际导热系数分别有

$$K_{\text{低}}=\frac{Q\times\ln\left(\frac{r_2}{r_1}\right)}{2\pi l(T_2-T_1)}, K=\frac{Q\times\ln\left(\frac{r_2}{r_1}\right)}{2\pi l(T'_2-T'_1)}$$

将它代入上式即有

$$\frac{1}{K_{低}}=\frac{1}{K}+\frac{1}{\ln\left(\frac{r_2}{r_1}\right)}\left(\frac{g_1}{r_1K_1}+\frac{g_2}{r_2K_2}\right)$$

理论和实验均可证明 $g\propto\lambda$，因而与温度改变有关的修正项分别为 λ/r_1 和 λ/r_2 的数量级。在常压下该项修正是微不足道的，但在低气压条件下就不能不考虑了。在我们的实验条件下，$r_2\gg r_1$，上述第二个修正项可以略去，又考虑到 $\lambda\propto(1/p)$，则上式可化为

$$\frac{1}{K_{低}}=\frac{1}{K}+\frac{A}{P}$$

其中的 A 是包括 $\left[\frac{1}{\ln\left(\frac{r_2}{r_1}\right)}\times\frac{1}{r_1K_1}\right]$ 在内的新的常数。

2. 实验条件的选择

(1) 热线温度的选择。实验计算的基本公式是 $K=\frac{Q\times\ln\left(\frac{r_2}{r_1}\right)}{2\pi l(T_1-T_2)}$，可见热线温度 T_1 若取得高，T_1 和 T_2 的测量误差对于 K 的影响就会减小，而且传导的热量 Q 会增大，电表的值也会增高，从而减少相对误差。但是从另一方面看，导出上述公式的出发点是在气体内部维持稳定的径向分布的温度场，T_1 越高，径向的温度梯度越大，越不易维持稳定的温度分布。所以，热线温度一般取 300℃左右为宜。

(2) 测量时气压的选择。本实验中用外推法求常压下气体的导热系数，所依据的公式是 $Q_{低}^{-1}=BP^{-1}+Q^{-1}$。从附录Ⅰ的简单推导可以看出，它的重要的条件就是在钨丝表面附近气体分子运动的平均自由程和钨丝半径的数量级相当，所以测量时气压不宜太低，一般取 $(1\sim10)\times133.322$Pa 为宜。

3. FB-202 型气体导热系数测定仪外形图及部件名称（图 2-16）

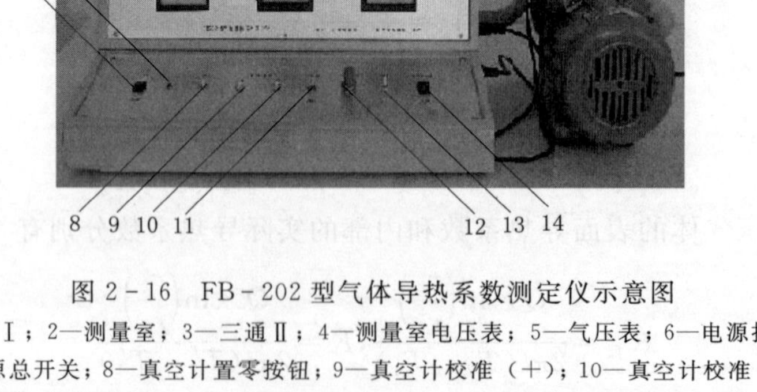

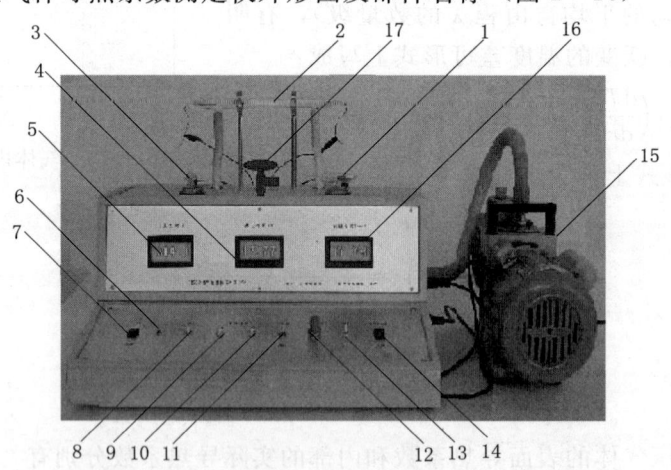

图 2-16 FB-202 型气体导热系数测定仪示意图

1—三通Ⅰ；2—测量室；3—三通Ⅱ；4—测量室电压表；5—气压表；6—电源指示灯；7—电源总开关；8—真空计置零按钮；9—真空计校准（+）；10—真空计校准（-）；11—真空计单位转换；12—测量室温度设置；13—测量室电源开关；14—真空泵电源开关；15—真空泵；16—测量室电流表；17—针阀

实验五　气体比热容比$\frac{C_P}{C_V}$的测定

比热容是物性的重要参量，在研究物质结构、确定相变，鉴定物质纯度等方面起着重要的作用。本实验将介绍一种较新颖的测量气体比热容的方法。

【实验目的】

测定空气分子的定压比热容与定容比热容之比。

【实验原理】

气体的定压比热容 C_P 与定容比热容 C_V 之比 $\gamma=\frac{C_P}{C_V}$。在热力学过程特别是绝热过程中是一个很重要的参数，测定的方法有好多种。这里介绍一种较新颖的方法，通过测定物体在特定容器中的振动周期来计算 γ 值。实验基本装置如图 2-17 所示，振动物体小球的直径比玻璃管直径仅小 0.01～0.02mm。它能在此精密的玻璃管中上下移动，在瓶子的壁上有一小口，并插入一根细管，通过它各种气体可以注入烧瓶中。

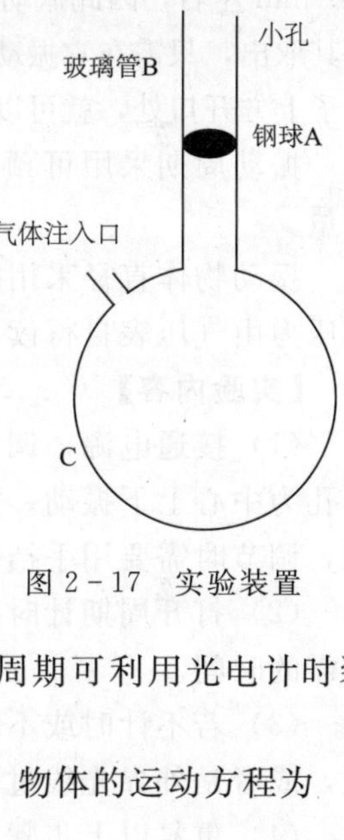

图 2-17　实验装置

钢球 A 的质量为 m，半径为 r（直径为 d），当瓶子内压力 P 满足下面条件时钢球 A 处于力平衡状态。这时 $P=P_L+\frac{mg}{\pi r^2}$，式中 P_L 为大气压力。为了补偿由于空气阻尼引起振动物体 A 振幅的衰减，通过 C 管一直注入一个小气压的气流，在精密玻璃管 B 的中央开设有一个小孔。当振动物体 A 处于小孔下方的半个振动周期时，注入气体使容器的内压力增大，引起物体 A 向上移动，而当物体 A 处于小孔上方的半个振动周期时，容器内的气体将通过小孔流出，使物体下沉。以后重复上述过程，只要适当控制注入气体的流量，物体 A 能在玻璃管 B 的小孔上下作简谐振动，振动周期可利用光电计时装置来测得。

若物体偏离平衡位置一个较小距离 x，则容器内的压力变化 $\mathrm{d}p$，物体的运动方程为

$$m\frac{\mathrm{d}^2x}{\mathrm{d}t^2}=\pi r^2\mathrm{d}p \tag{2-20}$$

因为物体振动过程相当快，所以可看作绝热过程，绝热方程

$$PV^r=\text{常数} \tag{2-21}$$

将式（2-21）求导得出

$$\mathrm{d}p=-\frac{p\gamma\mathrm{d}V}{V},\mathrm{d}V=\pi r^2x \tag{2-22}$$

将式（2-22）代入式（2-20）得

$$\frac{\mathrm{d}^2x}{\mathrm{d}t}+\frac{\pi^2r^4p\gamma}{mV}x=0$$

此式即为熟知的简谐振动方程，它的解为

$$\omega=\sqrt{\frac{\pi^2r^4p\gamma}{mV}}=\frac{2\pi}{T}$$

$$\gamma=\frac{4mV}{T^2pr^4}=\frac{64mV}{T^2pd^4} \tag{2-23}$$

式中各量均可方便测得，因而可算出 γ 值。由气体运动论可以知道，γ 值与气体分子的自由度数有关，对单原子气体（如氩）只有三个平均自由度，双原子气体（如氢）除上述 3 个平均自由度外还有 2 个转动自由度。对多原子气体，则具有 3 个转动自由度，比热容比 γ 与自由度 f 的关系为 $\gamma=\frac{f+2}{f}$。理论上得出

单原子气体（Ar，He）	$f=3$	$\gamma=1.67$
双原子气体（N_2，H_2，O_2）	$f=5$	$\gamma=1.40$
多原子气体（CO_2，CH_4）	$f=6$	$\gamma=1.33$

且与温度无关。

本实验装置主要由玻璃制成，且对玻璃管的要求特别高，振动物体的直径仅比玻璃管内径小 0.01mm 左右，因此振动物体表面不允许擦伤。平时它停留在玻璃管的下方（用弹簧托住）。若要将其取出，只需在它振动时，用手指将玻璃管壁上的小孔堵住，稍稍加大气流量物体便会上浮到管子上方开口处，就可以方便地取出，或将此管由瓶上取下，将球倒出来。

振动周期采用可预置测量次数的数字计时仪（分 50 次、100 次二挡），采用重复多次测量。

振动物体直径采用螺旋测微器测出，质量用物理天平称量，烧瓶容积由实验室给出，大气压力由气压表自行读出，并换算 N/m^2（$760mmHg=1.013\times10^5N/m^2$）。

【实验内容】

（1）接通电源，调节橡皮塞上针型调节阀和气泵上气量调节旋钮，使小球在玻璃管中以小孔为中心上下振动。注意，气流过大或过小会造成钢珠不以玻璃管上小孔为中心的上下振动，调节时需要用手挡住玻璃管上方，以免气流过大将小球冲出管外造成钢珠或瓶子损坏。

（2）打开周期计时装置，次数选择 50 次，按下复位按钮后即可自动记录振动 50 次周期所需的时间。

（3）若不计时或不停止计时，可能是光电门位置放置不正确，造成钢珠上下振动时未挡光，或者是外界光线过强，此时须适当挡光。

（4）重复以上步骤 5 次（本实验仪器体积约为 $2640cm^3$）。

（5）用螺旋测微器和天平分别测出钢珠的直径 d 和质量 m，其中直径重复测量 5 次。

【数据与结果】

1. 求钢珠直径及其不确定度

平均值：$\overline{d}=\frac{1}{6}\sum_{i=1}^{6}d_i$；不确定度：$\Delta_d=\sqrt{\frac{\sum(d_i-\overline{d})^2}{n-1}}$；结果：$d\pm\Delta_d$(mm)。

2. 在忽略容器体积 V、大气压 p 测量误差的情况下估算空气的比热容及其不确定度结果：$\gamma=\overline{\gamma}\pm\Delta\gamma$。

【思考题】

1. 注入气体量的多少对小球的运动情况有没有影响？

2. 在实际问题中，物体振动过程并不是理想的绝热过程，这时测得的值比实际值大还是小？为什么？

实验六　声 速 的 测 量

声波是一种在弹性媒质中传播的纵波。声速是描述声波在媒质中传播特性的一个基本物理量。超声波（频率超过 20kHz 的声波）由于波长短，易于定向发射，在超声波段进行声速测量比较方便。实际应用中超声波传播速度对于超声波测距，定位，测液体流速、比重、溶液的浓度，测量材料弹性模量，测量气体温度瞬间变化等都有重要意义。

【实验目的】

（1）掌握用不同方法测定声速的原理和技术。

（2）了解压电陶瓷换能器的结构和工作原理。

（3）进一步熟悉示波器和信号源的使用方法。

（4）加深对纵波波动和驻波特性的理解。

【实验原理】

由波动理论得知，声波的传播速度 v 与声波频率 f 和波长 λ 之间的关系为 $v=f\lambda$。所以只要测出声波的频率和波长，就可以求出声速。其中声波频率可由产生声波的电信号发生器的振荡频率读出，波长则可用共振法和相位比较法进行测量。

1. 压电陶瓷换能器

实验采用压电陶瓷换能器来实现声压与电压之间的转换。它主要由压电陶瓷片、轻金属铅（做成喇叭形状，增加辐射面积）和重金属（如铁）组成，如图 2-18 所示。压电陶瓷片由多晶体结构的压电材料锆钛酸铅制成。超声波的产生是利用压电陶瓷的逆压电效应，在交变电压作用下，压电陶瓷纵向长度周期性地伸、缩，产生机械振动而在空气中激发出超声波。超声波的接收是利用压电陶瓷的正压电效应使声压变化转变为电压的变化。压电陶瓷换能器在声-电转化过程中信号频率保持不变。

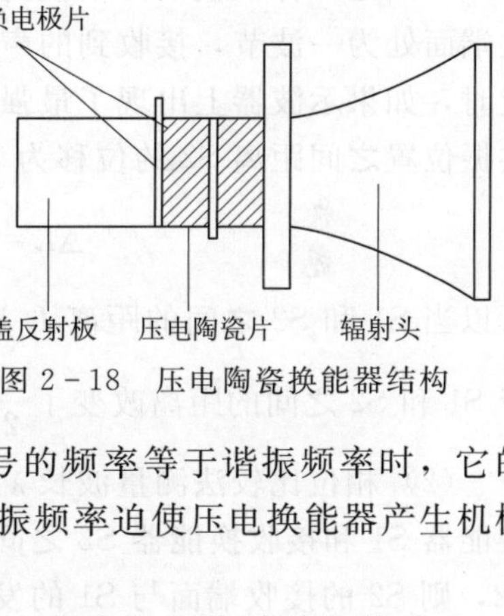

图 2-18　压电陶瓷换能器结构

压电换能器系统有其固有的谐振频率 f_0，当输入电信号的频率等于谐振频率时，它的振幅最大，作为波源其辐射功率就最大；当外加强迫力以谐振频率迫使压电换能器产生机械谐振时，它作为接收器转换的电信号最强，即灵敏度最高。

本实验中，压电换能器的谐振频率在 35～39kHz 范围内，相应的超声波波长约为 1cm。由于波长短，而发射器端面直径比波长大得多，因而定向发射性能好，离发射器端面稍远处的声波可以近似认为是平面波。

2. 测量声速的实验方法

声波的传播速度 v 可以由声波频率 f 和波长 λ 求出

$$v=f\lambda$$

其中声波频率可由信号发生器的显示屏读出，实验中的主要任务就是测声波波长。

（1）共振干涉法（驻波法）测量波长 λ。按照波动理论，发射器发出的平面声波经介质到接收器，若接收面与发射面平行，声波在接收面处就会被垂直反射，于是平面声波在两端面间来回反射并叠加。如图 2-19 所示，发射换能器 S1 发出一平面波超声波，接收换能器

S2把接收到的超声波的声压转换成交变的正弦电压信号后输入示波器观察。S2在接收超声波的同时还反射一部分超声波。这样，由S1发出的超声波和由S2反射的超声波在S1和S2之间形成驻波，产生定域干涉。如果S1和S2之间的距离L恰好等于半波长的整数倍，即

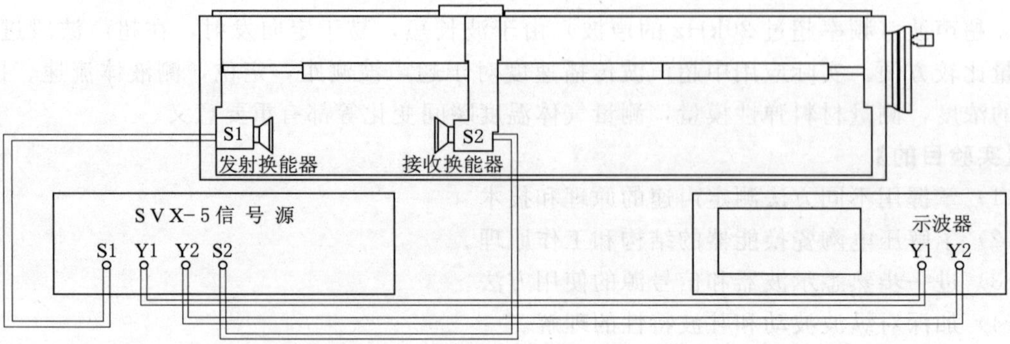

图2-19 共振干涉法（相位比较法）测量声速实验装置

$$L=k\frac{\lambda}{2}(k=0,1,2,3,\cdots)$$

信号源的激励频率等于驻波系统的固有频率（本实验中压电陶瓷的固有频率）时，会产生驻波共振现象，波腹处的振幅达到最大值。

声波是一种纵波。由纵波的性质可以证明，驻波波节处的声压最大。当发生共振时，接收端面处为一波节，接收到的声压最大，转换成的电信号也最强。移动接收器到某个共振位置时，如果示波器上出现了最强的信号，继续移动接收器，再次出现最强的信号时，则两次共振位置之间距离S2的位移为

$$\Delta L=L_{k+1}-L_k=(k+1)\frac{\lambda}{2}-k\frac{\lambda}{2}=\frac{\lambda}{2}$$

所以当S1和S2之间的距离L连续改变时，示波器上的信号幅度每一次周期性变化，相当于S1和S2之间的距离改变了$\frac{\lambda}{2}$。

（2）相位比较法测量波长λ。波是振动状态的传播，也可以说是位相的传播。如果发射换能器S1和接收换能器S2之间的距离为L，当S1发出的平面超声波通过媒质到达接收器S2，则S2的接收端面与S1的发射端面之间的相位差为

$$\Delta\phi=\phi_2-\phi_1=2\pi\frac{L}{\lambda}$$

若$L=n\lambda$，则$\Delta\phi=2n\pi$，$(n=0, 1, 2, 3, \cdots)$，表明此时S2与S1之间相位差为π的偶数倍，李萨如图形形成斜率为正的一条直线。

若$L=(2n+1)\frac{\lambda}{2}$，则$\Delta\phi=(2n+1)\pi$，表明此时S2与S1之间相位差为$\pi$的奇数倍，李萨如图形形成斜率为负的一条直线。

若L为其他值，李萨如图形为椭圆。

所以当S2缓缓远离S1，即S2和S1之间的距离L连续改变时，相位差从$0\sim\pi$周期性变化，李萨如图形从斜率为正的直线变为椭圆，再变到斜率为负的直线，如图2-20所示。

利用李萨如图形形成斜直线来判断位相改变最为敏锐。

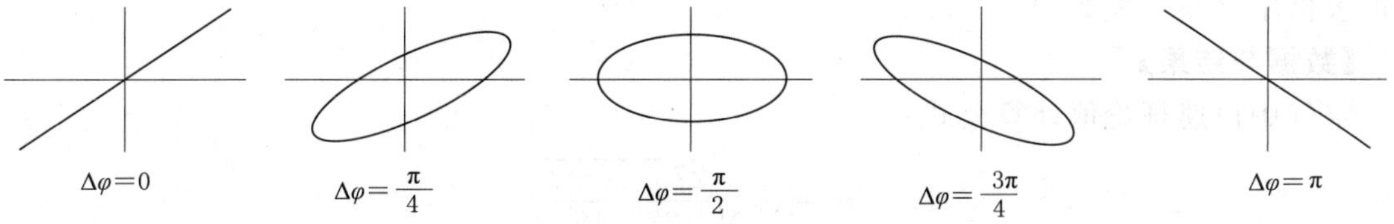

图 2-20　不同相位差的李萨如图形

重复出现相邻斜率符号相反的直线相位改变 $\Delta\phi=\pi$，相应 S2 与 S1 之间的距离改变

$$\Delta L=\frac{\Delta\phi}{2\pi}\lambda=\frac{\lambda}{2}$$

【实验仪器】

声速测量组合仪，SV3 专用信号源，DF4321 双踪示波器。

【实验内容与步骤】

1. 声速测试仪系统的连接与调试

接通电源，信号源自动工作在连续波方式，选择的介质为空气的初始状态，预热 10 分钟。声速测试仪和声速测试仪信号源及双踪示波器之间的连接如图 2-19 所示。

（1）测试架上的换能器与声速测试仪信号源之间的连接。信号源面板上的发射端换能器接口（S1），用于输出相应频率的功率信号，接至测试架左边的发射换能器（S1）；仪器面板上的接收端的换能器接口（S2），连接测试架右边的接收换能器（S2）。

（2）示波器与声速测试仪信号源之间的连接。信号源面板上的发射端的“发射波形”（Y1），接至双踪示波器的 CH1（X），用于观察发射波形；信号源面板上的接收端的“接收波形”（Y2），接至双踪示波器的 CH2（Y），用于观察接收波形。

（3）超声换能器工作状态的调节。各仪器都正常工作以后，首先调节声速测试仪信号源输出电压（100～500mV 之间），在 35～39kHz 范围调节信号频率，观察频率调整时接收波的电压幅度变化，在某一频率点处电压幅度最大，同时声速测试仪信号源的信号指示灯亮，此频率即是压电换能器 S1、S2 相匹配的频率点，记录频率 f，改变 S1 和 S2 之间的距离，适当选择位置（即至示波器屏上呈现出最大电压波形幅度时的位置），再微调信号频率，如此重复调整，再次测定工作频率，取平均值，记录谐振频率 f。

2. 共振干涉法（驻波法）测空气中声速

（1）示波器的时基因数（Time/div）与 Y 轴电压偏转因数（V/div）选取合适，移动 S2 接近 S1 处约 5cm，再缓缓移动 S2 远离 S1，当示波器上出现幅度最大信号时，记下位置 x_1。

（2）由近而远逐渐改变接收器 S2 的位置，可观察到显示正弦波幅度发生周期性的变化，逐个记下幅度最大的共振位置 x_i（$i=1,2,\cdots,12$）共 12 个点，测量数据记录在表 2-9 中。

3. 相位比较法测空气声速

（1）在共振干涉法测声速实验的基础上，换能器系统到达谐振状态下，示波器的时基因数（Time/div）旋钮置 X-Y 方式，屏上一般出现椭圆的李萨如图形。

（2）缓慢远移接收器 S2，每当李萨如图形由椭圆变为直线时（包括正、负斜率两种情况），参考图 2-20，逐一记录接收器 S2 位置 x_i（$i=1, \cdots, 12$），测量数据记录在自己设计的表格中（参考表 2-9）。

【数据与结果】

空气中声速理论值计算公式：

$$v_s = v_0\sqrt{\frac{273.15+t}{273.15}}$$

其中 $v_0=331.45\text{m/s}$，t 为介质（空气）温度。

用逐差法处理数据，计算空气中声速平均值与不确定度。并与空气中声速理论值进行比较，求测量相对误差（已知 $\Delta_B=0.02\text{mm}$）。

（1）共振干涉法测空气声速（表 2-9）。

表 2-9　　共振干涉法测声速记录表（$f=$　　Hz，$t=$　　℃）

测量次数 i	1	2	3	4	5	6
S2 的位置 x_i/mm						
测量次数 $i+6$	7	8	9	10	11	12
S2 的位置 x_{i+6}/mm						
$\lambda_k=\frac{1}{3}\lvert x_{i+6}-x_i\rvert$/mm						
$\overline{\lambda}=\frac{1}{6}\sum_{k=1}^{6}\lambda_k$ /mm						
$S_\lambda=\sqrt{\frac{\sum_{k=1}^{6}(\lambda_k-\overline{\lambda})^2}{6-1}}$ /mm						
$\Delta_\lambda=\sqrt{S_\lambda^2+\Delta_B^2}$ /mm						
$\overline{v}=f\cdot\overline{\lambda}$/(m/s)		v_s/(m/s)				
$\Delta_v=\overline{v}\cdot\frac{\Delta_\lambda}{\overline{\lambda}}$/(m/s)		$v=\overline{v}\pm\Delta_v$/(m/s)				

（2）相位比较法测空气声速（参考表 2-9）

【思考题】

1. 声速测量中的干涉共振法、位相比较法有何异同？
2. 产生驻波的条件是什么？如果发射面 S1 和接收面 S2 不平行，结果会怎样？
3. 相位比较法和驻波共振法中作一个周期变化，S2 移动距离是否相同？
4. 相位比较法为什么选直线作为测量基准？斜率异号的相邻直线相位改变了多少？
5. 超声波信号能否直接用示波器观测，怎样实现？
6. 相位法测声速当示波器显示直线时的位置是否对应驻波场中能量的极大或极小？

实验七　直流平衡单电桥

电桥电路是电磁测量中电路连接的一种基本方式。由于它测试灵敏，测量准确，使用方便，所以得到广泛应用。电桥有直流和交流之分，直流电桥主要用于测量电阻。直流单电桥常称惠斯登电桥，用于 $1\sim10^{6}\Omega$ 范围中值电阻测量；直流双电桥常称开尔文电桥，用于 $10^{-3}\sim1\Omega$ 范围低值电阻测量。交流电桥除测电阻外，还可以测量电容、电感等电学量。通过传感器，还可以测定量一些非电学量，如温度、压力等，在非电量电测方法中有广泛应用。

【实验目的】

(1) 了解直流单电桥测量电阻的原理和方法。

(2) 掌握便携式直流电桥的使用方法。

(3) 了解电桥灵敏度的概念和用电桥测量电阻的不确定度分析。

【实验原理】

1. 电桥测量原理

直流单电桥测量电阻的原理如图 2－21 所示。图中由精密电阻箱表示的标准电阻 R_a、R_b、R 及待测电阻 R_x 构成四边形，每一边称电桥的一个臂。

当接通电源开关 B 和检流计开关 G 时，检流计有电流通过，但当调节四个桥臂到适当值时，检流计无电流通过，即 $I_G=0$，称"电桥平衡"。电桥平衡时流过 R_a 和 R_x 的电流相同，用 I_1 表示；流过 R_b 和 R 的电流相同，用 I_2 表示。从而有以下关系式：

$$I_1R_a=I_2R_b$$

$$I_1R_x=I_2R$$

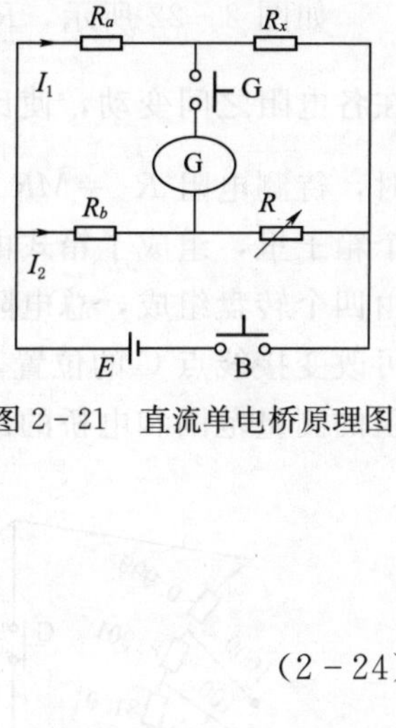

图 2－21　直流单电桥原理图

两式之比，有

$$\frac{R_a}{R_x}=\frac{R_b}{R}$$

说明电桥平衡时四个桥臂电阻成比例，因此，待测电阻 R_x 的阻值为

$$R_x=\frac{R_a}{R_b}R=MR \tag{2-24}$$

式中：M 为比率，$M=\frac{R_a}{R_b}$；R_a，R_b 分别为比例臂；R 为比较臂。

如用精确的电阻作为桥臂，只要检流计灵敏度足够高，就可得到准确的测量结果。由此可见，直流单电桥测量电阻的误差主要来源于三个桥臂电阻的误差和电桥灵敏度。

电阻箱表示的电阻值也存在误差，其相对不确定度

$$\frac{\Delta_R}{R}=\left(0.1+0.2\times\frac{m}{R}\right)\% \tag{2-25}$$

式中：m 为电阻箱表示的电阻值所用到十进位转盘个数，取 1～6 中某个整数；R 为电阻箱表示的电阻值大小，单位 Ω。

2. 电桥灵敏度

式（2－23）是在电桥平衡的条件下推导出来的，而电桥是否平衡，由检流计指针有无

可觉察的偏转来判断。检流计的灵敏度总是有限的，当指针的偏转小于 0.2 分格时就很难觉察出来，这称为人眼的灵敏阀。在电桥平衡时，设某个桥臂电阻 R，若把 R 改变一个小量 ΔR，电桥失去平衡，从而有电流流过检流计，如果电流很小以致未能觉察出检流计指针的偏转，就认为电桥仍然平衡，从而得出错误的结论。为了估计这种误差，引入电桥灵敏度的概念，它定义为

$$S=\frac{\Delta n}{\Delta R/R} \tag{2-26}$$

式中：ΔR 为电桥平衡时电阻的微小改变量；Δn 为由于 R 变为 $R+\Delta R$ 后检流计偏离平衡位置而偏转的格数，S 为电桥对桥臂电阻不平衡的反应能力。

显然 S 越大，电桥越灵敏，由此带来的误差也越小。

电桥的灵敏度 S 与检流计的灵敏度、电源电压 E、四个桥臂电阻有关。可以证明，输入电压越高，检流计灵敏度越高，电桥的灵敏度也就越高。由于桥臂电阻功耗限制，输入电压不能过高；另一方面，检流计的灵敏度也是有限的，故电桥的灵敏度有限。电桥的灵敏度可由对电桥电路分析得出，也可由实验测得。由于标准电阻 R 一般不能连续调节，其最小步进值也会影响测量精度，所以电桥的灵敏度应与 R 相适应。

3. QJ－23 型箱式电桥

如图 2－22 所示，R_a 和 R_b 用一系列阻值从小到大的标准电阻串联起来代替，而 C 点可在各电阻之间变动，使比率 $M=\dfrac{R_b}{R_a}$ 按十进制变化，R 用标准可变电阻箱代替，当电桥平衡时，待测电阻 $R_x=MR$。把所有这些电阻箱、检流计、电池、电阻及电键全部线路装在一个箱子里，组成了箱式电桥，便于携带和使用。如图 2－23 所示，作为比较臂标准电阻 R，由四个转盘组成，总电阻为 9999Ω，比例臂 R_a 和 R_b 由 8 个定位电阻串联而成，比率转盘 M 可改变接线点 C 的位置，使比率 M 由 0.001～1000 共七挡可选。在不同的比率挡，被测电阻的测量范围和电桥的准确度不同。具体见表 2－10。

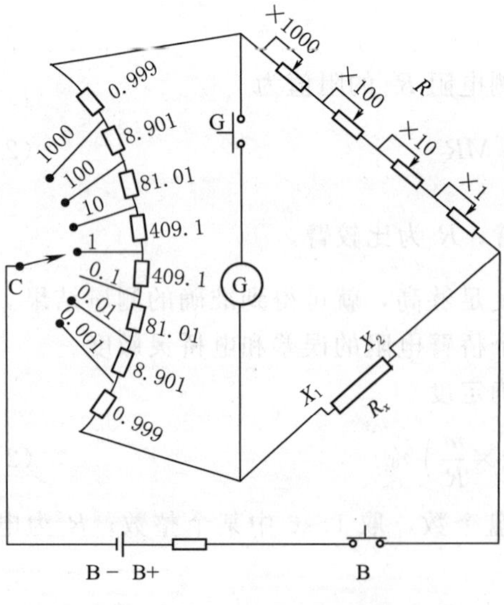

图 2－22　单电桥电路图

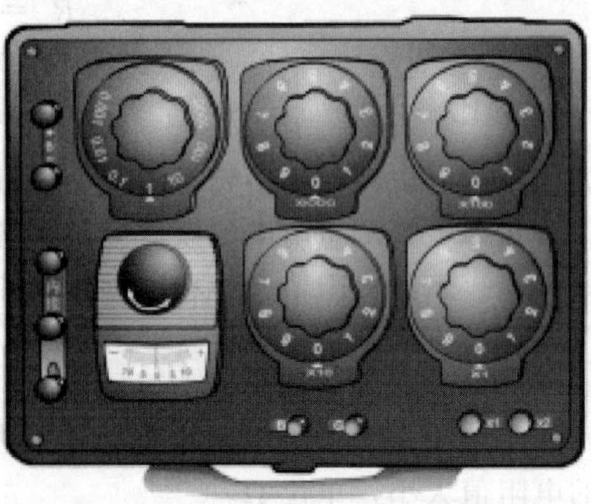

图 2－23　QJ－23 型携带式单电桥

表 2-10　　**QJ-23 型箱式电桥铭牌上参数**

比率 M	0.001	0.01	0.1	1	10	100	1000
R_x 范围/Ω	1～9.999	10～99.99	100～999.9	1k～9.999k	10k～99.99k	100k～999.9k	1000k～9999k
电源 E/V	4.5				6	15	21
精度等级 k	2	0.5	0.2		0.5		2

当倍率在 10 以上时，为了提高电桥灵敏度，应外接较高电压的电源和灵敏度更高的检流计，将它们分别接于“B”外和“G”外两对接线柱上。本实验使用内接电源和内装检流计，这时“G”外接和“B+、B−”两对接线柱分别用专用金属片短接，实验时请勿取开。

板面上标有“B、G”两个按钮开关，分别用于接通电源和检流计。电源需连续接通时可将按钮“B”压下并旋转一个角度。开关“G”只能作瞬间通断开关使用，不许持续接通，以免检流计电流过大而损坏仪表。符号“R_x”两侧的端钮用来接入待测电阻。特别强调：测量结束时必须断开电源开关！

4. 自组电桥测电阻

自组电桥测电阻可分为测单个电阻和测相同标称值的一组电阻（本实验指电阻盒中 R_3～R_8 中 6 个电阻组成一组电阻）两类。前者通常改变比率进行多次重复测量，后者通常保持比率恒定测量相同标称值的一组电阻中每个电阻。

(1) 自组电桥测量单个电阻不确定度分析。直流单电桥测量电阻的误差主要来源于三个桥臂电阻的误差和电桥灵敏度。若改变比率对 R_x 进行多次重复测量，其平均值为 $\overline{R_x}$。

1) 桥臂电阻箱表示的电阻值不确定度对 R_x 测量结果的影响（不确定 B 类分量 1)。

由式 (2-25) 知，每个电阻箱表示的电阻值不确定度

$$\Delta_R=\frac{1}{100}\times(0.1R+0.2m)$$

其中 m 为电阻箱所用十进位转盘个数（m 最大是 6)。

由于自组电桥桥臂电阻 R_a、R_b、R 由三个电阻箱组成，一般 $R\gg m$，所以

$$\frac{\Delta_{Rx}}{R_x}=\sqrt{\left(\frac{\Delta_{Ra}}{R_a}\right)^2+\left(\frac{\Delta_{Rb}}{R_b}\right)^2+\left(\frac{\Delta_R}{R}\right)^2}\approx\sqrt{(0.1\%)^2+(0.1\%)^2+(0.1\%)^2}\approx0.2\%$$

实际测量时取

$$\Delta_{Rx(B1)}=0.2\%\times R_x \tag{2-27}$$

2) 电桥的灵敏度高低对 R_x 测量结果的影响（不确定 B 类分量 2)。

由于人眼的灵敏阀为 0.2 分格，若自搭电桥灵敏度为 S，由式 (2-26) 知

$$\Delta_{Rx(B2)}=0.2\times\frac{\overline{R_x}}{S} \tag{2-28}$$

3) R_x 的不确定度 A 类分量。

一般对 R_x 重复测量 6 次，R_x 的不确定度 A 类分量为

$$\Delta_{Rx(A)}=\sqrt{\frac{\sum_{i=1}^{6}(R_{xi}-\overline{R}_x)^2}{6-1}} \tag{2-29}$$

综上所述，单个电阻 R_x 测量结果总不确定度

$$\Delta_{Rx}=\sqrt{\Delta_{Rx(B1)}^{2}+\Delta_{Rx(B2)}^{2}+\Delta_{Rx(A)}^{2}} \tag{2-30}$$

通常情况下 $\Delta_{Rx(B1)}$ 比 $\Delta_{Rx(B2)}$ 和 $\Delta_{Rx(A)}$ 大得多，因此

$$\Delta_{Rx}\approx\Delta_{Rx(B1)}=0.2\%\times\overline{R_x} \tag{2-31}$$

R_x 测量结果表示式

$$R_x=\overline{R}_x\pm\Delta_{Rx} \tag{2-32}$$

（2）自组电桥测量相同标称值一组电阻不确定度分析。电阻盒 $R_3\sim R_8$ 中 6 个相同标称值电阻组成一组电阻，其平均值可表示为

$$\overline{R}_x=\frac{1}{6}\sum_{i=3}^{8}R_{xi} \tag{2-33}$$

1）桥臂电阻箱表示的电阻值不确定度对测量结果的影响（不确定 B 类分量 1）。由式（2-26）知

$$\overline{\Delta_{Rx(B1)}}=0.2\%\times\overline{R_x} \tag{2-34}$$

2）电桥的灵敏度高低对测量结果的影响（不确定 B 类分量 2）。由式（2-28）知

$$\overline{\Delta_{Rx(B2)}}=0.2\times\frac{\overline{R_x}}{S} \tag{2-35}$$

3）不确定度 A 类分量。测电阻盒 $R_3\sim R_8$ 中 6 个相同标称值电阻，不确定度 A 类分量

$$\Delta_{Rx(A)}=\sqrt{\frac{\sum_{i=3}^{8}(R_{xi}-\overline{R}_x)^2}{6-1}} \tag{2-36}$$

综上所述，一组电阻测量结果总不确定度

$$\Delta_{Rx}=\sqrt{\overline{\Delta_{Rx(B1)}}^{2}+\overline{\Delta_{Rx(B2)}}^{2}+\Delta_{Rx(A)}^{2}} \tag{2-37}$$

测量结果表示式

$$R_x=\overline{R}_x\pm\Delta_{Rx} \tag{2-38}$$

【实验器材】

QJ-23 箱式电桥，直流稳压电源，AC5 直流检流计，导线若干，SB2238B 型数字万用表，待测电阻盒（$R_1\sim R_{10}$），ZX-95 型电阻箱（3 个）。

【实验内容与步骤】

1. 用数字万用表测电阻

选数字万用表欧姆挡逐个测量，分别测电阻盒（$R_1\sim R_{10}$）10 个电阻阻值。

2. 用 QJ-23 箱式电桥测电阻（检流计外接法）

选电阻盒 $R_3\sim R_8$ 中某一个电阻，用箱式电桥测量。由电桥的精度等级 k 计算被测电阻测量结果的不确定度，并求出电桥灵敏度 S。

检流计"外接法"测量方法如下：

（1）将 QJ-23 的箱式电桥"内接"短路，"外接"接入 AC5 直流检流计，将 AC5 直流检流计调零。待测电阻接到"R_x"接线柱上，估计待测电阻阻值，选取合适比率 M，预调 R 的四个转盘，使 MR 接近 R_x 的估计值。

(2) 按下电键"B"、"G"，观察检流计指针偏转情况，逐个仔细调节比较臂上千、百、十、个位读数旋钮，直至检流计指针准确指为零。然后释放"G""B"键。

(3) 测量结果表示式：$R_x = MR \pm MR \times k\%$，电桥精度等级 k 由表 2-10 查得。

3. 自组电桥测电阻

用直流稳压电源、AC5 直流检流计、3 个标准电阻箱、若干导线和待测电阻盒（$R_1 \sim R_{10}$）这些器材自搭电桥，测电阻盒中 $R_3 \sim R_8$ 中每个电阻阻值（这 6 个电阻标称值相同）。计算电桥灵敏度 S，并计算 R_x 测量结果不确定度。

测量方法如下：

(1) 稳压电源电压选 3.0V，检流计量程拨至 100μA 挡，倍率 $M = \frac{R_a}{R_b} = \frac{1000}{3000}$，$R$ 调至 R_x 的估计值 3 倍，使检流计指零；再提高检流计灵敏度，量程拨至 10μA，细调 R 使检流计指零；最后检流计量程拨至 1μA 挡，微调 R 使检流计指针准确指零，记下 R 值，则被测电阻 $R_x = R/3$，并计算电桥灵敏度 S。

(2) 用上述方法测电阻盒中 $R_3 \sim R_8$ 中每个电阻阻值。

【数据记录与处理】

1. 数字万用表测电阻

用数字万用表测电阻盒中 10 个电阻阻值，结果填入表 2-11。电阻单位 Ω，下同。

表 2-11　　数字万用表测电阻

R_1	R_2	R_3	R_4	R_5	R_6	R_7	R_8	R_9	R_{10}

2. 箱式电桥测电阻

QJ-23 箱式电桥检流计"外接"方法测电阻 R_{10}，并由式（2-26）计算电桥灵敏度 S。根据表 2-11 中 R_{10} 大小，由表 2-10 查得电桥比率 M、精度等级 k，数据填入表 2-12 中。

表 2-12　　箱式电桥测电阻

M	R	$k\%$	$R_x = (1 \pm k\%)MR$	Δn	ΔR	S

3. 自组电桥测电阻

用自组电桥测电阻盒 $R_3 \sim R_8$ 中 6 个相同标称值电阻并计算总不确定度。

(1) 选被测电阻 R_5，测自组电桥灵敏度 S。数据填入表 2-13，S 由式（2-26）计算。

表 2-13　　自组电桥灵敏度测量

R	ΔR	Δn	S

(2) 测电阻盒中 $R_3 \sim R_8$ 中每个电阻阻值，取 $R_a = 1000\Omega$，$R_b = 3000\Omega$，数据填入表 2-14，R_x 值由式（2-24）计算。不确定度用式（2-34）、式（2-35）、式（2-36）、式（2-37）、式（2-38）计算。

表 2-14　　自组电桥测电阻盒电阻

<table>
<tr><td rowspan="2">计算值</td><td colspan="6">被 测 电 阻</td></tr>
<tr><td>R_3</td><td>R_4</td><td>R_5</td><td>R_6</td><td>R_7</td><td>R_8</td></tr>
<tr><td>R</td><td></td><td></td><td></td><td></td><td></td><td></td></tr>
<tr><td>R_x</td><td></td><td></td><td></td><td></td><td></td><td></td></tr>
<tr><td>$\overline{R_x}$</td><td></td><td></td><td></td><td></td><td></td><td></td></tr>
<tr><td>$\overline{\Delta_{Rx(B1)}}$</td><td colspan="3"></td><td>$\overline{\Delta_{Rx(B2)}}$</td><td colspan="2"></td></tr>
<tr><td>$\Delta_{Rx(A)}$</td><td colspan="3"></td><td>Δ_{Rx}</td><td colspan="2"></td></tr>
<tr><td>$\overline{R}_x \pm \Delta_{Rx}$</td><td colspan="6"></td></tr>
</table>

【思考题】

1. 检流计 G 与电源 E 位置互换，是否会影响电桥平衡？
2. 提高电桥灵敏度可采取哪些方法？
3. 组装电桥接通电源后出现检流计指针总是不偏转或总是偏向一边，故障怎样排除？

实验八　非平衡电桥及应用

惠斯登电桥是通过检流计示零方法，即电桥平衡方法测量桥臂上某个电阻阻值固定的电阻。但在许多场合下桥臂上某个电阻是传感元件，其阻值受外界环境（如温度、压力、光强等）变化而变化，电桥通常是不平衡的，有电压或电流输出，此类电桥称为非平衡电桥。通过非平衡电桥可以测量、观察或控制温度、压力、光强等外界环境变化。非平衡电桥在检测技术、传感器技术中的应用非常广泛。

【实验目的】

（1）掌握非平衡电桥原理和方法。

（2）了解金属导体热电阻铂电阻和铜电阻温度特性，通过非平衡电桥测量铜电阻温度系数。

（3）了解半导体热敏电阻温度特性，通过非平衡电桥测量 NTC 热敏电阻温度特性曲线。

（4）学会用线性回归法处理数据。

【实验原理】

1. 非平衡电桥原理

如图 2-24 所示，设电桥供电电源电压为 E，四个桥臂电阻分别为 R_1、R_2、R_3 和 $R_4(t)$，其中 R_1、R_2、R_3 为电阻箱，而 $R_4(t)$ 为传感元件，如铂电阻、铜电阻、热敏电阻等，其阻值随温度 t 而变化，若 $R_1R_3 \neq R_2R_4(t)$，则电桥桥路上有电压 $U_o(t)$ 输出，大小可用数字毫伏表显示。$U_o(t)$ 可表示为

$$U_o(t)=\left(\frac{R_2}{R_2+R_3}-\frac{R_1}{R_1+R_4(t)}\right)E \qquad (2-39)$$

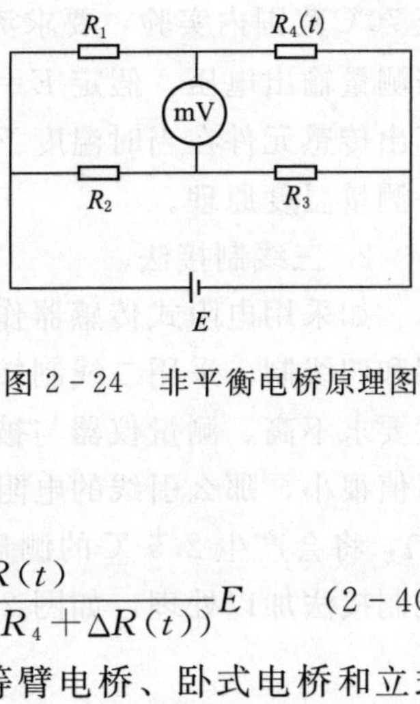

图 2-24　非平衡电桥原理图

设 $R_4(t)=R_4+\Delta R(t)$，其中 R_4 为温度 $t=t_0$ 时传感元件的电阻值（t_0 可设为环境温度）。实验时先在 $t=t_0$ 时预调电桥平衡，使 $U_o(t_0)=0$，即 $R_1R_3=R_2R_4$，在此情况下电桥输出电压为

$$U_o(t)=\left(\frac{R_2}{R_2+R_3}-\frac{R_1}{R_1+R_4(t)}\right)E=\frac{R_2\cdot\Delta R(t)}{(R_2+R_3)(R_1+R_4+\Delta R(t))}E \qquad (2-40)$$

在实际测量中，非平衡电桥根据桥臂电阻对应关系可分为等臂电桥、卧式电桥和立式电桥。

（1）等臂电桥。若 $R_1=R_2=R_3=R_4=R$，则电桥为等臂电桥。由式（2-40）知等臂电桥输出电压为

$$U_o(t)=\frac{E}{4}\cdot\frac{\frac{\Delta R(t)}{R}}{1+\frac{\Delta R(t)}{2R}} \qquad (2-41)$$

（2）卧式电桥。若 $R_1=R_4=R$，$R_2=R_3=R'$，且 $R\neq R'$，则电桥为卧式电桥。由式（2-40）知卧式电桥输出电压为

$$U_o(t)=\frac{E}{4}\cdot\frac{\frac{\Delta R(t)}{R}}{1+\frac{\Delta R(t)}{2R}} \tag{2-42}$$

实验时根据数字毫伏表显示数值 $U_o(t)$ 大小计算 $\Delta R(t)$，则温度为 t 时传感元件电阻值 $R(t)$ 可表示为

$$R(t)=R+\Delta R(t)=\frac{E+2U_o(t)}{E-2U_o(t)}\cdot R \tag{2-43}$$

(3) 立式电桥。若 $R_3=R_4=R$，$R_1=R_2=R'$，且 $R\neq R'$，此类电桥称为立式电桥。电桥输出电压 $U_o(t)$ 由式（2-40）计算可得

$$U_o(t)=E\cdot\frac{RR'}{(R+R')^2}\cdot\frac{\frac{\Delta R(t)}{R}}{1+\frac{\Delta R(t)}{R+R'}} \tag{2-44}$$

显然输出电压不仅与 R 有关，而且还与 R' 有关。立式电桥通常在 $\Delta R(t)$ 变化很大的场合下使用，如有些负温度系数（NTC）半导体热敏电阻，在 0～100℃范围内电阻变化达几千欧姆。实验前先设计好 R' 的值，既要考虑电源电压的大小，又要考虑数字毫伏表的量程，整个实验过程中 $U_o(t)$ 不能超出量程；R 的大小一般在室温条件下预调电桥平衡时得到。为了使式（2-44）计算方便，一般取 R' 是 R 整数倍，如 2.7kΩMF51 热敏电阻在室温至 70℃范围内实验，要求流过热敏电阻最大电流 $I_m<0.4\text{mA}$，用量程为 200mV 的数字毫伏表测量输出电压，假定 $E=1.000\text{V}$，可取 $R'=3R$。总之，通过数字毫伏表读数 $U_o(t)$ 计算出传感元件在当时温度下电阻值 $R(t)$，再通过查分度表可知温度 t 值，这就是非平衡电桥测量温度原理。

2. 三线制接法

如采用电阻式传感器作为被测对象，传感元件的引出线有以下几种方式：二线制、三线制和四线制。采用二线制接法（图 2-25），虽然导线电阻会给测量带来影响，但在测量精度要求不高、测量仪器与被测传感元件距离较近时，常采用二线制。但如果金属电阻本身的阻值很小，那么引线的电阻及其变化也就不能忽视，例如对于 Pt100 铂电阻，若导线电阻为 1Ω，将会产生 2.5 ℃的测量误差。为了消除或减少引线电阻的影响，通常的办法是采用三线制接法加以处理，如图 2-26 所示。工业热电阻目前大多采用的都是三线制接法。

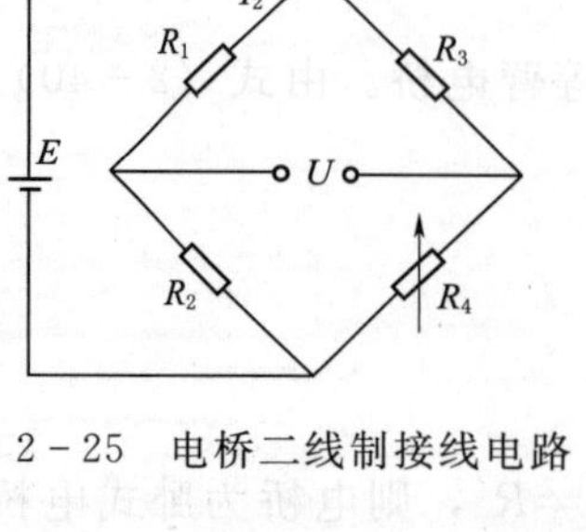

图 2-25 电桥二线制接线电路

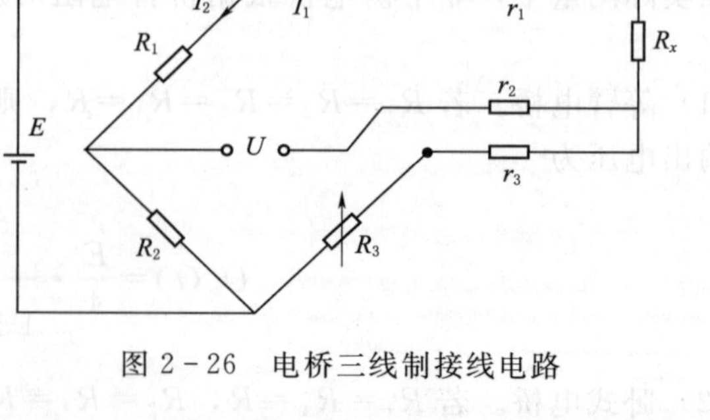

图 2-26 电桥三线制接线电路

在三线制接线电路中，传感元件的一端与一根导线相接，另一端同时接两根导线。传感

元件在与电桥配合时，与传感元件相接的三根导线粗细要相同，长度要相等，阻值要一致（图中 r_1，r_2，r_3 即为引线电阻）。其中一根引线与测量仪表连接，由于测量仪表的内阻很大，可认为流过 r_2 的电流接近于零。另两根引线分别与电桥的两个相邻臂相连，这样引线电阻对测量就不会造成影响。

3. 金属热电阻和半导体热敏电阻温度特性

金属热电阻和半导体热敏电阻其阻值随温度变化而变化，常用作温度传感器。能够用于制作热电阻的金属材料必须具备以下特性：①电阻温度系数尽可能大而稳定，电阻值与温度之间有良好线性关系；②电阻率高，热容量小，反应速度快；③材料的复现性好，价格低廉；④在测量范围内物理和化学性质稳定。目前在工业中应用最广泛的材料是铂和铜。

（1）铂热电阻。铂热电阻测温范围在－200～600℃，以铂热电阻温度计作基准器。铂热电阻与温度的关系，在 0～600℃以内表示为

$$R_t=R_0(1+At+Bt^2)$$

在－200～0℃以内表示为

$$R_t=R_0[1+At+Bt^2+C(t-100)t^3]$$

式中：R_t 为温度为 t℃时的电阻；R_0 为温度为 0℃时的电阻；A，B，C 分别为分度系数，$A=3.91\times10^{-3}/℃$，$B=-5.84\times10^{-7}/℃^2$，$C=-4.22\times10^{-12}/℃^4$。

工业上常用有 P_t50（$R_0=50\Omega$）和 P_t100（$R_0=100\Omega$）两种铂热电阻，将 R_t-t 关系制成分度表，称铂热电阻分度表，供使用者查阅，只要知道电阻值就可查知对应温度值。

为了消除内热效应影响，一般铂热电阻允许通过最大电流 $I_m<2.5\text{mA}$。

（2）铜热电阻。在测温范围不大、测量精度不高的情况下，可以用铜热电阻代替铂热电阻。在－50～150℃温度范围内，铜热电阻与温度呈线性关系，用式（2－45）表示：

$$R_t=R_0(1+\alpha t) \tag{2-45}$$

式中：R_t 为温度为 t℃时的电阻值；R_0 为温度为 0℃时的电阻值；α 为铜热电阻温度系数。

工业上常用有 Cu50（$R_0=50\Omega$）和 Cu100（$R_0=100\Omega$）两种铜热电阻，将 R_t-t 关系制成分度表，称铜热电阻分度表，供使用者查阅，只要知道电阻值就可查知对应温度值。

为了消除内热效应影响，一般铜热电阻允许通过最大电流 $I_m<4\text{mA}$。

（3）半导体热敏电阻。半导体热敏电阻随温度变化典型特性可分为三种类型：负温度系数热敏电阻（NTC）；正温度系数热敏电阻（PTC）和特定温度下电阻值发生突变电阻器（CTR）。负温度系数热敏电阻应用广泛，阻值随温度升高而减小，电阻与温度的关系可表示为

$$R_T=R_0\exp B\left(\frac{1}{T}-\frac{1}{T_0}\right) \tag{2-46}$$

式中：R_T，R_0 分别为温度 T(K) 和 $T_0=273.15\text{K}$ 时阻值；B 为热敏电阻材料常数，通常 $B=2000\sim6000\text{K}$。

将式（2－46）两边取对数，得直线方程

$$\ln R_T=\frac{B}{T}+\left(\ln R_0-\frac{B}{T_0}\right) \tag{2-47}$$

实验时在不同温度 T 下测得热敏电阻阻值 R_T，以 $\frac{1}{T}$ 为横坐标、$\ln R_T$ 为纵坐标作图，

将测量点进行线性拟合得直线方程，斜率即为 B。

热敏电阻温度系数 α_T 定义

$$\alpha_T=\frac{1}{R_T}\cdot\frac{\mathrm{d}R_T}{\mathrm{d}T}=-\frac{B}{T^2}$$

可见 α_T 随温度降低而迅速增大，决定热敏电阻在全部工作范围内温度灵敏度，其值比金属热电阻温度系数高得多。

为了消除内热效应影响，一般半导体热敏电阻允许通过最大电流 $I_m<0.4\text{mA}$。

【实验仪器】

DHW-2 型温度传感实验装置，ZX-95 型电阻箱（3 个），直流稳压电源，SB2238B 型数字万用表，导线若干。

【实验内容】

1. 测量铜热电阻温度系数 α

利用卧式非平衡电桥测量铜热电阻温度系数。一般铜热电阻允许通过最大电流 $I_m<4\text{mA}$，Cu50 铜热电阻在 0～100℃范围阻值为 50.00～71.40Ω。实验前先考虑好电源 E 取多大，实验时先用数字万用表准确测量 E，然后在室温条件下预调电桥平衡得到 R。

E 取值大小在写预习报告时先设计好。从室温开始每隔 5℃测量 R_t，共测 10 次。数据填入表 2-15，用线性回归法拟合直线，得类似式（2-45）直线方程，从而得到铜热电阻温度系数 α。为了简便而准确拟合直线，要求用 Excel 软件拟合，并打印 R_t-t 图。

2. 测量负温度系数热敏电阻特性

利用立式非平衡电桥测量。一般半导体热敏电阻允许通过最大电流 $I_m<0.4\text{mA}$，2.7kΩMF51 负温度系数热敏电阻在 25～65℃范围阻值约 2700～750Ω，10℃约 4.9kΩ，15℃约 4.0kΩ，20℃约 3.2kΩ。实验前先考虑好电源 E 取多大，实验时先用数字万用表准确测量 E，然后在室温条件下预调电桥平衡得到 R。考虑电源电压和数字毫伏表的量程（量程 200mV），R'应取多大。

E 和 R'取值在写预习报告时先设计好。从室温开始每隔 5℃测量 R_T，共测 10 次。数据填入表 2-16，用线性回归法拟合直线，得类似式（2-47）直线方程，从而得到热敏电阻材料常数 B，为了简便而准确拟合直线，要求用 Excel 软件拟合，并打印 $\ln R_T-1/T$ 图。

【实验步骤】

如由于受到 DHW-2 型温度传感实验装置数量限制，实验时相邻同学合用一台 DHW-2 型温度传感实验装置（图 2-27），不影响实验进程。一位同学测铜电阻，同时另一位同学测热敏电阻。两者相互配合，同时对传感元件加热升温。具体步骤如下：

(1) 温度传感装置与加热炉连线（如已连好则这一步可省去）。温度传感装置“信号输入”端用专用七芯线与加热炉对应插孔连接；“加热电流输出”端与加热炉对应插孔连接；“风扇电压输出”端与加热炉对应插孔连接。

(2) 用直流稳压电源、数字万用表（用 200mV 档）、3 个电阻箱与温度传感元件搭建非平衡电桥，测铜电阻用卧式电桥，测热敏电阻用立式电桥，将稳压电源输出电压 E 调至设计值（如设计有误，则按教师指定数据）。

(3) 测量前在室温下预调电桥平衡，使数字万用表显示 0.00mV，记下 R 值，用立式电桥测热敏电阻应考虑 R'取多大，并记下。

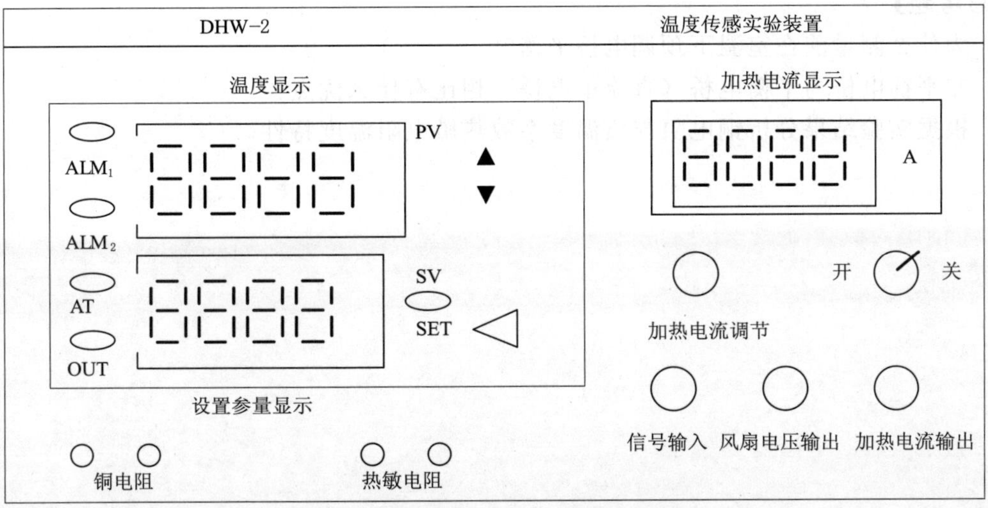

图 2-27　温度传感实验装置面板图

(4) 将"加热电流"开关置"开"位置，调节加热电流至 0.6～1.0A，此时加热炉对传感元件加热，传感元件环境温度随之上升，可每隔 5℃读一次数字万用表显示电压值并记录(如可在 15℃、20℃、25.0℃、30.0℃、35.0℃、…测量，起始值待当时室温而定)。共测量 10 个点。

(5) 温度传感装置与另一个加热炉连线，被测传感元件也相应变换。测量参照步骤 (1)～步骤 (4)。

【数据记录与处理】

1. 测量铜电阻温度系数 α (表 2-15)

表 2-15　　**测量铜电阻温度系数记录表**

电源电压 $E=$　　　V，$R=$　　　Ω

t/℃										
$U_o(t)$/mV										
R_t/Ω										

2. 测量负温度系数热敏电阻特性 (表 2-16)

表 2-16　　**测量负温度系数热敏电阻记录表**

电源电压 $E=$　　　V，$R=$　　　Ω，$R'=$　　　Ω

t/℃										
$U_o(t)$/mV										
R_t/Ω										
$\frac{1}{T}$/(1/K)										
$\ln R_T$/Ω										

【思考题】

1. 为什么测量前在室温下预调电桥平衡？
2. 非平衡电桥与平衡电桥（直流单电桥）相比有什么优点？
3. 根据实验结果分析铜电阻与负温度系数热敏电阻温度特性。

实验九　示波器的原理和使用

示波器是一种用途广泛的基本电子测量仪器，用它能观察电信号的波形、幅度和频率等电参数。用双踪示波器还可以测量两个信号之间的时间差，一些性能较好的示波器甚至可以将输入的电信号存储起来以备分析和比较。在实际应用中凡是能转化为电信号的电学量和非电学量都可以用示波器来观测。

【实验目的】

（1）了解示波器的基本结构和工作原理，掌握使用示波器和信号发生器的基本方法。

（2）学会使用示波器展示电信号波形，测量信号电压幅值以及频率。

（3）学会使用示波器观察李萨如图并测频率。

【实验原理】

不论何种型号和规格的示波器都包括了如图 2－28 所示的几个基本组成部分：示波器（又称阴极射线管，Cathode Ray Tube，简称 CRT）、垂直放大电路（*Y* 轴放大）、水平放大电路（*X* 轴放大）、扫描信号发生电路（锯齿波发生器）、同步触发电路、电源等。

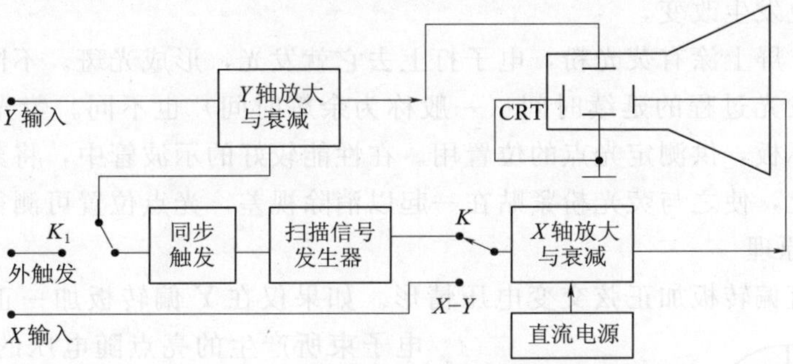

图 2－28　示波器的基本结构框图

1. 示波管的基本结构

示波管是示波器的核心部分，其功能就是将电信号转化成光信号。示波管的基本结构如图 2－29 所示。主要由电子枪、偏转系统和荧光屏三部分组成，全都密封在玻璃壳体内，里面抽成高真空。

（1）电子枪。由灯丝、阴极、控制栅极、第一阳极和第二阳极五部分组成。

灯丝通电后加热阴极。阴极是一个表面涂有氧化物的金属圆筒，被加热后发射电子。控制栅极是一个顶端有小孔的圆筒，套在阴极外面。它的电位比阴极低，对阴极发射出来的电子起控制作用，只有初速度较大的电子才能穿过栅极顶端的小孔然后在阳极加速下奔向荧光屏。示波器面板上的“调辉度”就是通过调节电位以控制射向荧光屏的电子流密度，从而改变了屏上的光斑亮度。阳极电位比阴极电位高很多，电子被它们之间的电场加速形成射线。

当控制栅极、第一阳极与第二阳极电位之间电位调节合适时，电子枪内的电场对电子射线有聚集作用，所以，第一阳极也称聚焦阳极。第二阳极电位更高，又称加速阳极。面板上的“聚焦”调节，就是调第一阳极电位，使荧光屏上的光斑成为明亮、清晰的小圆点。有的示波器还有“辅助聚焦”，实际是调节第二阳极电位。

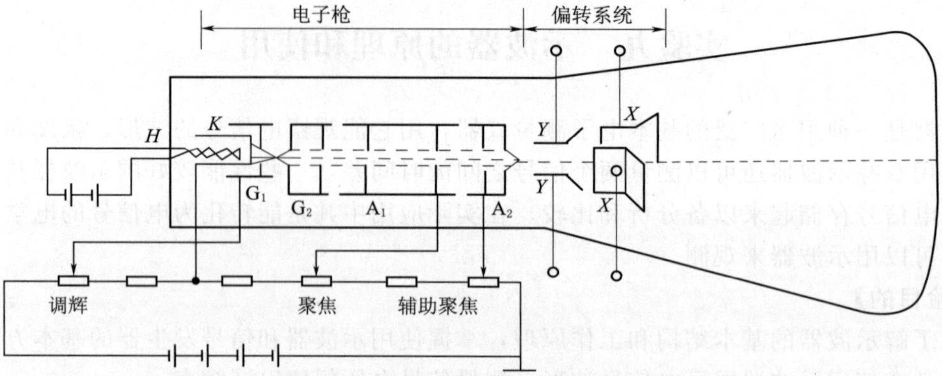

图 2-29　示波管结构图

H—灯丝；K—阴极；G_1，G_2—控制栅极；A_1—第一阳极；

A_2—第二阳极；Y—竖直偏转板；X—水平偏转板

（2）偏转系统。它由两对互相垂直的偏转板组成，一对竖直偏转板，一对水平偏转板。在偏转板上加以适当电压，电子束通过时，其运动方向发生偏转，从而使电子束在荧光屏上产生的光斑位置也发生改变。

（3）荧光屏。屏上涂有荧光粉，电子打上去它就发光，形成光斑。不同材料的荧光粉发光的颜色不同，发光过程的延续时间（一般称为余辉时间）也不同。荧光屏前有一块透明的、带刻度的坐标板，供测定光点的位置用。在性能较好的示波管中，将刻度线直接刻在荧光屏玻璃内表面上，使之与荧光粉紧贴在一起以消除视差，光点位置可测得更准。

2. 波形显示原理

（1）仅在垂直偏转板加正弦交变电压情形。如果仅在 Y 偏转板加一正弦交变电压，则电子束所产生的亮点随电压的变化在 y 方向来回运动，如果电压频率较高，由于人眼的视觉暂留现象，则看到的是一条竖直亮线，其长度与正弦信号电压的峰-峰值成正比，如图 2-30 所示。

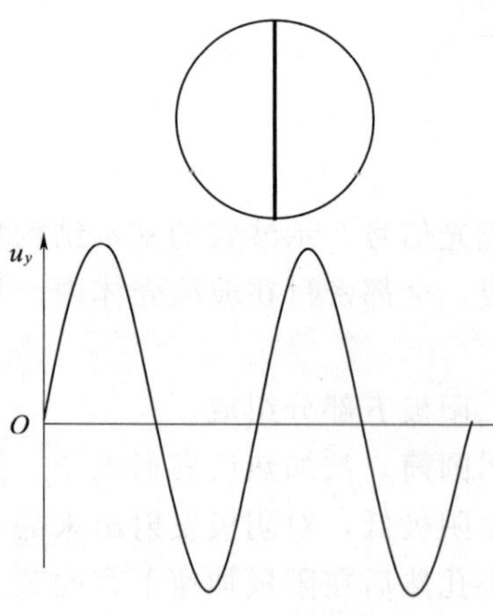

图 2-30　在垂直偏转板加正弦电压情形

（2）仅在水平偏转板加锯齿波（扫描）电压情形。为了能使 $u_y(t)$ 在空间展开，需在水平方向形成时间轴。在水平偏转板加如图 2-31 所示的锯齿电压 $u_x(t)$ 形成 t 轴，由于该电压在 0—1 时间内电压随时间呈线性关系达到最大值，使电子束在屏上产生的亮点随时间线性水平移动最后到达屏的最右端。在 1—2 时间内 u_x 突然回到起点（即亮点回到屏的最左端）。如此重复变化，若频率足够高的话，则在屏上形成了一条如图 2-31 所示的水平亮线，即 t 轴。

（3）常规显示波形。如果在 Y 偏转板加一正电压（实际上任何所想观察的波形均可）同时在 X 偏转板加一锯齿电压，电子束受竖直、水平两个方向力的作用下，电子的运动是两相互垂直运动的合成。当两电压周期具有合适的关系时，在荧光屏上将能显示出所加正弦电压完整周期的波形图，如图 2－32 所示。

3．同步原理

(1) 同步的概念。为了显示如图 2－32 所示的稳定图形，只有保证正弦波到 I_y 点时，锯齿波正好到 I_x 点，从而亮点扫完了一个周期的正弦曲线。由于锯齿波这时马上复原，所以亮点又回到 A 点，再次重复这一过程，光点所画的轨迹和第一周期的完全重合，所以在屏上显示出一个稳定的波形，这就是所谓的同步。

同步的一般条件为

$$T_x = nT_y \quad (n=1,2,3,\cdots)$$

式中：T_x 为锯齿波周期；T_y 为正弦周期。

若 $n=3$，则能在屏上显示出三个完整周期的波形。

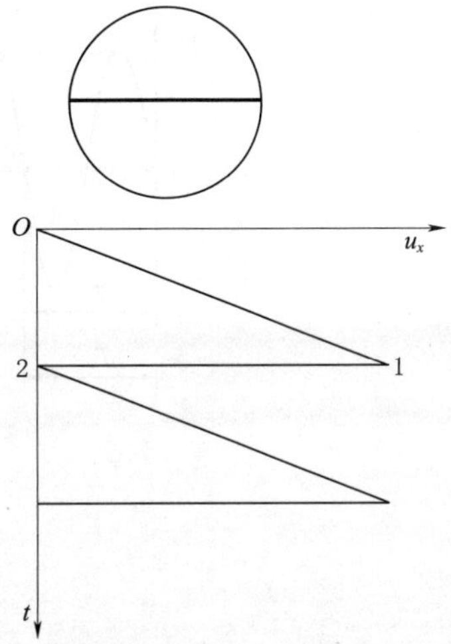

图 2－31　在水平偏转板加锯齿波电压情形

如果正弦波和锯齿波电压的周期稍微不同，屏上出现的是一移动着的不稳定图形。这情形可用图 2－33 说明。设 X 轴加的锯齿波形电压的周期 T_x 比 Y 偏转板上的正弦波电压

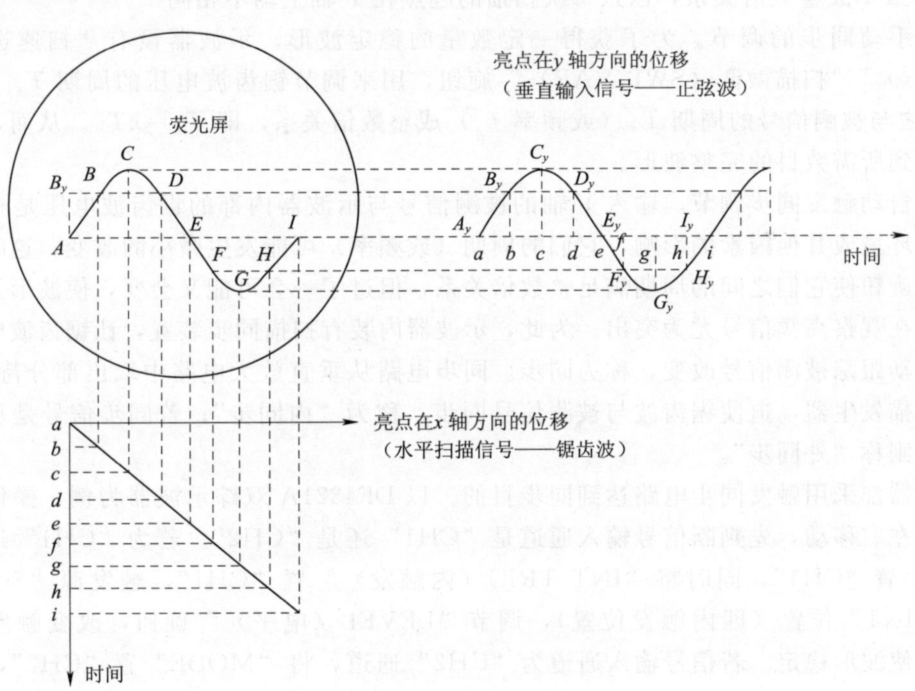

图 2－32　波形显示原理图

周期 T_y 稍小，比如 $T_x = nT_y$，$n=\frac{7}{8}$。在第一扫描周期内，屏上显示正弦信号 0～4 点之间的曲线段；在第二周期内，显示 4～8 点之间的曲线段，起点在 4 处；第三周期内，显示 8～11 点之间曲线段，起点在 8 处。其中第一曲线段结束和第二曲线段的起点对应相同 Y 偏转电压，第二曲线段尾部和第三曲线段的起点对应相同 Y 偏转电压。这样，屏上显示的波形每

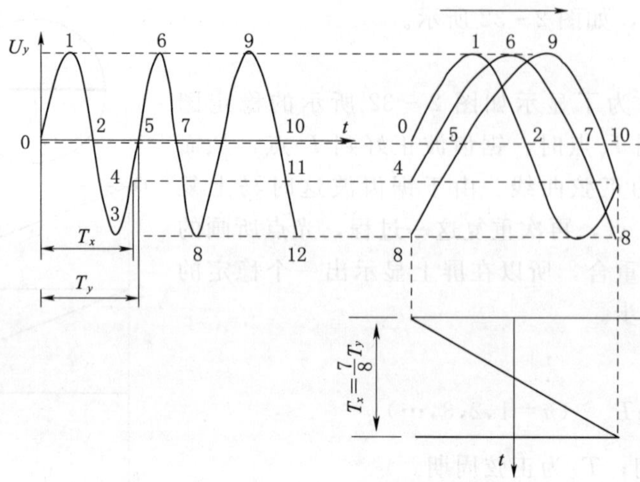

图 2-33 $T_x=(7/8)T_y$ 时的波形

次都不重叠，好像波形在向右移动。同理，如果 T_x 比 T_y 稍大，则好像在向左移动。以上描述的情况在示波器使用过程中经常会出现。其原因是扫描电压的周期 T_x 与被测信号的周期 T_y 不相等或不成整数倍关系，以致每次扫描的起点在 Y 轴上均不相同。

（2）手动同步的调节。为了获得一定数量的稳定波形，示波器设有“扫速选择开关（Time/div）”“扫描微调（SWP VAR）”旋钮，用来调节锯齿波电压的周期 T_x（或频率 f_x），使之与被测信号的周期 T_y（或频率 f_y）成整数倍关系，即 $T_x=nT_y$。从而，在示波器屏上得到所需数目的完整波形。

（3）自动触发同步调节。输入 Y 轴的被测信号与示波器内部的锯齿波电压是相互独立的。由于环境或其他因素的影响，它们的周期（或频率）可能发生微小的改变。这时虽通过调节扫描旋钮使它们之间的周期满足整数倍关系，但过了一会可能又会变，使波形无法稳定下来。这在观察高频信号尤为突出。为此，示波器内装有扫描同步装置，让锯齿波电压的扫描起点自动跟踪被测信号改变，称为同步。同步电路从垂直放大电路中取出部分待测信号，输入到扫描发生器，迫使锯齿波与被测信号同步，称为“内同步”；若同步信号是从仪器外部输入，则称“外同步”。

示波器都采用触发同步电路达到同步目的。以 DF4321A 双踪示波器为例，操作时如果出现波形左右移动，先判断信号输入通道是“CH1”还是“CH2”。若为“CH1”通道，将“MODE”置“CH1”，同时将“INT TRIG（内触发）”置“CH1”，触发源“SOURCE”始终置“INT”位置（即内触发位置），调节“LEVEL（电平）”旋钮，改变触发电压大小，可以使波形稳定。若信号输入通道为“CH2”通道，将“MODE”置“CH2”，同时将“INT TRIG（内触发）”置“CH2”，触发源“SOURCE”始终置“INT”位置（即内触发位置），调节“LEVEL（电平）”旋钮，改变触发电压大小，可以使波形稳定。

4. 李萨如图形的原理

在 $X-Y$ 方式下，如果示波器的 X 轴（CH1）和 Y 轴（CH2）输入频率相同或成简单整数比的两个正弦电压，电子束通过 X、Y 偏转板时受到两个互相垂直电场力作用，则屏上将呈现特殊的光点轨迹，这种轨迹图称为李萨如图。图 2-34 所示的是频率比成简单整数比值的几组李萨如图形。

$f_y:f_x$	1:1	1:2	1:3	2:3	3:2	3:4	2:1
李萨如图形	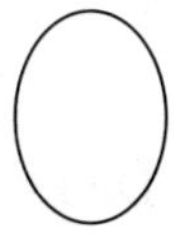		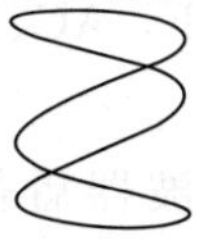	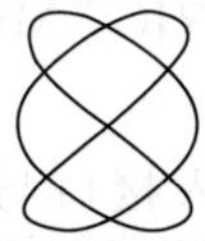		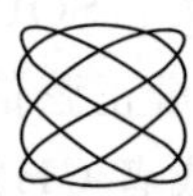	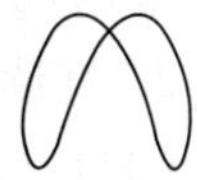
f_y/Hz	100	100	100	100	100	100	100
f_x/Hz	100	200	300	150	$66\frac{2}{3}$	$133\frac{1}{3}$	50

图 2-34　频率比成简单整数比值的几组李萨如图形

可总结出如下规律：如果作一个限制光点 x、y 方向变化范围的假想方框，则图形与此框相切时，横边上切点数 n_x 与竖边上的切点数 n_y 之比恰好等于 Y 和 X 输入的两正弦信号的频率之比，即 $f_y/f_x=n_x/n_y$；或者在李萨如图形上分别作一条水平线和一条竖直线，两条线与李萨如图形交点数尽可能多，交点数分别为 n_x 与 n_y，则 $f_y/f_x=n_x/n_y$，所以利用李萨如图形能方便地比较两正弦信号的频率。若已知其中一个信号的频率 f_x，数出图上的切点数（交点数）n_x 与 n_y，便可计算另一待测信号的频率 f_y。

5. 示波器的测量原理

示波器除了能直观显示波形外，其测量内容可归结为两类：电压的测量和时间的测量。而电压和时间的测量最后都归结为屏上波形长度的测量，如图 2-35 所示。

（1）电压的测量。示波器屏上光点在 Y 轴上偏转距离 D_y 正比于输入电压 U_y，比例系数 k_y 称为电压偏转因数，有 $U_y=k_yD_y$，Y 轴电压偏转因数 k_y 的单位为 V/div。

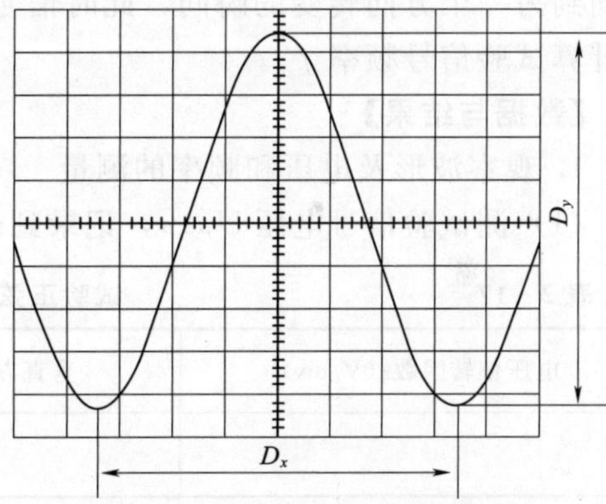

图 2-35　示波管荧光屏刻度

DF4321A 双踪示波器荧光屏垂直方向共 8 格（div），若正弦波形峰峰长度 D_y(div)，则待测正弦信号峰峰电压 $V_{P-P}=k_yD_y$，而 k_y 从 5mV/div～5V/div 共 10 个刻度值中旋钮箭头所指那个刻度值（见图 2-37 中 13、14 旋钮）。

（2）时间的测量。示波器屏上光点在 X 轴偏转距离 D_x 正比时间 t，比例系数 k_x 称时基因数，有 $t=k_xD_x$，时基因数 k_x 的单位为 Time/div。

DF4321A 双踪示波器荧光屏水平方向共 10 格（div），若正弦波每个周期水平方向所占长度 D_x(div)，则待测正弦信号周期 $T=k_xD_x$，而 k_x 从 0.2μs/div～2s/div 共 19 个刻度值中旋钮箭头所指那个刻度值（见图 2-37 中 26 旋钮）。

【实验仪器】

DF4321A、DF4321C 双踪示波器（面板分布图及功能请参阅附录 1、2），ET3325 函数信号发生器（面板分布图参阅附录 3，UTG7025B 函数信号发生器主要参数及基本特征参阅附录 4）

【实验内容与步骤】

1. 熟悉示波器面板上常用调节旋钮和选择开关

熟悉示波器面板上各调节旋钮功能，能准确在示波器合适位置显示各种稳定波形。

常用调节旋钮：TIME/DIV，VOLTS/DIV，SWP，LEVEL，POSITION，FOCUS。

常用选择开关：SOURCE，INT TRIG，MODE，AC、DC、GND。

2. 直读法测量正弦信号电压峰-峰值

CH1（X）或者 CH2（Y）信号输入接口与示波器后盖信号输出端（DF4321A 局部改装）用同轴电缆相连接。调节示波器，在合适位置显示稳定正弦波形。根据在垂直方向正弦信号波形峰-峰所占的格数（div）以及当时的 Y 轴电压偏转因数（V/div）大小，两者乘积即为待测试验信号电压峰-峰值 U_{P-P}。

3. 直读法测量正弦信号周期或频率

在步骤 2 基础上，根据在水平方向一个波长正弦信号波形占据格数（div）以及当时的时基因数（Time/div）指示大小，两者乘积即为待测信号周期，其倒数即为待测信号频率。

4. 观察描绘李萨如图形并测量试验信号频率

（1）示波器处于 $X-Y$ 方式。

（2）示波器 Y 轴（CH2 接口）输入与示波器后盖正弦波试验信号输出用同轴电缆相连接。

（3）示波器 X 轴（CH1 接口）输入与信号发生器输出用同轴电缆相连接，使信号发生器输出一定电压幅度正弦波，改变正弦波频率，能够看到不同形状的李萨如图形。仔细调节信号发生器上显示的频率大小，当李萨如图形变化最缓慢，或者李萨如图形形状变化从一个方向到另一个方向转变的瞬间，此时信号发生器频率读数为 f_x，根据公式 $f_y/f_x=n_x/n_y$，可计算试验信号频率 f_y。

【数据与结果】

1. 观察波形及电压和频率的测量

（1）测试验信号电压 U_{P-P}，记录到表 2-17。

表 2-17　　试验正弦信号电压数据记录表

电压偏转因数/(V/div)	垂直方向占据格数/div	待测信号电压 U_{P-P}/V

（2）测出示波器后端试验信号正弦波周期、频率。选择不同时基因数（Time/div）大小，以改变屏上显示波形个数，将相关数据填入表 2-18。记下该信号频率理论值 $f_{理}=$______Hz。

表 2-18　　试验正弦信号频率数据记录表

测量次数	时基因数/(ms/div)	波的个数 N	N 个波的格数/div	周期 T/ms	频率 f/Hz	$\overline{f}$/Hz	百分差 $E\%$ $\left(E\%=\frac{\lvert \overline{f}-f_{理} \rvert}{f_{理}}\times 100\%\right)$
1							
2							
3							

2. 绘出所观察到的各种频率比的李萨如图形并求试验信号频率（参考值约 500Hz）

依次改变信号发生器的输出频率 f_x，根据要求调出李萨如图形，求 f_y。将相关数据填入表 2-19。

表 2-19　　**不同李萨如图形测正弦信号频率数据表**　　（频率单位：Hz）

$n_x:n_y$	1:1	1:2	1:3	2:1	2:3
图形					
f_x					
$f_y=\frac{n_x}{n_y}f_x$					
$\overline{f}_y$					
$\Delta f_y=f_y-\overline{f}_y$					
$\Delta\overline{f}_y=\frac{1}{5}\sum_{i=1}^{5}\lvert\Delta f_{yi}\rvert$					
$f_y=\overline{f}_y\pm\Delta\overline{f}_y$					

注　表 2-19 中用平均偏差近似表示标准偏差或不确定度，是一种简化处理方法。

【思考题】

1. 如果被观测的图形不稳定，出现向左移或向右移的原因是什么？该如何使之稳定？

2. 观察李萨如图形时，能否用示波器的"同步"把图形稳定下来？李萨如图形为什么一般都在动？主要原因是什么？

3. 什么是同步？实现同步有几种调整方法？如何操作？

4. 若被测信号幅度太大（在不引起仪器损坏的前提下）则在示波器上看到什么图形？要完整显示，应如何调节？

5. 示波器能否用来测量直流电压？如果能测，应如何进行？

【附录】

1. DF4321C 示波器面板分布图及功能（图 2-36）

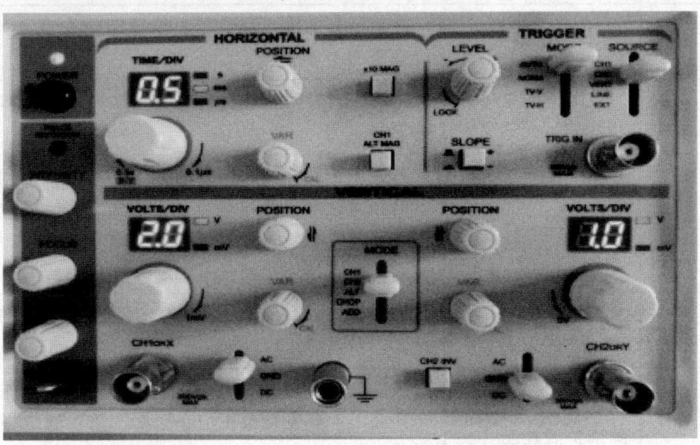

图 2-36　DF4321C 示波器面板分布图

2. DF4321A 示波器面板分布图及功能（图 2-37）

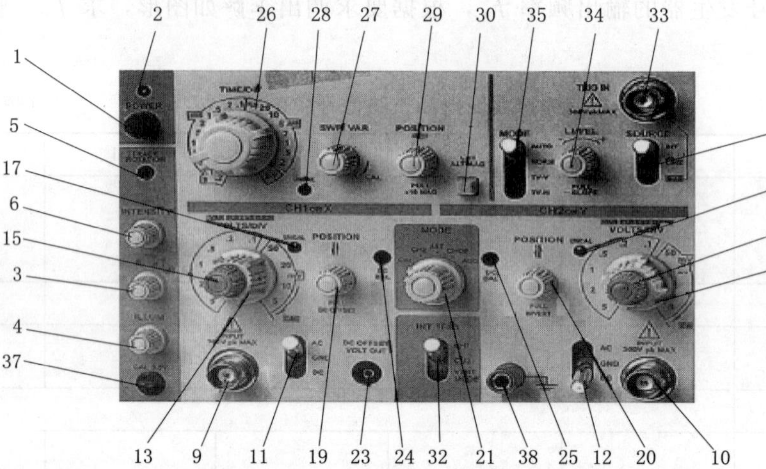

图 2-37　DF4321C 示波器面板分布图

面板控制键作用说明见表 2-20。

表 2-20　　DF4321A 示波器面板控制键作用说明

序号	面板标志	名称	作　　用
1	POWER	电源开关	按下时电源接通，弹出时关闭
2	POWER LAMP	电源指示灯	当电源在“ON”状态时，指示灯亮
3	FOCUS	聚焦控制	调节光点的清晰度，使其圆又小
4	SCALE ILLUM	刻度照明控制	在黑暗的环境或照明刻度线时调此旋钮
5	TRACE ROTATION	轨迹旋转控制	用来调节扫描线和水平刻度线的平行
6	INTEN SITY	亮度控制	轨迹亮度调节
7	POWER SOURCE SELECT	电源选择开关	110V 或 220V 电源设置
8	AC INLET	电源插座	交流电源输入插座
9	CH1 INPUT	信道 1 输入	被测信号的输入端口，当仪器工作在 X-Y 方式时，此端输入的信号变为 Y 轴信号
10	CH2　INPUT	信道 2 输入	与 CH1 相同，但当仪器工作在 X-Y 方式时，此端输入的信号变为 Y 轴信号
11 12	AC-GND-DC	输入耦合开关	开关用于选择输入信号馈至 Y 轴放大器之间的耦合方式。AC：输入信号通过电容器与垂直轴放大器连接，输入信号的 DC 成分被截止，且仅有 AC 成分显示。GND：垂直轴放大器的输入接地。DC：输入信号直接连接到垂直轴放大器，包括 DC 和 AC 成分
13 14	VOLTS/DIV	选择开关	CH1 和 CH2 信道灵敏度调节，当 10：1 的探头与仪器组合使用时，读数倍乘 10
15 16	VAR PULL×5	微调扩展控制开关	当旋转此旋钮时，可小范围地改变垂直偏转灵敏度，当逆时针旋转到底时，其变化范围应小于 2.5 倍，通常将此旋钮顺时针旋到底。当旋钮位于 PULL 位置时（拉出状态），垂直轴的增益扩展 5 倍，且最大灵敏度为 1mV/div

续表

序号	面板标志	名称	作　　用
17 18	UNCAL	衰减不校正灯	灯亮表示微调旋钮没有处在校准位置
19	POSITION PULL DC OFFSET	旋钮	此旋钮用于调节垂直方向位移。当旋钮拉出时，垂直轴的轨迹调节范围可通过DC偏置功能扩展，可测量大幅度的波形
20	POSITION PULL INVERT	旋钮	位移功能与CH1相同，但当旋钮处于PULL位置时（拉出状态）用来倒置CH2上的输入信号极性。此控制件方便地用于比较不同极性的两个波形，利用ADD功能键还可获得(CH1)－(CH2)的信号差
21	MODE	工作方式选择开关	此开关用于选择垂直偏转系统的工作方式。CH1：只有加到CH1的信号出现在屏幕上。CH2：只有加到CH2的信号出现在屏幕上。ALT：加到CH1和CH2信道的信号能交替显示在屏幕上，这个工作方式通常用于观察加到两信道上信号频率较高的情况。CHOP：在这个工作方式时，加到CH1和CH2的信号受250kHz自激振荡电子开关的控制，同时显示在屏幕上。这个方式用于观察两信道信号频率较低的情况。ADD：加到CH1和CH2输入信号的代数和出现在屏幕上
22	CH1 OUTPUT	信道1输出插口	输出CH1信道信号的取样信号
23	DC OFFSET VOLT OUT	直流电压偏置输出口	当仪器设置为DC偏置方式时，该插口可配接数字万用表，读出被测量电压值
24 25	DC BAL	直流平衡调控制件	用于直流平衡调节
26	TIME/DIV	扫速选择开关	扫描时间从0.2μs/div～0.2s/div共19挡。$X-Y$：此位置用于仪器工作在$X-Y$状态，在此位置时，X轴的信号连接到CH1输入，Y轴信号加到CH2输入，并且偏转范围从5mV/div至5V/div
27	SWP	扫描微调控制	（当开关不在校正位置时）扫描因素可连续改变。当开关按箭头的方向顺时针旋转到底时，为校正状态，此时扫描时间由TIME/DIV开关准确读出。逆时针旋转到底扫描时间扩大2.5倍
28	SWEEP UNCAL LAPM	扫描不校正灯	灯亮表示扫描因素不校正
29	POITION PULL×10MAG	控制旋钮	此旋钮用于水平方面移动扫描线，在测量波形的时间时适用。当旋钮顺时针旋转，扫描线向右移动，逆时针向左移动。拉出此旋钮，扫速倍乘10
30	CH1 ALT MAG	信道1交替扩展开关	CH1输入信号能以×1（常态）和×10（扩展）两种状态交替显示
31	INT LINE EXT	触发源选择开关	内（INT）：取加到CH1和CH2上的输入信号为触发源。电源（LINE）：取电源信号为触发源。外（EXT）：取加到TRIG INTPIT上的外接触发信号为触发源，用于垂直方向上特殊的信号触发
32	INT TRIG	内触发选择开关	此开关用来选择不同的内部触发源。 CH1：取加到CH1上的输入信号为触发源。CH2：取加到CH2上的输入信号为触发源。 组合方式 VERT MODE 用于同时观察两个不同频率的波形，同步触发信号交替取自于CH1和CH2

续表

序号	面板标志	名称	作　用
33	TRIG INPUT	外触发输入连接器	输入端用于外接触发信号
34	TRIG LEVEL	触发电平控制旋钮	通过调节本旋钮控制触发电平的起始点，且能控制触发极性。按进去（常用）是＋极性，拉出来是 －极性
35	TRIG MODE	触发方式选择开关	自动（AUTO）：仪器始终自动触发，并能显示扫描线。当有触发信号存在时，同正常的触发扫描，波形能稳定显示。该功能使用方便。 常态（NORM）：只有当触发信号存在时，才能触发扫描，在没信号和异步状态情况下，没有扫描线。该工作方式，适合信号频率较低的情况（25Hz 以下）。 电视场（TV－V）：本方式能观察电视信号的场信号波形。 电视行（TV－H）：本方式能观察电视信号中的行信号波形。 注：TV－V 和 TV－H 同步仅适用于负的同步信号
36	EXT BLANKING	外增辉插座	本输入端用于辉度调节。它是直流耦合，加入正信号辉度降低，加入负信号辉度增加
37	PROBE ADJUST	校正信号	提供幅度为 0.5V，频率为 1kHz 的方波信号，用于调整探头的补偿和检测垂直和水平电路的基本功能
38	GND	接地端	示波器的接地端
39	△T－△V－OFF	电压或时间测量选择开关	按下 ΔT－ΔV－OFF 时，可测量 ΔV 或 ΔT，当选中 ΔT 时可测量时间差，当选中 ΔV 时可测量电压差，当选中 OFF 时，无光标显示
40	TCK/C2	光标选择开关	每次按下 TCK/C2，可操作的光标都被切换，改变方式 C1(cursor1)→C2(cursor2) ↑└TCK(tracking)←┘
41	CURSOR	光标偏移开关	被选定的光标，能按移动箭头所指的方向移动。注：左、右箭头所指方向是改变 ΔT（时间差），上、下箭头所指方向是改变 ΔV（电压差）
42	INTEN	电位器	光标和数字亮度控制，顺时针旋转增加亮度，此时，聚集的特性可能与波形不匹配，调节 FOCUS 控制件可得到最佳聚焦
43	DISPLAY	显示	此开关用于选择带延迟扫描的工作方式。NORM：主扫描出现在屏幕上显示的扫描为主扫描，但它通过亮度调制指示延迟扫描。DELAY：亮度调制的部分被扩展
44	DELAY TIME	延时	此控制件用来设置带延迟扫描单时基的起始点，五种延时范围（1～10μs，10～100μs，100～1ms，1～10ms，10～100ms）可用 DELAY VAR 电位器连续设置

注　图 2－37 中缺少 7、8、22、36、39～44 标注，因为这些功能键都在示波器背后。

3. ET3325 函数信号发生器面板分布图（图 2－38）

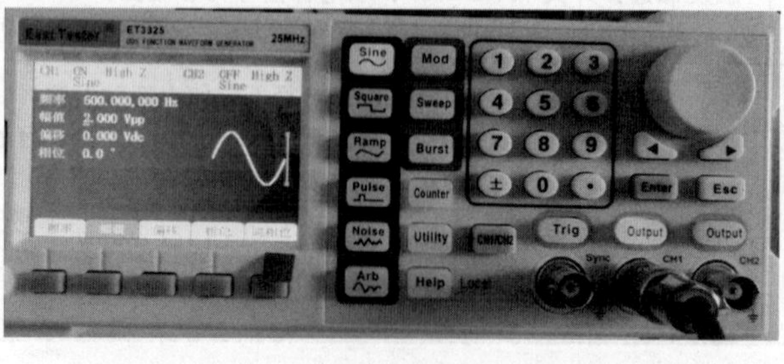

图 2－38　ET3325 函数信号发生器面板分布图

4. UTG 7025B 函数信号发生器主要参数及基本特征（图 2-39）

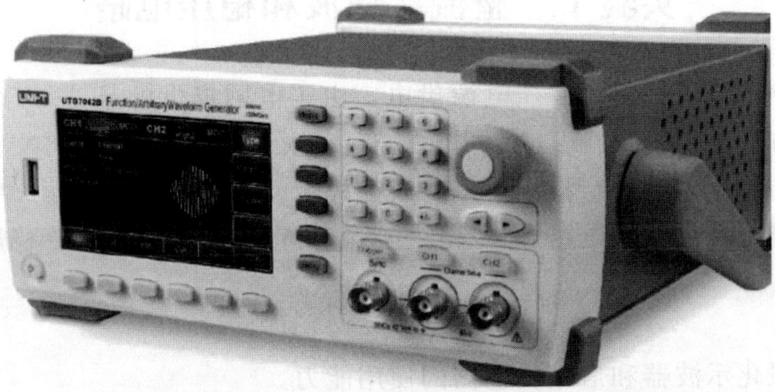

图 2-39　UTG 7025B 函数信号发生器

（1）主要参数。

1）输出波形：正弦波、方波、斜波、脉冲波、噪声、直流 DC、任意波形。

2）输出频率范围：正弦波：1μHz～25MHz，方法：1μHz～5MHz。

3）频率稳定度：2ppm。

4）任意波：1μHz～5MHz。

5）斜波：1μHz～400KHz。

6）采用先进的 DDS 技术、双通道等性能独立输出。

7）内置 7 位高精度、宽频带频率计、频率范围：100mHz～200MHz。

8）USB Device 和 USB Host 接口，支持 U 盘存储。

9）输出幅值（高阻）：2mVpp～23Vpp 之间连续可调。

10）输出阻抗：0Ω～1MΩ 之间连续可调。

11）输出幅值误差在±1%左右。

12）垂直分辨率：14bit，采样率：125MS/s。

13）模拟数字调制类型：AM、FM、PM、ASK、FSK、PSK、PWM。

14）显示 4.3 英寸 WVGA（480×272）TFT 液晶屏，同时显示两路频率、幅值信息。

15）支持 10W 功率输出模块。

16）支持 NeptuneLab 实验系统综合测试平台。

（2）基本特征。

1）通道数：A/B 两通道，且等性能。

2）波形特性：具有 7 种标准波形，48 种内置任意波形。

3）输出波形：正弦波、方波、斜波、脉冲波、噪声、直流 DC、任意波形。

4）LCD：4.3″TFT LCD，WVGA（480×272）。

5）频率特征：正弦波（1μHz～25MHz），方波（1μHz～5MHz），脉冲（500Hz～5MHz）。

6）分辨率：1μHz。

7）输出特性：（0～10MHz）1mVpp～11.5Vpp，（10MHz～25MHz）1mVpp～5Vpp（50Ω）。

实验十　整流、滤波和稳压电路

许多电子线路及设备都要用稳压电源供电，由于电网提供的是 220V/50Hz 交流电，需通过一定的转换方法才能得到符合实际需要的直流电。目前广泛采用将交流电经过变压、整流、滤波后输送给稳压电路进行稳压，最终成为稳定的直流电源。变压、整流、滤波等电路可以看作直流稳压电源的基础电路，没有这些电路对市电的前期处理，稳压电路将无法正常工作。

【实验目的】

（1）进一步强化示波器和信号发生器的使用能力。

（2）掌握半波整流、全波整流、桥式整流原理。

（3）掌握桥式整流和 RC 滤波原理，了解三端集成稳压器特点和应用。

（4）熟悉稳压电源基本结构，为初步设计制作实际稳压电源打下基础。

【实验原理】

1. 整流电路

整流电路可分为半波整流、全波整流、桥式整流电路三大类。

（1）半波整流原理。半波整流电路是一种最简单电路，电路组成如图 2－40 所示。设二极管 V_D 为理想二极管，R_L为纯电阻负载。

设信号发生器输出交流电频率为 ω，电压为 u_1，经变压器后电压为 u_2，u_2 即为整流电路需要的交流电压，若 u_2 的有效值为 U_2，则

$$u_2=\sqrt{2}U_2\sin\omega t$$

在 u_2 正半周，a 端电位高于 b 端电位，故 V_D 导通。电流流经的路径为 a 端→V_D→R_L→b 端，若忽略变压器次级内阻，则 R_L端电压为

$$u_o=u_2=\sqrt{2}U_2\sin\omega t$$

在 u_2 负半周，a 端电位低于 b 端电位，故 V_D 截止。且 $u_o=0$，u_2 及 u_o 波形如图 2－41 所示。由图可见，正弦交流电压 u_2 经半波整流后变为单一方向直流电压 u_o。

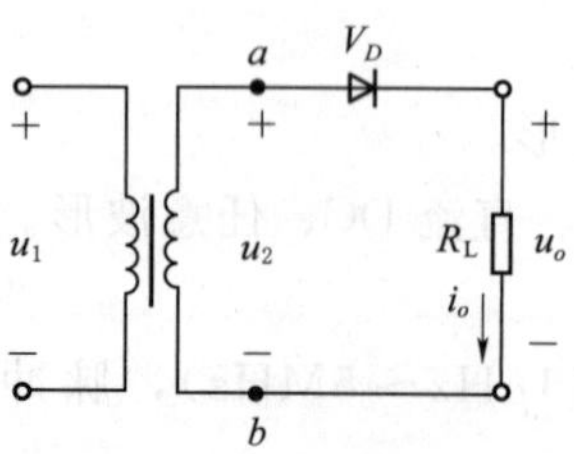

图 2－40　半波整流电路图

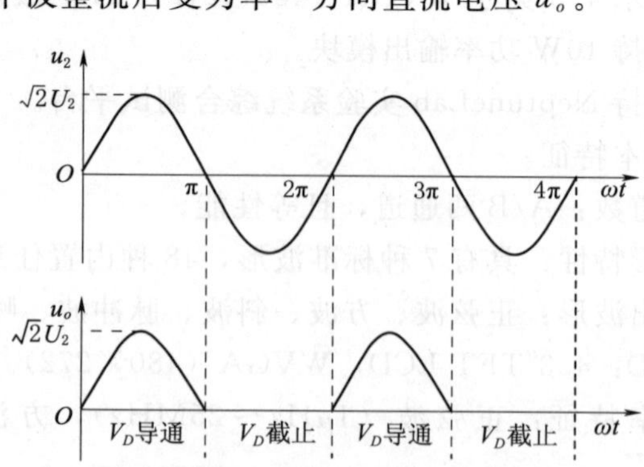

图 2－41　半波整流电路波形图

（2）全波整流原理。全波整流电路如图 2－42 所示，变压器的中心抽头将次级电压分成对称的两部分 u_{21}、u_{22}且 $u_{21}=-u_{22}$。在交流电压的一个周期内，二极管 V_{D_1}、V_{D_2} 将轮流

导通半个周期，使输出电压 u_o 为全波整流波形，如图 2-43 所示。

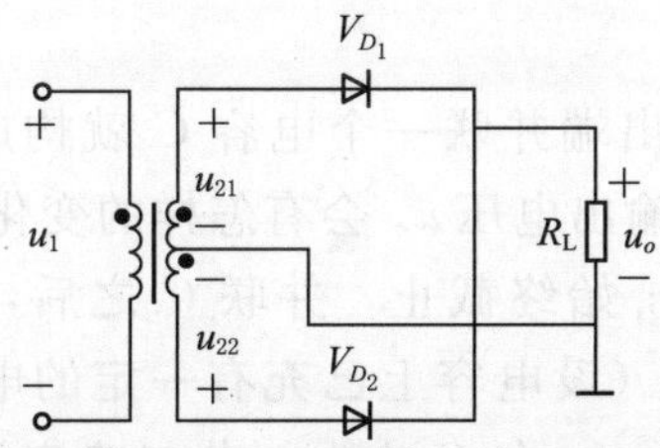

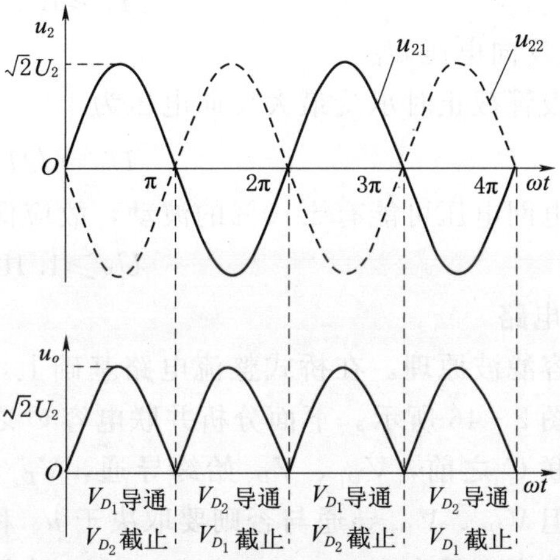

图 2-42　全波整流电路图　　图 2-43　全波整流电路波形图

（3）桥式整流原理。桥式整流电路如图 2-44 所示。与全波整流电路相比，桥式整流电路的变压器次级无中心抽头，但二极管数目增加，由四个二极管 $V_{D_1} \sim V_{D_4}$ 构成整流桥。仍设为 $u_2=\sqrt{2}U_2\sin\omega t$，$V_{D_1} \sim V_{D_4}$ 均为理想二极管。

u_2 正半周，a 端电位高于 b 端电位，故 V_{D_1}、V_{D_3} 导通，V_{D_2}、V_{D_4} 截止。电流流经的路径为 a 端→V_{D_1}→R_L→V_{D_3}→b 端［如图 2-44 中实心箭头所指］；u_2 负半周，b 端电位高于 a 端电位，V_{D_2}、V_{D_4} 导通，V_{D_1}、V_{D_3} 截止，电流路径为 b 端→V_{D_2}→R_L→V_{D_4}→a 端（流经负载 R_L时方向如图 2-44 中空心箭头所指）。即两对交替导通的二极管引导正负、半周电流在整个周期内以同一方向流过负载，u_2 及 u_o 波形如图 2-45 所示。

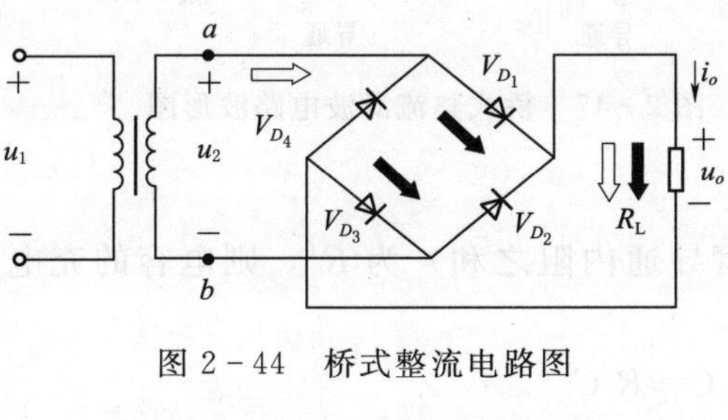

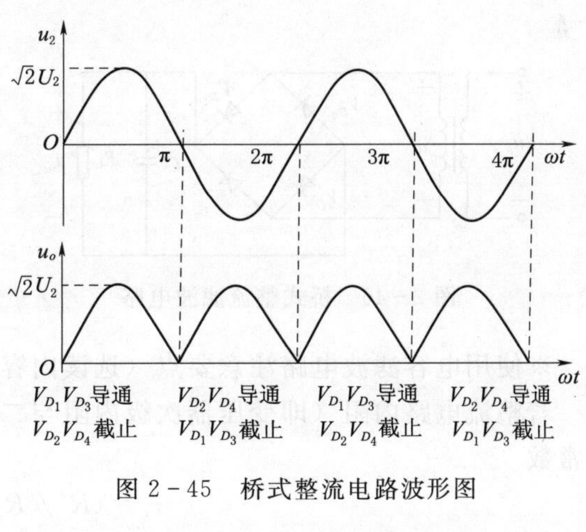

图 2-44　桥式整流电路图　　图 2-45　桥式整流电路波形图

※ 二极管的选择（选读内容）

桥式整流电路对二极管的参数要求有两项：

1）最大整流电流 I_F。流过每个二极管的电流平均值

$$I_D=\frac{1}{2}I_o\approx\frac{0.45U_2}{R_L}$$

考虑到电网电压可能有±10%的波动，故应保证

$$I_F \geqslant 1.1 I_D$$

2）最大反向电压 U_R。

每个二极管截止时承受最大反向电压为

$$U_D = \sqrt{2} U_2$$

考虑到电网电压可能有±10%的波动，故应保证

$$U_R \geqslant 1.1 U_D$$

2. 滤波电路

（1）电容滤波原理。在桥式整流电路基础上，输出端并联一个电容 C 就构成了电容滤波电路，如图 2-46 所示。下面分析并联电容 C 之后输出电压 u_o 会有怎样的变化。在 u_2 正半周，未并联 C 之前，V_{D_1}、V_{D_3} 始终导通，V_{D_2}、V_{D_4} 始终截止。并联 C 之后，V_{D_2}、V_{D_4} 仍然截止，但 V_{D_1}、V_{D_3} 导通与否则要取决于 u_2 和 u_c（设电容上已充有一定的电压 u_c）之间的数值的大小。只有当 $u_2 > u_c$ 时 V_{D_1}、V_{D_3} 才导通，u_2 向 C 充电，若忽略变压器次级内阻和二极管正向压降，则 $u_c(u_o)$ 的波形如图 2-47 中的 ab 段；u_2 到达峰值后开始按正弦规律下降，充电后的电容 C 也通过负载 R_L 放电，u_c 按指数规律下降，两者在下降初期的波形基本吻合，如图 2-47 中的 bc 段；此后两者下降的速度的快慢差别开始显现，u_2 按正弦规律下降的速度大于 u_c 按指数规律下降的速度，当 $u_2 < u_c$ 时，V_{D_1}、V_{D_3} 因反偏而截止，C 则继续通过 R_L 放电，u_c 的波形如图 2-47 中的 cd 段。u_2 负半周的分析情况类似，只不过 V_{D_1}、V_{D_3} 始终截止而 V_{D_2}、V_{D_4} 在部分时间内导通。可见电容滤波是通过电容的储能作用（充放电过程）即在 u_2 升高时，把部分能量储存起来（充电），在 u_2 降低时，又把储存的能量释放出来（放电）从而在负载 R_L 上得到一个比较平滑的、近似锯齿形的输出电压 u_o，使脉动程度大为降低，且平均值提高。

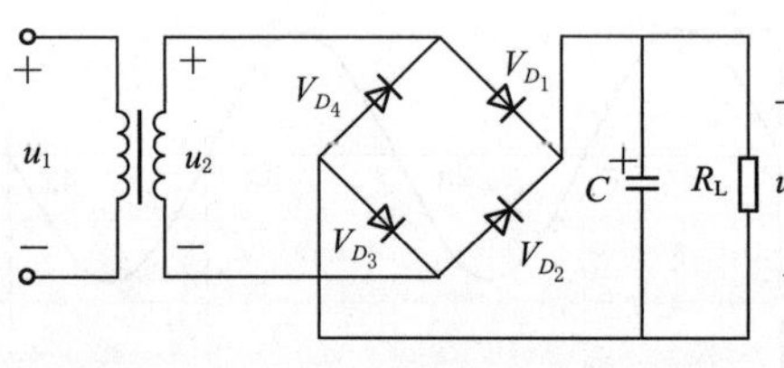

图 2-46　桥式整流滤波电路

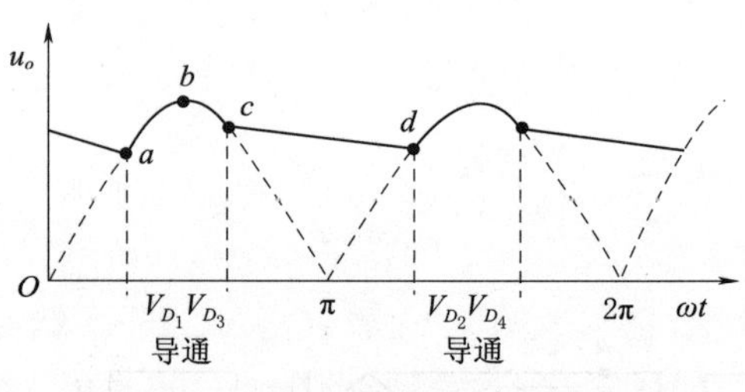

图 2-47　桥式整流滤波电路波形图

※使用电容滤波电路注意要点（选读内容）

若整流电路内阻（即变压器次级内阻与二极管导通内阻之和）为 R'，则电容的充电时间常数

$$\tau_c = (R' /\!/ R_L) \cdot C \approx R'C$$

放电时间常数

$$\tau_f = R_L C$$

通常 $R_L \gg R'$，故滤波效果取决放电时间常数 τ_f。C 和 R_L 越大，τ_f 就越大，电路放电过程更缓慢，因而输出电压更平滑，平均值更高。一般情况下，输出电压平均值

$$U_o \approx 1.2 U_2$$

1）电容滤波适用负载电流 I_o 较小且变化不大的场合。$I_o=0$ 时，$U_o=\sqrt{2}U_2$；随着 I_o 的增大（或负载 R_L 的减小），C 的放电时间常数 τ_f 减小，放电加速，U_o 将明显减小。

2）所需电容容量较大，应满足 $R_LC\geqslant 2T$ 的条件，由于一般采用电解电容，要特别注意正负极性不能接反，否则电容会被击穿。

3）流过每个二极管的冲击电流很大。在选择二极管时应选择最大整流电流 I_F 较大管子。

（2）RC－π 型滤波电路

为进一步提高滤波效果，使输出电压脉动更小，常采用复式滤波的方法，如 RC－π 型、LC－π 型等。图 2－48 所示为桥式整流 RC－π 型滤波电路。

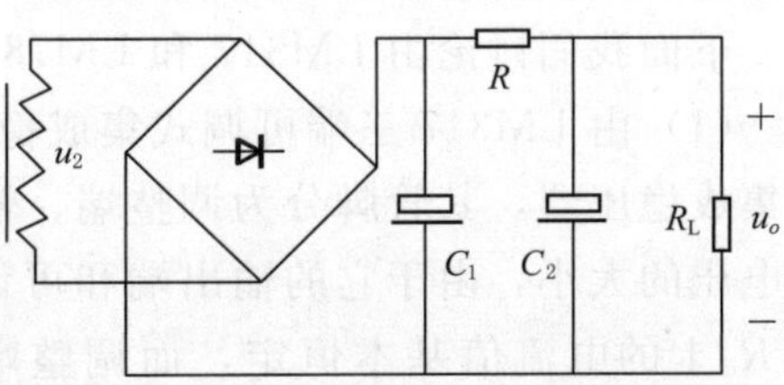

图 2－48　桥式整流 RC－π 型滤波电路

RC－π 型滤波电路与电容滤波电路相比，其输出电压脉动更小，但在 I_o 增加时输出电压随之减小，实际电路中以电容滤波应用最为广泛。

3. 三端集成稳压器

三端集成稳压器因其体积小、性能稳定、价格低廉、使用方便，目前得到广泛应用。所谓“三端”，就是该集成稳压器只有三个引出端，因而以最简单方式接入电路。三端集成稳压器按功分能为固定式（如 W78××）和可调式（如 W117）两类，如图 2－49 和图 2－50 所示。

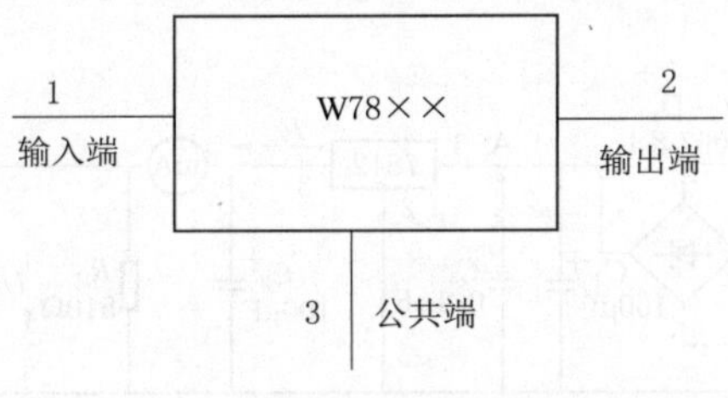

图 2－49　W78××系列

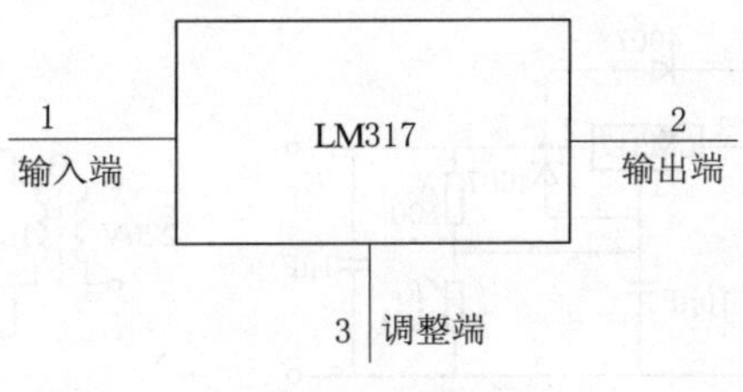

图 2－50　W117

（1）W78××系列三端集成稳压器。W78××系列芯片的输出电压为固定值，有 5V、6V、9V、12V、18V、24V 几种，其型号的后两位数表示输出电压；输出电流有 1.5A（W78××）、0.5A（W78M××）和 0.1A（W78L××）三种。如 W 7805 就表示出电压为 5V，最大输出电流为 1.5A。

W78××的输出电压 U_o 为某一固定值，等于输出端（2 端）与公共端（3 端）之间的电位差，即 $U_o=U_{23}$，其中 U_o 允许有±5%的偏差。为了使三端集成稳压器能正常工作，U_i 与 U_o 之差应大于 3～5V，且 $U_i\leqslant 35$V，如图 2－51 所示。C_1 和 C_2 用于防止自激振荡，减小高频噪声和改善负载的瞬间响应。

（2）LM317 是一种只需外接很少元件且能输出可调电压的三端集成稳压器，输出电流有 1.5A（LM317）、0.5A（LM317M）和 0.1A（LM317L）三种。

4. 直流稳压电源

直流稳压电源一般由整流电路、滤波电路和稳压电路三部分组成，如图 2－52 所示。

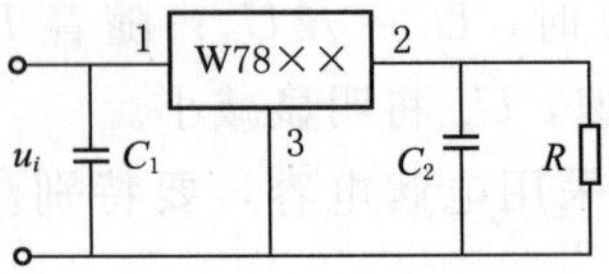

图 2-51　W78××基本应用电路

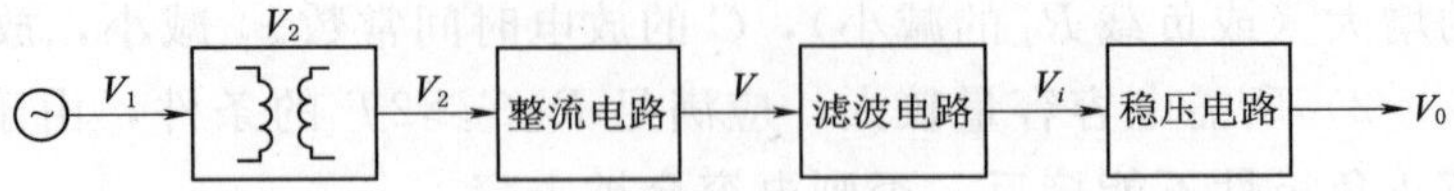

图 2-52　直流稳压电源方框图

整流电路是利用二极管的单向导电性，将交流电转变为脉动的直流电；滤波电路是利用电抗性元件（电容、电感）的储能作用，以平滑输出电压；稳压电路的作用是保持输出电压的稳定，使输出电压不随电网电压、负载和温度的变化而变化。

下面我们讨论由 LM317 和 LM7812 组成的直流稳压电路。

(1) 由 LM317 三端可调式集成稳压器组成的直流稳压电路。图 2-53 所示为三端可调式集成稳压器，其管脚分为调整端、输入端和输出端，调节电位器 R_p 的阻值便可以改变输出电压的大小，由于它的输出端和可调端之间具有很强的维持 1.25V 电压不变的能力，所以 R_1 上的电流值基本恒定，而调整端的电流非常小，且恒定，故将其忽略，那么输出电压为

$$U_o=(1+R_P/R_1)\times 1.25(\text{V})$$

(2) 由 W7812 三端集成稳压器组成的直流稳压电路。集成稳压器组成的稳压电源如图 2-54 所示，其工作原理与由分立元件组成的串联型稳压电源基本相仿，只是稳压电路部分由三端稳压块代替，整流部分由 4 个二极管组成的全波整流电路代替（图 2-54 中简化了），使电路的组装与调试工作大为简化。

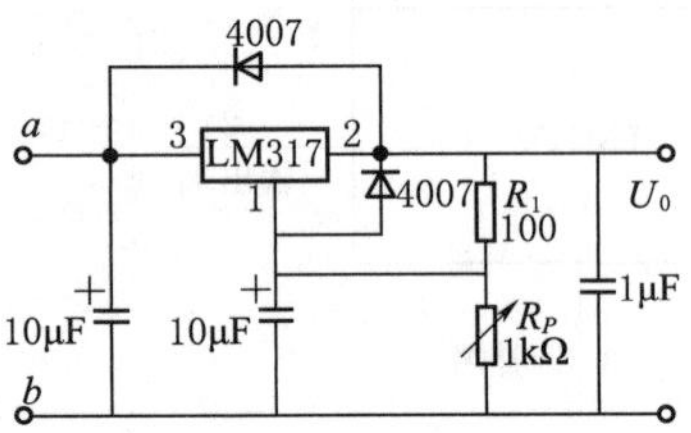

图 2-53　三端可调式集成稳压器电路

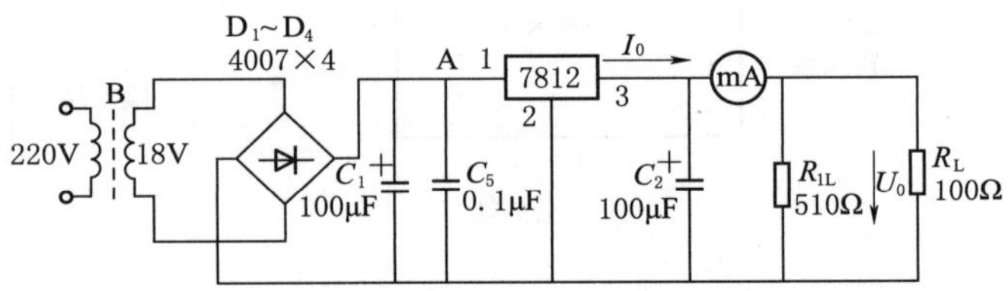

图 2-54　集成稳压器组成的稳压电源

【实验器材】

DF4321 双踪示波器，DF1643C 信号发生器，三端集成稳压器（W7812，LM317），九孔插板，元件库（变压器、整流二极管、电解电容、电阻），导线若干。

【实验内容与步骤】

(1) 在插板上自组半波整流电路（图 2-40），全波整流电路（图 2-42），分别用双踪示波器同时观察信号发生器输出正弦波波形和经半波整流、全波整流后输出波形，标明电压 V_{P-P}。

(2) 在插板上自组桥式整流电路（图 2-44），用双踪示波器同时观察信号发生器输出波形和桥式整流后输出波形，标明电压 V_{P-P}。

(3) 在桥式整流电路基础上负载两端并联电解电容组成 RC 滤波电路（图 2-46），用双踪示波器观察信号经桥式整流、RC 滤波后输出波形，标明纹波电压中心值 V_o 和波动范围 V_{P-P}。

(4) 在插板上自组如图 2-54 所示的三端集成稳压器 W7812 组成的稳压电源，用示波器观察负载两端输出波形，标明输出直流电压 V_o 大小。

(5) 将图 2-54 所示的三端集成稳压器 W7812 改为由 LM317 三端可调式集成稳压器组成的直流稳压电路，如图 2-53 所示，调节 R_p，用示波器观察负载两端输出波形，标明输出直流电压 V_o 调节范围。

注意：电解电容极性不要接反，信号发生器输出不能短路，整流、滤波、稳压输出端不能短路。参数选择：正弦信号频率 500Hz，峰-峰电压 $V_{P-P}=20.0$V，负载 $R_L=220\Omega$，电容 $C=10\mu$F。

【思考题】

1. 如何用万用表判断电解电容极性和二极管导向？

2. RC 滤波电路的电容由 10μF 改为 100μF，纹波电压波动范围怎样变化？

3. 为了使桥式整流 RC 滤波后输出纹波电压更加平稳，电解电容大小、负载电阻大小和信号发生器输出正弦波频率之间有什么要求？

4. 为了使三端集成稳压器 W7805 能正常工作，其输入端电压有什么要求？

实验十一　电子束电磁偏转与电子荷质比测定

19 世纪 80 年代英国物理学家 J.J 汤姆逊首先做了一个著名的实验，将阴极射线受强磁场的作用发生偏转，显示射线运行轨迹的曲率半径，并采用静电偏转力与磁场偏转力平衡的方法求得粒子的速度，结果发现了“电子”并测定出电子的电荷量与质量之比的荷质比 $e/m=1.7\times10^{11}\mathrm{C/kg}$（目前公认值 $e/m=1.759\times10^{11}\mathrm{C/kg}$）。1911 年，密立根用油滴法测得了电子的电荷。这样，由电子的荷质比可推算出电子的质量。这两项杰出的成就，不仅证实了电子的客观存在，而且进一步说明原子是具有内在结构的。因此电子荷质比的测定，在近代物理学的发展史上占有重要地位。电子在电场和磁场中的运动规律的研究，在示波管、显像管、电子显微镜、加速器和质谱仪等许多现代仪器设备中得到广泛的应用。

【实验目的】

（1）了解电子束的电偏转、电聚焦、磁偏转、磁聚焦的原理。

（2）学习测量电子荷质比的一种方法。

【实验原理】

1. 示波管的结构

示波管结构如图 2－55 所示，示波管包括：①一个电子枪，它发射电子，把电子加速到一定速度，并聚焦成电子束；②一个由两对金属板组成的偏转系统；③一个在管子末端的荧光屏，用来显示电子束的轰击点。所有部件全都密封在一个抽成真空的玻璃外壳里，目的是为了避免电子与气体分子碰撞而引起电子束散射。

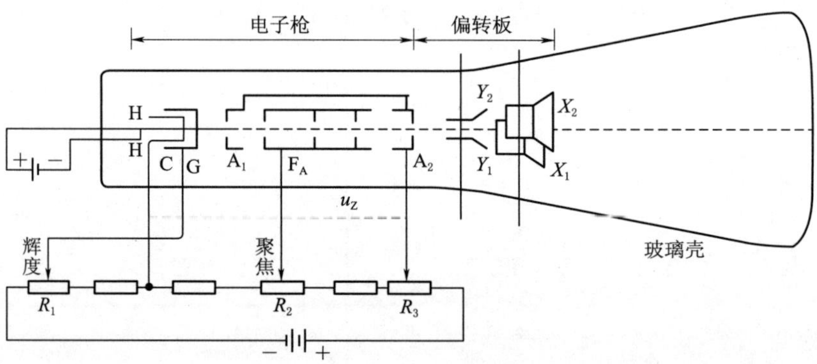

图 2－55　示波管结构示意图

H—钨丝加热电极；C—阴极；G—控制栅极；F_A—聚焦电极；A_1—第一加速阳极；A_2—第二加速阳极；X_1、X_2—水平偏转板；Y_1、Y_2—垂直偏转板

接通电源后，灯丝发热，阴极发射电子。栅极加上相对于阴极的负电压，它有两个作用：一方面调节栅极电压的大小控制阴极发射电子的强度，所以栅极也称控制极；另一方面栅极电压和第一阳极电压构成一定的空间电位分布，使得由阴极发射的电子束在栅极附近形成交叉点。第一阳极和第二阳极的作用一方面构成聚焦电场，使得经过第一交叉点又发散了的电子在聚焦场作用下又会聚起来；另一方面使电子加速，电子以高速打在荧光屏上，屏上的荧光物质在高速电子轰击下发出荧光，荧光屏上的发光亮度取决于到达荧光屏的电子数目

和速度，改变栅压及加速电压的大小都可控制光点的亮度。水平、垂直偏转板是互相垂直的平行板，偏转板上加以不同的电压，用来控制荧光屏上亮点的位置。

2. 电子束电偏转原理

在示波管偏转板上加上偏转电压 V，当加速后的电子以速度 v 沿 x 方向进入偏转板后，受到偏转电场 E（y 轴方向）的作用，使电子的运动轨道发生偏移。假定偏转电场在偏转板 l 范围内是均匀的，电子作抛物线运动，在偏转板外，电场为零，电子不受力，作匀速直线运动，如图 2-56 所示。在偏转板之内

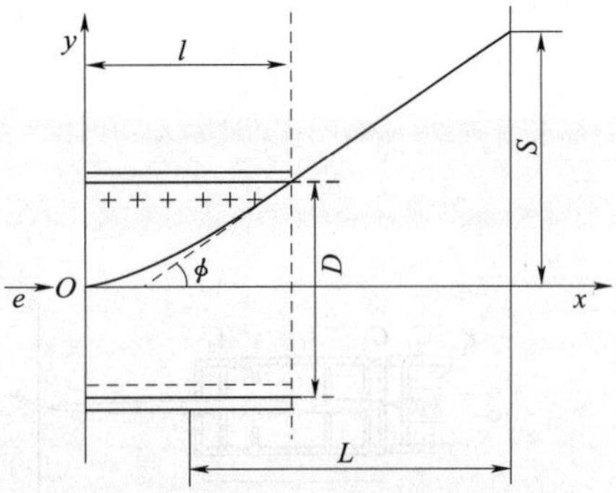

图 2-56　电偏转原理

$$y=\frac{1}{2}at^2=\frac{eE}{2mv^2}x^2 \tag{2-48}$$

式中：v 为电子在加速电压 U_A 作用下获得的初速度；y 为电子束在 y 方向的偏转。

加速电压对电子所做的功全部转为电子动能，则

$$\frac{1}{2}mv^2=eU_A$$

将 $E=V/D$ 和 v^2 代入式（2-48），得

$$y=\frac{V}{4U_AD}x^2$$

电子离开偏转系统时，电子运动的轨道与 x 轴所成的偏转角 ϕ 的正切为

$$\tan\phi=\left.\frac{\mathrm{d}y}{\mathrm{d}x}\right|_{x=l}=\frac{Vl}{2U_AD} \tag{2-49}$$

设偏转板的中心至荧光屏的距离为 L，电子在荧光屏上的偏离为 S，则

$$S=\frac{VLl}{2U_AD} \tag{2-50}$$

由式（2-50）知，电子束的偏转距离 S 与偏转电压 V 成正比，与加速电压 U_A 成反比，由于式（2-50）中的其他量是与示波管结构有关的常数，故可写成

$$S=k_e\frac{V}{U_A} \tag{2-51}$$

式（2-51）中，k_e 为与示波管结构参数有关的电偏常数。因此当加速电压 U_A 一定时，偏转距离与偏转电压呈线性关系。为了反映电偏转的灵敏程度，定义 $\delta_e=\frac{S}{V}=\frac{k_e}{U_A}$，$\delta_e$ 称为电偏转灵敏度，单位为 mm/V。

3. 电子束电聚焦原理

图 2-57 所示为电子枪各个电极的截面，加速场和聚焦场主要存在于各电极之间的区域。图 2-58 所示为 A_1 和 A_2 这个区域放大了的截面图，其中画出了一些等位面截线和一些电力线。从 A_1 出来的横向速度分量为 v_r 的具有离轴倾向的电子，在进入 A_1 和 A_2 之间的区域后，被电场的横向分量推向轴线。与此同时，电场 E 的轴向分量 E_z 使电子加速；当电子向 A_2 运动，进入接近 A_2 的区域时，那里的电场 E 的横向分量 E_r 有把电子推离轴线

的倾向。但是由于电子在这个区域比前一个区域运动得更快，向外的冲量比前面的向内的冲量要小，所以总的效果仍然是使电子靠拢轴线。

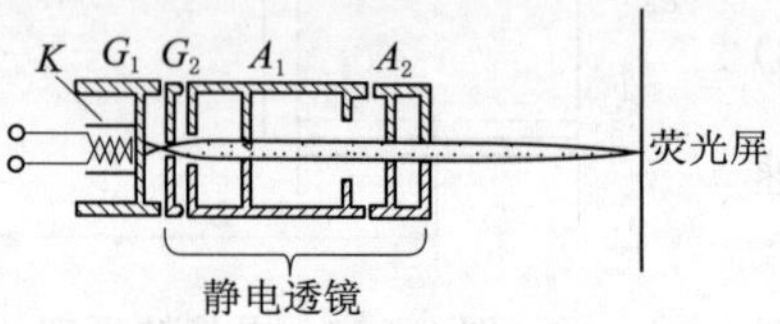

图 2-57 静电透镜

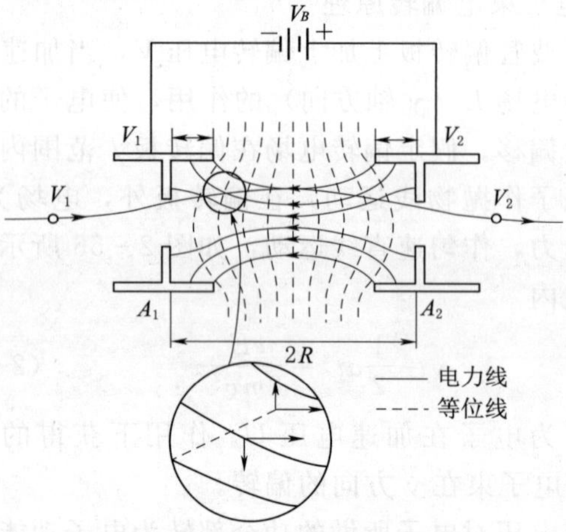

图 2-58 电聚焦原理图

4. 电子束磁偏转原理

磁偏转原理如图 2-59 所示。通常在示波管的电子枪和荧光屏之间加上均匀横向偏转磁场，假定在 l 范围内是均匀的，在其他范围都为零。当电子以速度 v 沿 x 方向垂直射入磁场 B 时，将受到洛伦兹力的作用在均匀磁场 B 内电子作匀速圆周运动，轨道半径为 R，电子穿出磁场后，将沿切线方向作匀速直线运动，最后打在荧光屏上，由牛顿第二定律得

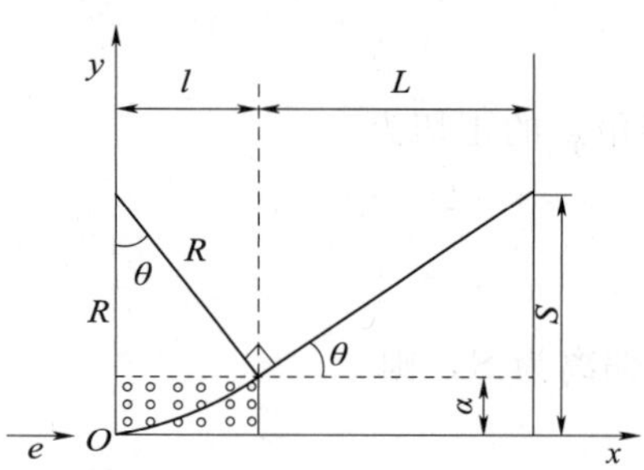

图 2-59 磁偏转原理

$$evB = m\frac{v^2}{R} \text{或} R = \frac{mv}{eB}$$

电子离开磁场区域与 Z 轴偏斜了 θ 角度，由图 2-59 中的几何关系得

$$\sin\theta = \frac{l}{R} = \frac{leB}{mv}$$

电子束离开磁场区域时，距离 x 轴的大小 α 为

$$\alpha = R(1-\cos\theta) = \frac{mv}{eB}(1-\cos\theta)$$

电子束在荧光屏上离开 x 轴的距离为

$$S = L\tan\theta + \alpha$$

如果偏转角度 θ 足够小，则可取下列近似

$$\sin\theta = \tan\theta = \theta \text{ 和 } \cos\theta = 1 - \frac{\theta^2}{2}$$

则总偏转距离

$$S = L\theta + R\left(1 - 1 + \frac{\theta^2}{2}\right) = \frac{leB}{mv}\left(L + \frac{l}{2}\right) = \frac{leB}{\sqrt{2meU_A}}\left(L + \frac{l}{2}\right) \tag{2-52}$$

式 (2-52) 说明，磁偏转的距离与所处磁感应强度 B 成正比，与加速电压 U_A 的平方根成

反比。

由于偏转磁场是由一对平行线圈产生的，所以有

$$B=KI$$

式中：I 为线圈中的励磁电流；K 为与线圈结构和匝数有关的常数。

则

$$S=k_m\frac{I}{\sqrt{U_A}} \tag{2-53}$$

式（2-53）中，k_m为磁偏常数。

因此加速电压一定时，磁偏转的距离与励磁电流呈线性关系。为了描述磁偏转的灵敏程度，定义

$$\delta_m=\frac{S}{I}=k_m\frac{1}{\sqrt{U_A}}$$

δ_m 称为磁偏转灵敏度，单位为 mm/mA。

5. 电子束磁聚焦和电子荷质比的测量原理

置于长直螺线管中的示波管，在不受任何偏转电压的情况下，示波管正常工作时，调节亮度和聚焦，可在荧光屏上得到一个小亮点。若第二加速阳极 A_2 的电压为 U_A，电子的轴向（Z 轴方向）运动速度用 v_z 表示。则有

$$v_z=\sqrt{\frac{2eU_A}{m}} \tag{2-54}$$

给 Y 轴偏转板加数十伏的交流电压，电子将获得垂直于轴向的径向速度（用 v_r 表示），此时荧光屏上便出现一条直线，随后给长直螺线管通直流电流 I，于是螺线管内便产生磁场，其磁场感应强度用 B 表示。如果逐渐增大磁场电流 I，亮线将一边旋转，一边缩短，最后缩成一个亮点，实现了磁聚焦。若继续增大电流 I，还会实现 2 次、3 次聚焦。

上述实验现象可解释如下：电子束被电聚焦后，所有的电子基本都以速度 v_z 沿 Z 轴作匀速直线运动射向荧光屏，径向速度基本为零。由于电子束很细，可近似认为从第二阳极 A_2射出的电子束的截面是一个“点”。给 Y 轴偏转板加数十伏的交流电压，电子将获得垂直于轴向的径向速度（用 v_r 表示），相继从 Y 轴偏转板同一点射出的电子径向速度不同，而且方向有正、有负（因为偏转电压是正弦交流电压）。当给电子束加某一纵向（Z 轴方向）磁场 B 后，具有了径向速度的这些电子开始作螺旋运动。由于螺旋运动的周期与径向速度无关，所以这些电子具有相同的回转周期 T 和相同的螺距 h。只是由于径向速度的大小不同，因而回转半径不同而已。这样当这些电子到达荧光屏时，它们绕各自的螺线轴心转过了相同的角度 ϕ，从而落到屏上的同一条直线上；同时这条直线相对于 Y 轴转过了 θ 角。图 2-60 中画出了 4 个电子到达屏幕时的情形。可清楚看出，它们落在屏上的 4 个点 P_1、P_2、P'_1、P'_2 在同一条直线上，而这条直线相对 y 轴转过了 θ 角，$\phi=2\theta$。当 B 增加时，这条亮线继续旋转，且由式（2-57）可知，B 的增加，将使回转半径减小。因而光屏上的一条亮线随 B 的

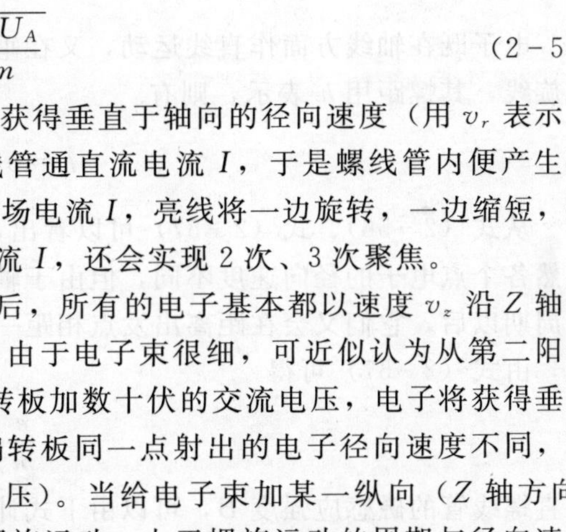

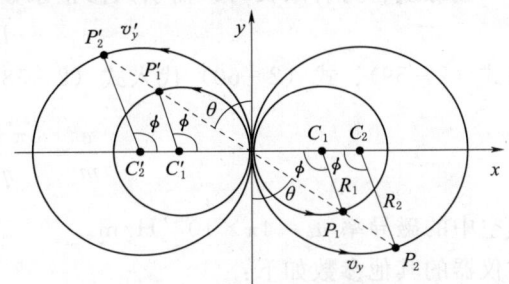

图 2-60　4 个电子到达屏幕时的情形

增加一边旋转，一边缩短。当 $\phi=2\pi$ 时，恰好 $l=h$，电子束就被纵向磁场聚焦成一个亮点。图 2-61 画出了 θ 由 0 变到 π 的过程中，亮线的变化情形。

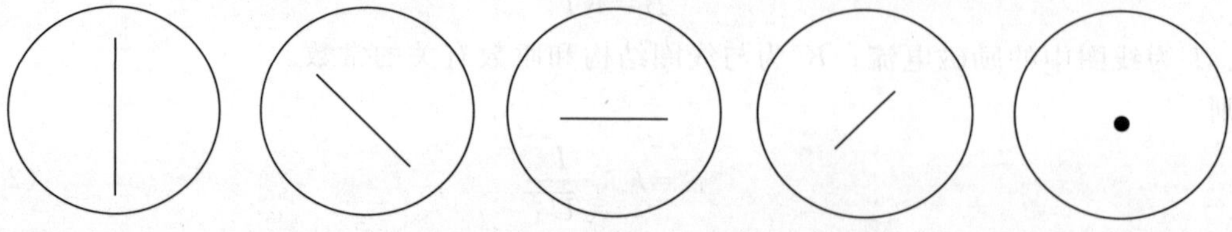

图 2-61　屏上的亮线随 B 的增加边旋转边缩短情形形

众所周知，运动电子在磁场中要受到洛伦兹力 $F=ev_rB$ 的作用（v_z 方向受力为零），这个力使电子在垂直于磁场（也垂直于螺线管轴线）的平面内作圆周运动，设其圆周运动的半径为 R，则有

$$ev_rB=\frac{mv_r^2}{R}\text{或}R=\frac{mv_r}{eB} \tag{2-55}$$

圆周运动的周期为

$$T=\frac{2\pi R}{v_r}=\frac{2\pi m}{eB} \tag{2-56}$$

电子既在轴线方面作直线运动，又在垂直于轴线的平面内作圆周运动。它的轨道是一条螺旋线，其螺距用 h 表示，则有

$$h=v_zT=\frac{2\pi m}{eB}v_z \tag{2-57}$$

从式（2-56）、式（2-57）可以看出，电子运动的周期和螺距均与径向速度 v_r 无关。虽然各个点电子的径向速度不同，但由于轴向速度 v_z 相同，由一点出发的电子束，经过一个周期以后，它们又会在距离出发点相距一个螺距的地方重新相遇，这就是磁聚焦的基本原理，由式（2-57）可得

$$\frac{e}{m}=\frac{8\pi^2U_A}{h^2B^2} \tag{2-58}$$

长直螺线管的磁感应强度 B，可以由下式计算

$$B=\frac{\mu_0NI}{\sqrt{L^2+D^2}} \tag{2-59}$$

当螺线管为有限长时，需引入修正系数 η，得 B 的平均值

$$\overline{B}=\eta B \tag{2-60}$$

将式（2-59）、式（2-60）代入式（2-58），可得电子荷质比为

$$\frac{e}{m}=\frac{8\pi^2U_A(L^2+D^2)}{\eta^2\mu_0^2N^2h^2I^2} \tag{2-61}$$

真空中的磁导率 $\mu_0=4\pi\times10^{-7}$ H/m。

本仪器的其他参数如下：

螺线管的线圈匝数：$N=535$ 匝。

螺线管的长度：$L=0.235$m。
螺线管的直径：$D=0.092$m。
螺距（Y 轴偏转板至荧光屏距离）$h=0.135$m。
修正系数 $\eta=0.985$。
将仪器所有参数代入式（2-60），得到电子荷质比实验计算式

$$\frac{e}{m}=k_0\frac{U_A}{I^2} \tag{2-62}$$

其中 $k_0=\frac{8\pi^2(L^2+D^2)}{\eta^2\mu_0^2N^2h^2}=6.29\times10^8(\mathrm{CA^2V^{-1}Kg^{-1}})$

【实验仪器】

DH4521 电子束测试仪。

【实验内容与步骤】

1. 测量示波管电偏转灵敏度

（1）如图 2-62 所示，开启电源开关。将“电子束—荷质比”选择开关打向“电子束”位置，适当调节“亮度”与“聚焦”旋钮，使荧光屏上亮点会聚成一细点，应注意：光点不能太亮，以免烧坏荧光屏。

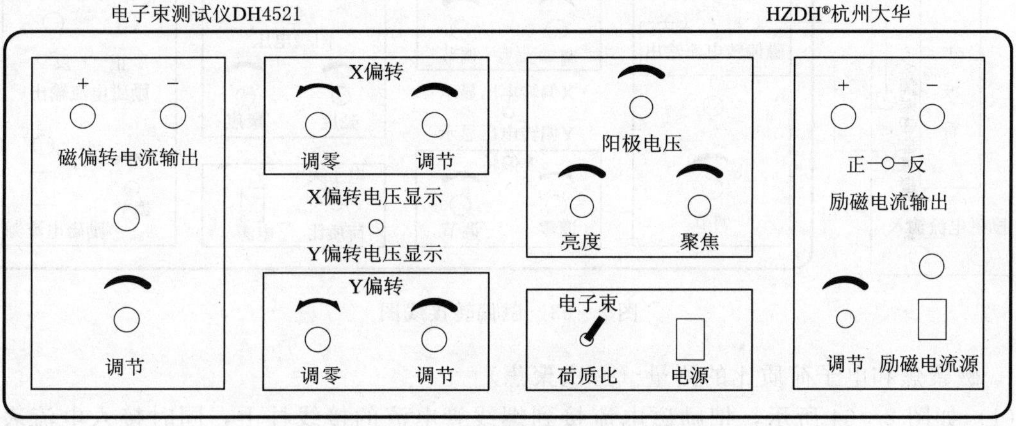

图 2-62　电偏转接线图

（2）光点调零。将面板上钮子开关打向 X 偏转电压显示，调节 X 偏转“X 调节”旋钮，使电压表在零位，再调节“X 调零”旋钮，使光点位于示波管垂直中线上。同 X 调零一样，将 Y 调节后，光点位于示波管的中心原点。

（3）测量偏转距离 S 随偏转电压 V 的变化，即示波管电偏转灵敏度 δ_e。调节阳极电压旋钮，给定阳极电压 U_A（700V），将面板上钮子开关打向 X 偏转电压显示，调节 X 偏转“X 调节”旋钮，测量不同偏转电压 V 情况下偏转距离 S 值，可计算 X 偏转板的电偏转灵敏度 δ_{ex}。

（4）将面板上钮子开关打向 Y 偏转电压显示，调节 Y 偏转“Y 调节”旋钮，测量 Y 偏转板的不同偏转电压 V 情况下偏转距离 S 值，可计算 Y 偏转板的电偏转灵敏度 δ_{ey}。

2. 电聚焦测阳极电压之比

(1) 开启电源开关，将“电子束—荷质比”选择开关打向“电子束”位置，适当调节“亮度”与“聚焦”旋钮，使荧光屏上亮点会聚成小圆点，应注意：光点不能太亮，以免烧坏荧光屏。

(2) 光点调零，通过调节“X调节”和“Y调节”旋钮，使光点位于Y轴的中心原点。

(3) 调节第二阳极电压U_A分别为600V、700V、800V、900V、1000V，对应调节“聚焦”旋钮（改变聚焦电压）使光点达到最佳的聚焦效果，测量出各对应的聚焦电压U_1。

(4) 求出$\frac{U_A}{U_1}$。

3. 测量磁偏转灵敏度

(1) 光点调零。通过调节“X调节”和“Y调节”旋钮，使X偏转板和Y偏转板的电压都等于零，再调节“X调零”和“Y调零”旋钮，使光点位于Y轴的中心原点。

(2) 测量偏转距离S随磁偏电流I的变化，给定U_A（800V），如图2-63所示，将磁偏转电流输出与磁偏转电流输入相连，调节磁偏转电流调节旋钮（改变磁偏转线圈电流的大小）测量不同磁偏转电流I的偏转距离S值，得$S-I$数据，可计算磁偏转灵敏度δ_m。

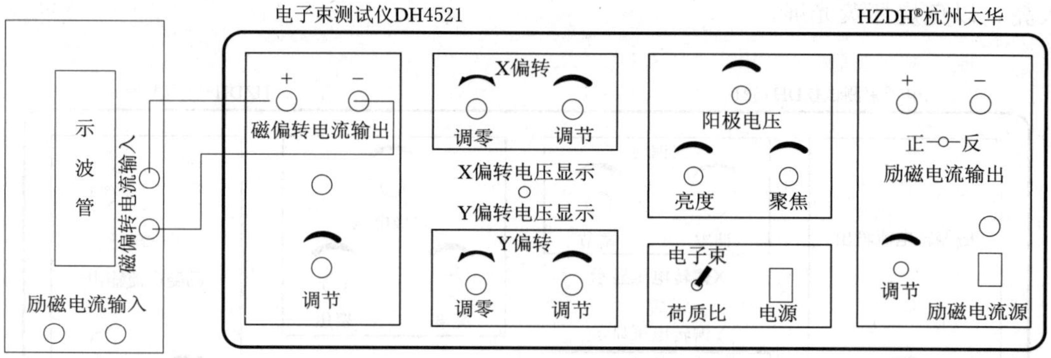

图2-63 磁偏转接线图

4. 磁聚焦和电子荷质比的测量（一次聚焦）

(1) 如图2-64所示，把励磁电流接到螺线管电流的接线柱上，同时接入电流表的接线柱。

(2) 将“电子束—荷质比”开关置于“荷质比”位置，此时荧光屏上出现一条直线，阳极电压U_A调到700V。

(3) 开启励磁电流电源（荷质比电源开关），逐渐加大电流使荧光屏上的直线一边旋转一边缩短（如图2-61所示），直到变成一个小光点（小圆点），读取电流值$I_{正}$；再将电流换向开关扳到另一端，再得到一个同样大小光点（圆点），读取电流值$I_{负}$。电流换向是为了消除地球磁场对测量影响。

(4) 改变阳极电压U_A为700V、800V、900V、1000V、1050V，重复步骤（3）。磁聚焦电流随阳极电压U_A升高而增大，注意做完电子荷质比测定内容后迅速将磁聚焦电流调至0，关闭“荷质比电源开关”。根据设定内容，一次聚焦下整个测量过程中磁聚焦电流始终小于2A。

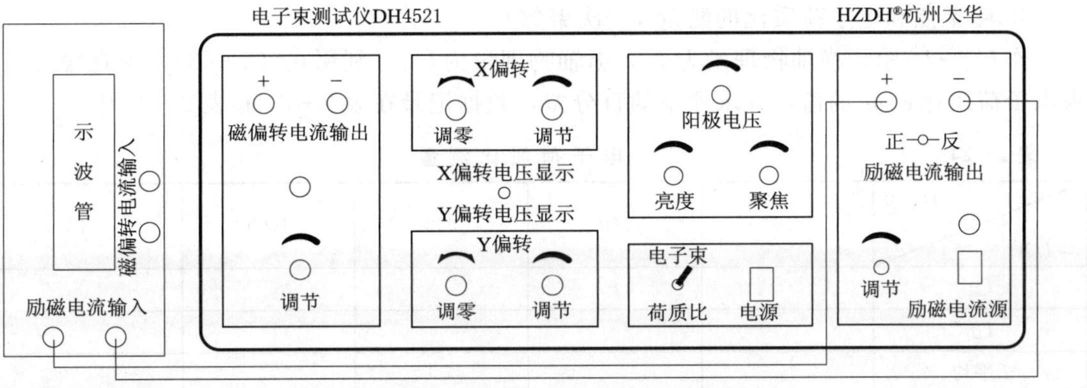

图 2-64　磁聚焦和电子荷质比的测量接线图

【数据记录和处理】

1. 测量示波管电偏转灵敏度 δ_e

调节阳极电压 $U_A=700\text{V}$，光点调零后，测量电子束左右或上下偏转距离分别为 10mm、15mm、20mm、25mm 时所加偏转电压 V_x、V_y，数据记录在表 2-21 中，作 S_x-V_x 和 S_y-V_y 图，由直线斜率求出示波管水平电偏转灵敏度 δ_{ex} 或垂直电偏转灵敏度 δ_{ey}。

注意：作 S_x-V_x 图时，横轴物理量为 V_x，纵轴物理量为 S_x，则直线的斜率就是示波管水平电偏转灵敏度 δ_{ex}，单位为 mm/V。作图时要写出图名，要标出坐标轴上物理量的单位。

表 2-21　　**测量电偏转灵敏度**

S_x（或 S_y）/mm	−25	−20	−15	−10	0	10	15	20	25
V_x/V									
V_y/V									

2. 测量电聚焦时示波管阳极电压之比（表 2-22）

表 2-22　　**测量电聚焦**

U_A/V	600	700	800	900	1000
U_1/V					
U_A/U_1					

3. 测量磁偏转灵敏度 δ_m

取 $U_A=800\text{V}$，作 $S-I$ 图，横轴物理量为 I，纵轴物理量为 S，求出直线的斜率就是磁偏转灵敏度 δ_m，单位为 mm/mA。测量磁偏转灵敏度的数据记录在表 2-23 中。

表 2-23　　**测量磁偏转灵敏度**

S/mm	3	6	9	12	15	18	21	24
I/mA								

4. 磁聚焦和电子荷质比的测量（一次聚焦）

作 U_A-I^2 图，横轴物理量为 I^2，纵轴物理量为 U_A，利用式（2-62），由直线的斜率 k 求电子荷质比 e/m 的值，并求测量的百分差，数据记录在表 2-24 和表 2-25 中。

表 2-24　　电子荷质比测量

U_A/V I/A	700	800	900	1000	1050
$I_{正}$					
$I_{反}$					
I 平均					
$\overline{I}^2$					

表 2-25　　电子荷质比测量结果

U_A-I^2 图斜率 k /(V/A²)		$e/m=k\,k_0$ /(Ckg⁻¹)		百分差 E/%	

说明：公认值 $e/m=1.759\times10^{11}\ \mathrm{Ckg^{-1}}$，$k_0=6.29\times10^{8}\ \mathrm{CA^2V^{-1}kg^{-1}}$。

$$百分差=\frac{|测量值-公认值|}{公认值}\times100\%$$

【思考题】

1. 仅对电子束进行电聚焦的情况下，每改变一次电子束的方向后再改变 U_A 的大小，如果屏上光点不发生移动，地磁场就与电子束平行了，为什么？此时接通磁场电流，然后再改变其大小，如果屏上亮点不动，则螺线管磁场、地磁场和电子束三者就平行了。为什么？

2. 螺线管中的电流反向后再逐渐增大，屏上亮线是否反向旋转？为什么？

3. 当 $U_A=1000$V、$I=1.00$A 时，试计算电子的纵向速度 v_z、回转周期 T 及螺距 h。这时，电子束能否恰恰聚焦到屏上？如希望刚好实现一次聚焦，需增大还是减小磁场电流？

4. 请进行磁聚焦测量电子荷质比的误差来源分析。

实验十二　霍尔效应及磁场的测量

置于磁场中的载流体，如果电流方向与磁场垂直，则在垂直于电流和磁场的方向会产生附加的横向电场，这个现象是霍普金斯大学研究生霍尔于 1879 年发现的，后被称为霍尔效应。如今霍尔效应不但是测定半导体材料电学参数的主要手段，而且利用该效应制成的霍尔器件已广泛用于非电量的电测量、自动控制和信息处理等方面。在工业生产要求自动检测和控制的今天，作为敏感元件之一的霍尔器件，将有更广泛的应用前景。掌握这一富有实用性的实验，对日后的工作将有益处。

【实验目的】

（1）了解霍尔效应实验原理以及有关霍尔器件对材料要求的知识。

（2）学习用“对称测量法”消除副效应的影响并测量试样的 $V_H - I_S$ 曲线。

（3）确定试样的霍尔系数、电导率、载流子浓度以及迁移率。

（4）学习测量磁场方法。

【实验原理】

1. 霍尔效应

霍尔效应从本质上讲是运动的带电粒子在磁场中受洛伦兹力作用而引起的偏转。当带电粒子（电子或空穴）被约束在固体材料中，这种偏转就导致在垂直电流和磁场方向上产生正负电荷的聚积，从而形成附加的横向电场，即霍尔电场 E_H。如图 2-65 所示的半导体试样，若在 X 方向通以电流 I_S，在 Z 方向加磁场 B，则在 Y 方向即试样 $A-A'$ 电极两侧就开始聚集异号电荷而产生相应的附加电场。电场的指向取决于试样的导电类型。对图 2-65（a）所示的 N 型试样，霍尔电场逆 Y 方向，图 2-65（b）所示的 P 型试样则沿 Y 方向。即有

$$E_H(Y)<0 \Rightarrow (\text{N 型})$$
$$E_H(Y)>0 \Rightarrow (\text{P 型})$$

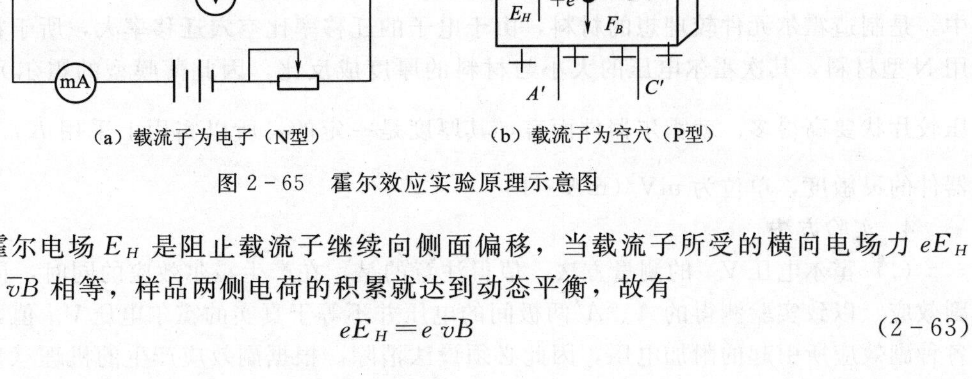

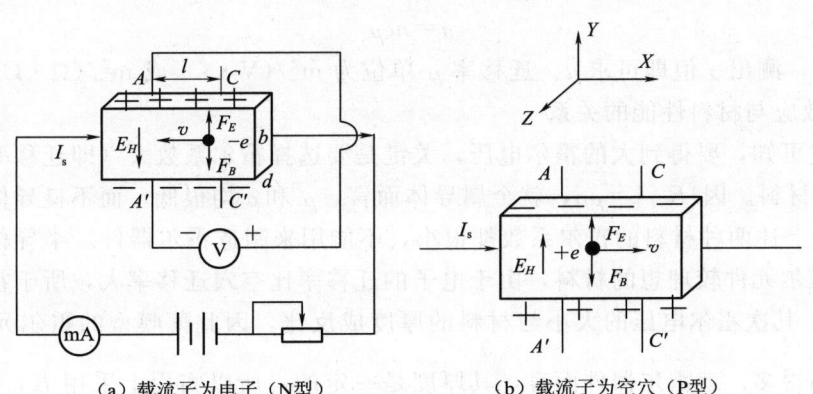

（a）载流子为电子（N型）　（b）载流子为空穴（P型）

图 2-65　霍尔效应实验原理示意图

显然，霍尔电场 E_H 是阻止载流子继续向侧面偏移，当载流子所受的横向电场力 eE_H 与洛仑兹力 $e\bar{v}B$ 相等，样品两侧电荷的积累就达到动态平衡，故有

$$eE_H = e\bar{v}B \tag{2-63}$$

式中：E_H 为霍尔电场；$\overline{v}$ 为载流子在电流方向上的平均漂移速度。

设试样的宽为 b，厚度为 d，载流子浓度为 n，则

$$I_S = ne\,\overline{v}bd \tag{2-64}$$

由式（2－63）和式（2－64）可得

$$V_H = E_H b = \frac{1}{ne}\frac{I_S B}{d} = R_H\,\frac{I_S B}{d} = K_H I_S B \tag{2-65}$$

即霍尔电压 V_H（A、A'电极之间的电压）与 $I_S B$ 乘积成正比与试样厚度 d 成反比。比例系数 $R_H = \frac{1}{ne}$称为霍尔系数，单位为 m^3/C，它是反映材料霍尔效应强弱的重要参数。随着半导体物质不同、掺杂浓度不同及半导体所处温度不同，霍尔系数具有不同值。$K_H = \frac{R_H}{d}$称为霍尔灵敏度，单位为 mV/(mA・T)。如果知道霍尔片的霍尔系数 R_H及霍尔片厚度 d，测量出 I_S和 V_H，就可算出磁场 B 的大小，这就是用霍尔效应测磁场原理。

2. 霍尔系数 R_H 与其他参数间的关系

根据 R_H 可进一步确定以下参数：

(1) 由 R_H 的符号（或霍尔电压的正负）判断样品的导电类型。判别的方法是按图 2－65 所示的 I_S 和 B 的方向，若测得的 $V_H = V_{A'A} < 0$，即点 A 点电位高于点 A'的电位，则 R_H 为负，样品属 N 型；反之则为 P 型。

(2) 由 R_H求载流子浓度 n。即 $n = \frac{1}{|R_H|e}$。应该指出，这个关系式是假定所有载流子都具有相同的漂移速度得到的，严格一点，如果考虑载流子的速度统计分布，需引入$\frac{3\pi}{8}$的修正因子（可参阅黄昆、谢希德的著作《半导体物理学》）。

(3) 结合电导率的测量，求载流子的迁移率 μ。电导率 σ 与载流子浓度 n 以及迁移率 μ 之间有如下关系：

$$\sigma = ne\mu \tag{2-66}$$

即 $\mu = |R_H|\sigma$，测出 σ 值即可求 μ。迁移率 μ 单位为 $m^2/(V \cdot s)$ 或 $m^2/(\Omega \cdot C)$

3. 霍尔效应与材料性能的关系

根据上述可知，要得到大的霍尔电压，关键是要选择霍尔系数大（即迁移率高、电阻率 ρ 也较高）的材料。因 $|R_H| = \mu\rho$，就金属导体而言，μ 和 ρ 均很低，而不良导体 ρ 虽高，但 μ 极小，因而上述两种材料的霍尔系数都很小，不能用来制造霍尔器件。半导体 μ 高，ρ 适中，是制造霍尔元件较理想的材料，由于电子的迁移率比空穴迁移率大，所于霍尔元件多采用 N 型材料，其次霍尔电压的大小与材料的厚度成反比，因此薄膜型的霍尔元件的输出电压较片状要高得多。就霍尔器件而言，其厚度是一定的，所以实用上采用 $K_H = \frac{1}{ned}$来表示器件的灵敏度，单位为 mV/(mA・T)。

4. 实验方法

(1) 霍尔电压 V_H 的测量方法。值得注意的是，在产生霍尔效应的同时，因伴随着各种副效应，以致实验测得的 A、A'两极间的电压并不等于真实的霍尔电压 V_H 值，而是包含着各种副效应所引起的附加电压，因此必须设法消除。根据副效应产生的机理（参阅附录）可

知，采用电流和磁场换向的对称测量法，基本上能把副效应的影响从测量结果中消除。即在规定了电流和磁场正、反方向后，分别测量由下列四组不同方向的 I_S 和 B 组合的 $V_{A'A}$（A'、A 两点的电位差）即

$$+B,\ +I_S \qquad V_{A'A}=V_1>0$$
$$-B,\ +I_S \qquad V_{A'A}=V_2<0$$
$$-B,\ -I_S \qquad V_{A'A}=V_3>0$$
$$+B,\ -I_S \qquad V_{A'A}=V_4<0$$

然后求 V_1、V_2、V_3 和 V_4 的代数平均值。

$$V_H=\frac{|V_1|+|V_2|+|V_3|+|V_4|}{4} \tag{2-67}$$

通过上述的测量方法，虽然还不能消除所有的副效应，但其引入的误差不大，可以忽略不计。

（2）电导率 σ 的测量。电导率 σ 可以通过如图 2-65 所示的 A、C（或 A'、C'）电极进行测量，设 A、C 间的距离为 l，样品的横截面积为 $S=bd$，流经样品的电流为 I_S，在零磁场下，若测得 A、C 间的电位差为 V_σ（即 V_{AC}），可由式（2-68）求得

$$\sigma=\frac{I_S l}{V_\sigma S} \tag{2-68}$$

电导率 σ 单位为 A/(V·m) 或 $\Omega^{-1}m^{-1}$。

【实验仪器】

TH-H 型霍尔效应实验组合仪。

【实验内容与步骤】

1. 连接测试仪与实验仪之间的各组连线

（1）测量前将霍尔样品置于电磁铁铁芯间隙中心区域。

（2）按图 2-66 所示连接测试仪与实验仪之间各组连线。

注意：①样品各电极引线与对应的双刀开关之间的连线已由制造厂家连接好，请勿再动！②严禁将测试仪的励磁电源“I_M输出”误接到实验仪的“I_S输入”或“V_H、V_O输出”处，否则，一旦通电，霍尔样品即遭损坏。

样品共有三对电极，其中 A、A'或 C、C'用于测量霍尔电压 V_H，A、C 或A'、C'用于测量电导率，D、E 为样品工作电流电极。样品的几尺寸为 $d=0.5$mm，$b=4.0$mm，A、C 电极间距 $l=3.0$mm。霍尔片性脆易碎，电极甚细易断，严防撞击或用手去摸，否则，即遭损坏！霍尔片放置在电磁铁空隙中间，在需要调节霍尔片位置时，必须谨慎，切勿随意改变 y 轴方向的高度，以免霍尔片与磁极面摩擦而受损。

（3）接通电源，电流表显示“0.000”（当按下“测量选择”键时）或“0.00”（放开“测量选择”键时），电压表显示为“0.00”。

（4）置“测量选择”于 I_S 挡（放键），电流表所示的值即随“I_S 调节”旋钮顺时针转动而增大，其变化范围为 0～10mA，此时电压表所示读数为“不等势”电压值，它随 I_S 增大而增大，I_S换向，V_H极性改号（此乃“不等势”电压值，可通过“对称测量法”予以消除）。取 $I_S=2.00$mA。

（5）置“测量选择”于 I_M挡（按键），顺时针转动“I_M调节”旋钮，电流表变化范围为

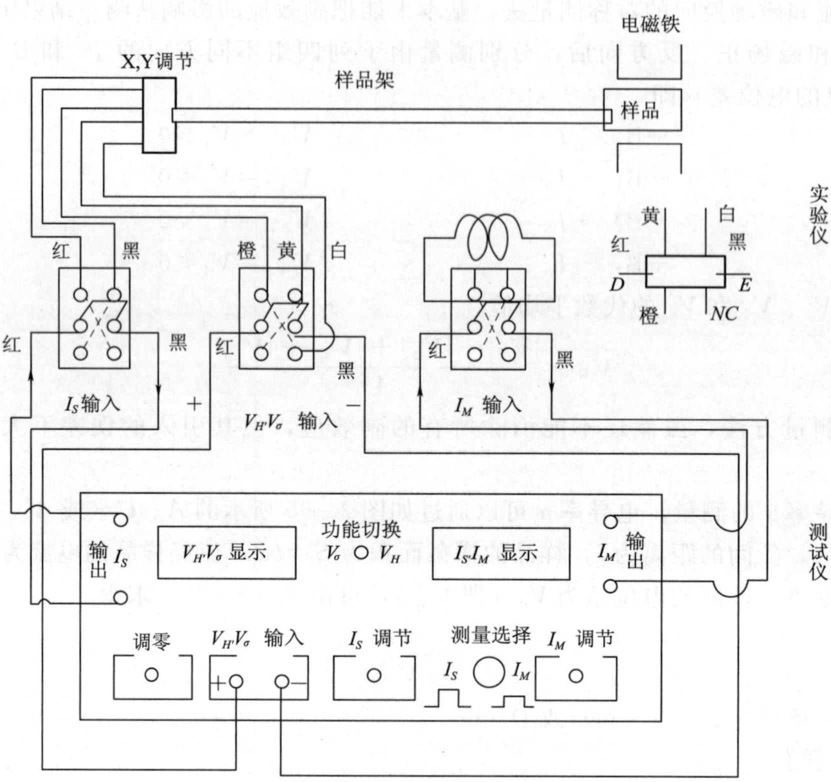

图 2-66 实验线路连接装置图

0～1.000A。此时 V_H 值随 I_M 增大而增大，I_M 换向，V_H 极性改号（其绝对值随 I_M 流向不同而异，此乃霍尔副效应所致，可通过"对称测量法"予以消除）。至此，应将"I_M 调节"旋钮置零位（即逆时针旋到底）。

(6) 放开测量选择键，再测 I_S，调节 I_S=2.00mA，然后将"V_H，V_σ 输出"切换开关倒向 V_σ 一侧，测量 V_σ 电压（A，C 电极间电压）；I_S 换向，V_σ 亦改号。这些说明霍尔样品的各电极工作均正常，可进行测量。将"V_H，V_σ 输出"切换开关恢复 V_H 一侧。

2. 测绘 V_H-V_S 曲线求样品霍尔灵敏度 K_H

将测试仪的"功能切换"置 V_H，I_S 及 I_M 换向开关掷向上方，表明 I_S 及 I_M 均为正值（即 I_S 沿 X 轴方向，I_M 沿 Y 轴方向）。反之，则为负。保持 I_M 值不变（取 I_{M0}=0.500A），改变 I_S 的值，I_S 取值范围为 1.50～3.50mA。将实验测量值记入表 2-26 中。

3. 测量 V_σ 值求样品电导率 σ

"V_H，V_σ 输出"倒向 V_σ 侧，"功能切换"置 V_σ。在零磁场下（I_M=0），取 I_S=2.00mA，测量 V_{AC}（即 V_σ）。注意：I_S 取值不要大于 2.00mA，以免 V_σ 过大使毫伏表超量程（此时首位数码显示为 1，后三位数码熄灭）。V_H 和 V_σ 通过功能切换开关由同一只数字电压表进行测量。电压表零位可通过调零电位器进行调整。当显示器的数字前出现"—"时，被测电压极性为负值。

4. 求样品的 R_H、n 值

5. 测单边水平方向磁场分布

【数据与结果】

1. 测绘 V_H-I_S 曲线并求样品霍尔灵敏度 K_H 和霍尔系数 R_H

在 $I_{M0}=0.500\text{A}$ 条件下，1.50～3.50mA 范围改变 I_S，测量对应的 V_H，数据填入表 12-1。以 I_S 为横轴，V_H 为纵轴，绘制 V_H-I_S 图，用图解法由直线斜率 K 计算样品霍尔灵敏度 K_H 和霍尔系数 R_H。

记录电磁铁线包上的 β 值（$\beta=B/I_M$），$I_{M0}=0.500\text{A}$ 的电磁铁中心均匀磁场 $B_0=\beta I_{M0}$，则样品霍尔灵敏度 $K_H=k/B_0$，霍尔系数 $R_H=K_Hd$，本实验霍尔片的 $d=0.5\text{mm}$。

表 2-26　　测绘 V_H-I_S 实验曲线数据记录表（$I_{M0}=0.500\text{A}$，$\beta=$　　T/A）

I_S/mA	V_1/mV $+B$，$+I_S$	V_2/mV $-B$，$+I_S$	V_3/mV $-B$，$-I_S$	V_4/mV $+B$，$-I_S$	$V_H=\frac{V_1-V_2+V_3-V_4}{4}$/mV
1.50					
2.00					
2.50					
3.00					
3.50					

2. 测量样品半导体的电导率 σ

在零磁场下（$I_M=0$），$I_S=2.00\text{mA}$ 时测量 V_{AC}（即 V_σ）值，本实验霍尔片的 $d=0.5\text{mm}$，$b=4.0\text{mm}$，$l_{AC}=3.0\text{mm}$，由式（2-68）计算样品电导率 σ。

3. 测量单边水平方向磁场分布

以电磁铁铁芯中间均匀磁场中心为相对零点位置（$X=0$），在 $I_{S0}=2.00\text{mA}$，$I_{M0}=0.500\text{A}$ 测试条件下，试样在电磁铁铁芯间隙不同位置 X 处测量霍尔电压 V_H，数据填入表 2-27，然后计算水平方向磁场 $B_{测}$。

注意：测量时 X 位置应取不等步长，即中心均匀磁场以内区域步长大些，测 2 个点差不多了；均匀磁场与非均匀磁场临界处测 1 个点；非均匀磁场区域步长小些（取 3mm），多测几个点。思考怎样判断均匀磁场区域？

对测量数据作 $B_{测}$-X 图，横轴 X，纵轴 $B_{测}$，另半边作图时对称补足，在电磁铁中心均匀磁场范围 $B_{测}$ 与 B_0 进行比较。

表 2-27　　电磁铁水平方向磁场测量（$I_{S0}=2.00\text{mA}$，$I_{M0}=0.500\text{A}$）

X/mm	V_1/mV	V_2/mV	V_3/mV	V_4/mV	V_H/mV	$B_{测}=\frac{V_H}{K_HI_{S0}}$/T

【思考题】

1. 霍尔电压是怎样形成的？它的极性与磁场和电流方向（或载子浓度）有什么关系？
2. 如何观察不等位效应？如何消除它？
3. 测量过程中哪些量要保持不变？为什么？
4. 换向开关的作用原理是什么？测量霍尔电压时为什么要接换向开关？
5. I_S 可否用交流电源（不考虑表头情况）？为什么？

【附录】

霍尔器件中的副效应及其消除方法

1. 不等势电压 V_0

这是由于测量霍尔电压的电极 A 和 A' 位置难以做到在一个理想的等势面上，因此当有电流 I_S 通过时，即使不加磁场也会产生附加的电压 $V_0=I_Sr$，其中 r 为 A、A' 所在的两个等势面之间的电阻（图 2－67）。V_0 的符号只与电流 I_S 的方向有关，与磁场 B 的方向无关，因此，V_0 可以通过改变 I_S 的方向予以消除。

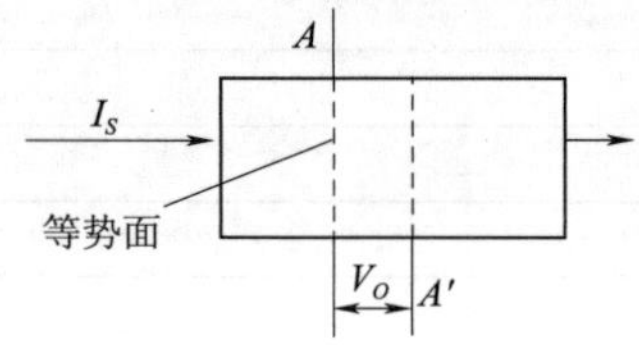

图 2－67　不等势电压

2. 温差电效应引起的附加电压 V_E

如图 2－68 所示，由于构成电流的载流子速度不同，若速度为 v 的载流子所受的洛伦兹力与霍尔电场力的作用刚好抵消，则速度大于或小于 v 的载流子在电场和磁场作用下，将各自朝对立面偏转，从而在 Y 方向引起温差 $T_A-T_{A'}$，由此产生温差电效应。在 A、A'电极上引入附加电压 V_E，且 $E_V \propto I_SB$，其符号与 I_S 和 B 的方向关系跟 V_H 是相同的，因此不能用改变 I_S 和 B 方向的方法予以消除，但其引入的误差很小，可以忽略。

3. 热磁效应直接引起的附加电压 V_N

因器件两端电流引线的接触电阻不等，通电后在接触点两处将产生不同的焦尔热，导致在 X 方向有温度梯度，引起载流子沿梯度方向扩散而产生热扩散电流。热流 Q 在 Z 方向磁场作用下，类似于霍尔效应在 Y 方向上产生一附加电场 ε_N，相应的电压 $V_N \propto QB$，而 V_N 的符号只与 B 的方向有关，与 I_S 的方向无关。因此可通过改变 B 的方向予以消除。

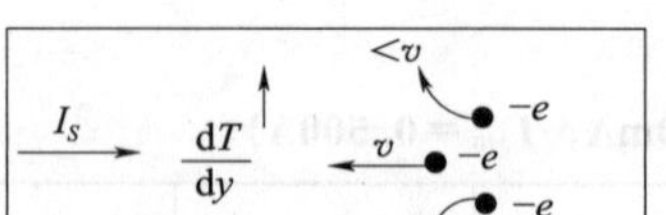

图 2－68　温差电效应引起的附加电压

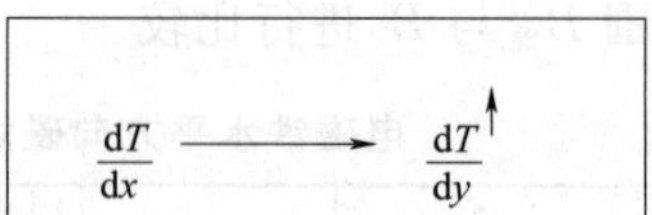

图 2－69　热磁效应产生的温差引起的附加电压

4. 热磁效应产生的温差引起的附加电压 V_{RL}

如上所述的 X 方向热扩散电流，因载流子的速度统计分布，在 Z 方向的 B 作用下，将在 Y 方向产生温度梯度 $T_A-T_{A'}$，由此引入的附加电压 $V_{RL} \propto QB$，V_{RL} 的符号只与 B 的方向有关，亦能消除之。

综上所述，实验中测得的 A、A'之间的电压除 V_H 外还包含 V_0、V_N、V_{RL} 和 V_E 各个电压的代数和，其中 V_0、V_N、V_{RL} 均可以通过 I_S 和 B 换向对称测量法予以消除。

设定电流 I_S 和磁场 B 的正方向，即

当 $+I_S$，$+B$ 时，测得 A、A' 之间的电压：$V_1=V_H+V_0+V_N+V_{RL}+V_E$

当 $+I_S$，$-B$ 时，测得 A、A' 之间的电压：$V_2=-V_H+V_0-V_N-V_{RL}-V_E$

当 $-I_S$，$-B$ 时，测得 A、A' 之间的电压：$V_3=V_H-V_0-V_N-V_{RL}+V_E$

当 $-I_S$，$+B$ 时，测得 A、A' 之间的电压：$V_4=-V_H-V_0+V_N+V_{RL}-V_E$

求以上四组数据 V_1、V_2、V_3、V_4 的代数平均值，可得

$$V_H+V_E=\frac{V_1-V_2+V_3-V_4}{4}$$

由于 V_E 符号与 I_S、B 两者方向关系和 V_H 是相同的，故无法消除，但在电流 I_S 和磁场 B 较小时，$V_H \gg V_E$，因此，V_E 可忽略不计，所以霍尔电压为

$$V_H=\frac{V_1-V_2+V_3-V_4}{4}$$

实验十三　分光计的调整和棱镜材料折射率的测定

光线在传播过程中，遇到不同媒质的分界面（如平面镜、三棱镜和光栅的光学表面）时，就要发生反射和折射，光线将改变传播的方向，结果在入射光与反射光或折射光之间就有一定的夹角。反射定律、折射定律等正是这些角度之间的关系的定量表述。一些光学量，如折射率、光波波长等也可通过测量有关角度来确定。因而精确测量角度，在光学实验中显得尤为重要。

分光计（光学测角仪）是用来精确测量入射光和出射光之间偏转角度的一种仪器。用它可以测量折射率、色散本领、光波波长、光栅常数等物理量。分光计的结构复杂、装置精密，调节要求也比较高，对初学者来说会有一定的难度。但是只要了解其基本结构和测量光路，严格按调节要求和步骤仔细地调节，也不难调好。分光计的结构又是其他许多光学仪器（如摄谱仪、单色仪、分光光度计等）的基础。学习分光计的调节原理，为使用其他更复杂的光学仪器的调节打下了基础。

【实验目的】

（1）了解分光计的结构和各部分的作用，学会分光计的调整和使用方法。

（2）学会用最小偏向角法测定棱镜材料的折射率。

【实验原理】

1. 分光计的结构和调整原理

分光计是用来测量角度的光学仪器。要测准入射光和出射光传播方向之间的角度，根据反射定律和折射定律，分光计必须满足下述两个要求：

（1）入射光和出射光应当是平行光。

（2）入射光线、出射光线与反射面（或折射面）的法线所构成的平面应当与分光计的刻度圆盘平行。

为此，任何一台分光计必须备有以下四个主要部件：平行光管、望远镜、载物台、读数装置。如图 2－70 所示是 JJY－1 型分光计的外型和结构图。分光计的下部是一个三脚底座，中心竖轴称为分光计的中心轴。轴上装有可绕轴转动的望远镜和载物台。在一个底脚的立柱上装有平行光管。

2. 分光计各主要部件的结构及原理的介绍

（1）平行光管。平行光管是提供平行入射光的部件。它是装在柱形圆管一端的一个可伸缩的套筒，套筒末端有一狭缝，筒的另一端装有消色差的会聚透镜。当狭缝恰位于透镜的焦平面上时，平行光管就射出平行光束，如图 2－71 所示。狭缝的宽度由狭缝宽度调节螺丝调节。平行光管的水平度可用平行光管倾斜度调节螺丝调节，以使平行光管的光轴和分光计的中心轴垂直。

（2）阿贝式自准直望远镜。望远镜是用来观察和确定光束的行进方向，它是由物镜、目镜及分划板组成的一个圆管。常用的目镜有高斯目镜和阿贝目镜两种，都属于自准目镜，JJY－1 型分光计使用的是阿贝式自准目镜，所以其望远镜称为阿贝式自准直望远镜，结构如图 2－72 所示。

从图 2－73 中可见，目镜装在 A 筒中，分划板装在 B 筒中，物镜装在 C 筒中，并处在

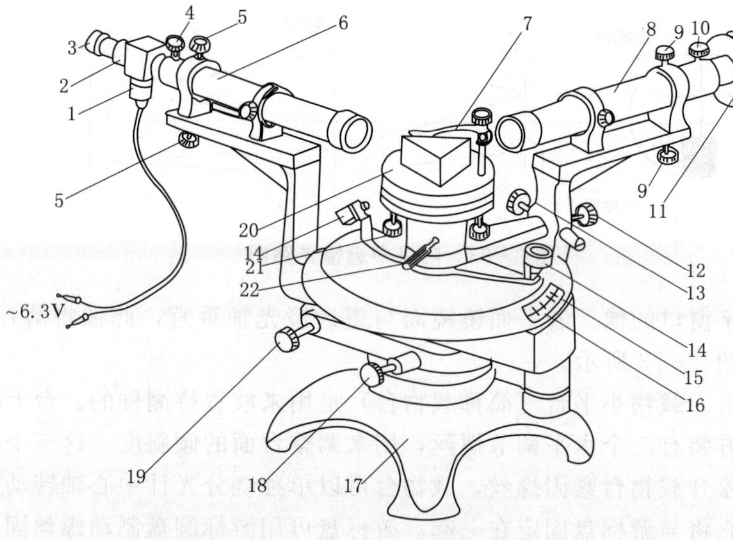

图 2-70　JJY-1 型分光计的外型和结构图

1—小灯；2—分划板套筒；3—目镜；4—目镜筒制动螺丝；5—望远镜倾斜度调节螺丝；
6—望远镜镜筒；7—夹持待测件弹簧片；8—平行光管；9—平行光管倾斜度调节螺丝；
10—狭缝套筒制动螺丝；11—狭缝宽度调节螺丝；12—游标圆盘制动螺丝；
13—游标圆盘微调螺丝；14—放大镜；15—游标圆盘；16—刻度圆盘；17—底座；
18—刻度圆盘制动螺丝；19—刻度圆盘微调螺丝；20—载物小平台；
21—载物台水平调节螺丝；22—载物台紧固螺丝

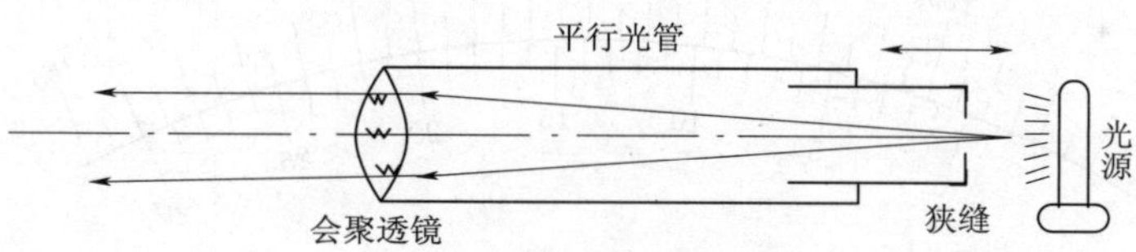

图 2-71　平行光管

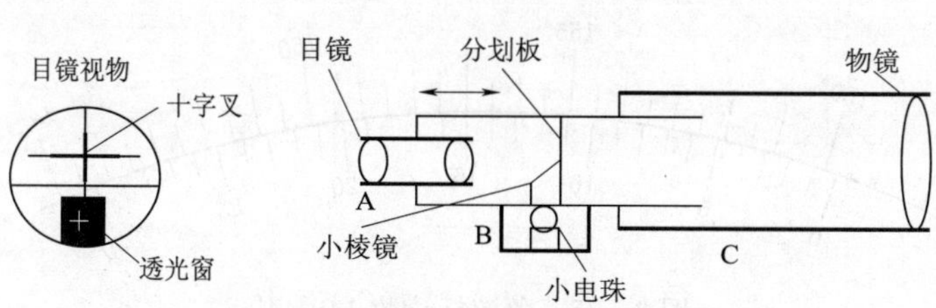

图 2-72　阿贝自准直望远镜结构

C 筒的端部。其中分划板上刻划的是“‡”形的准线（不同型号准线不相同），边上粘有一块 45°全反射小棱镜，其表面上涂了不透明薄膜，薄膜上刻了一个空心十字窗口，小电珠光从管侧射入后，调节目镜前后位置，可在望远镜目镜视场中看到图 2-73 中所示的景象。若在物镜前放一平面镜，前后调节目镜（连同分划板）与物镜的间距，使分划板位于物镜焦平面上时，小电珠发出的光，透过空心十字窗口经物镜后成平行光射于平面镜，反射光经物镜后

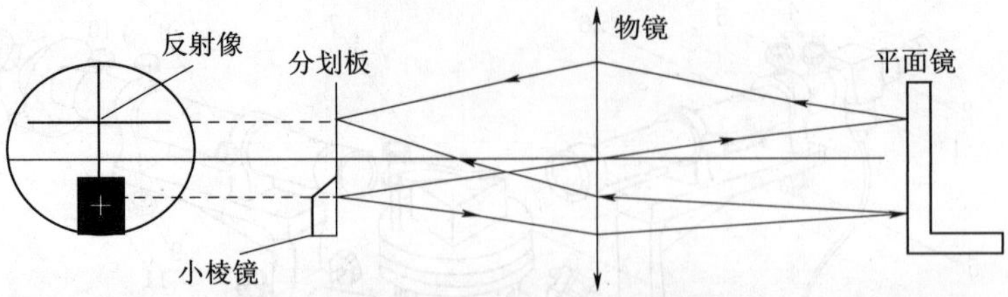

图 2-73　阿贝望远镜光路图

在分划板上形成十字窗口的像。若平面镜镜面与望远镜光轴垂直，此像将落在"‡"准线上部的交叉点上，如图 2-73 所示。

(3) 载物小平台。载物小平台（简称载物台）是用来放置待测件的。台上附有夹持待测件弹簧片。台面下方装有三个水平调节螺丝，用来调整台面的倾斜度。这三个螺丝的中心形成一个正三角形。松开载物台紧固螺丝，载物台可以单独绕分光计中心轴转动或升降。拧紧载物台紧固螺丝，它将与游标盘固定在一起。游标盘可用游标圆盘制动螺丝固定。

(4) 读数装置。读数装置是由刻度圆盘和游标圆盘组成。刻度圆盘为 360°（720 个刻度）。所以，最小刻度为半度（30′），小于半度则利用游标读数。游标上刻有 30 个小格，故游标每一小格对应角度为 1′。角度游标读数的方法与游标卡尺的读数方法相似。如图 2-74 所示的位置，读数窗内游标尺上 22 与刻度盘上的刻度重合，故读数为 149°22′。如图 2-75 所示读数窗内游标尺上 14 与刻度盘上的刻度重合，但零线过了刻度的半度线，故读数为 149°44′。

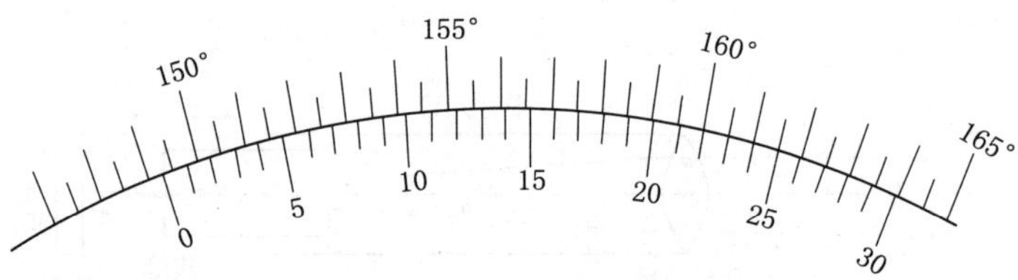

图 2-74　角游标读数 149°22′

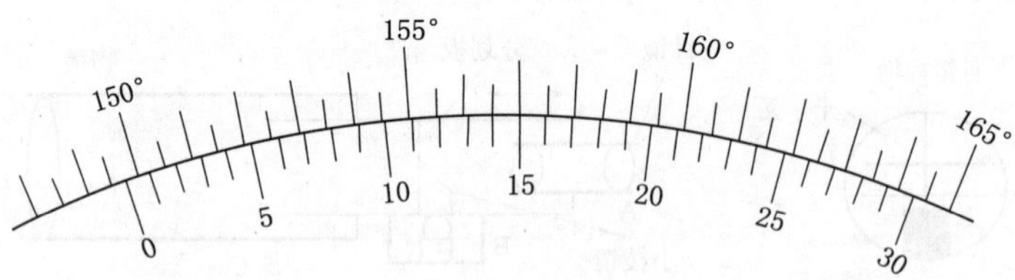

图 2-75　角游标读数 149°44′

两个游标对称放置，是为了消除刻度盘中心与分光计中心轴线之间的偏心差（详见附录）。测量时，要同时记下两游标所示的读数。

望远镜、载物台和刻度圆盘的旋转轴线应该与分光计中心轴线相重合，平行光管和望远镜的光轴线必须在分光计中心轴线上相交，平行光管的狭缝和望远镜中的叉丝应该被它们的光轴线平分。但在分光计的制造过程中总存在一定的误差，为了消除刻度盘与分光计中心轴线之间的偏心差，在刻度圆盘同一直径的两端各装有一个游标。测量时，两个游标都应读数，然后算出每个游标两次读数的差，再取其平均值。这个平均值就可以作为望远镜（或载物台）转过的角度，以消除偏心差。

3. 最小偏向角法测折射率

玻璃的折射率可以用很多方法和仪器测定，方法和仪器的选择取决于对测量结果精度的要求。在分光计上用最小偏向角法测定玻璃的折射率，可以达到较高的精度。但此法需把待测材料磨成一个三棱镜。如果是测液体的折射率，可用平面平行玻璃板做一个中空的三棱镜，充入待测的液体，然后用类似的方法进行测量。

一束平行的单色光，入射到三棱镜的 AB 面，经折射后由另一面 AC 射出，如图 2-76 所示。入射光和 AB 面法线的夹角 i 称为入射角，出射光和 AC 面法线的夹角 i' 称为出射角，入射光和出射光的夹角 Δ 称为偏向角。理论证明，当入射角 i 等于出射角 i' 时，入射光和出射光之间的夹角最小，称为最小偏向角 δ。最小偏向角用 δ 表示。由图 2-76 可知：

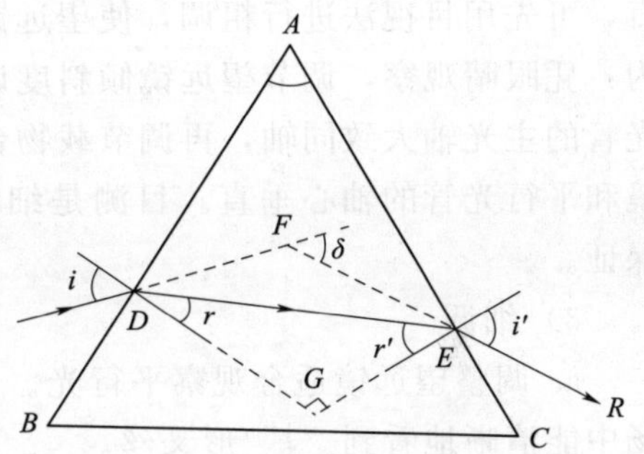

图 2-76　单色光经三棱镜折射

$$\Delta=(i-r)+(i'-r')$$

其中 r 和 r' 意义如图 2-76 所示。当 $i=i'$ 时，由折射定律有

$$r=r'$$

用 δ 代替 Δ 得

$$\delta=2(i-r) \tag{2-69}$$

又因

$$r+r'=2r=\pi-G=\pi-(\pi-A)=A$$

其中 G 和 A 的意义如图 2-76 所示。

所以

$$r=\frac{A}{2} \tag{2-70}$$

由式（2-69）和式（2-70）得

$$i=\frac{A+\delta}{2}$$

由折射定律得

$$n=\frac{\sin i}{\sin r}=\frac{\sin\dfrac{A+\delta}{2}}{\sin\dfrac{A}{2}} \tag{2-71}$$

由式（2-71）可知，只要测出三棱镜顶角 A 和最小偏向角 δ，就可以计算出三棱镜玻璃对该波长的入射光的折射率。

顶角 A 和最小偏向角 δ 由分光计测定。

【实验仪器】

JJY-1 型分光计，汞灯，双面平面镜，三棱镜。

【实验内容与步骤】

1. 调整分光计

（1）分光计的调整任务。

1）望远镜能够接收平行光（或调焦到无穷远处）。

2）望远镜的主光轴垂直于分光计的中心轴（分光计的主轴）。

3）平行光管能够产生平行光。

4）平行光管主光轴与分光计中心轴垂直。

（2）分光计的调整步骤。

1）熟悉分光计结构。对照分光计的结构图和实物，熟悉分光计各部分的具体结构及其调整和使用方法。

2）粗调（目测判断）。为了便于调节望远镜光轴和平行光管光轴与分光计中心轴严格垂直，可先用目视法进行粗调，使望远镜、平行光管和载物台面大致垂直于中心轴。具体方法为：凭眼睛观察，调节望远镜倾斜度调节螺丝与平行光管倾斜度调节螺丝。使望远镜与平行光管的主光轴大致同轴，再调节载物台三个水平调节螺丝，使载物台的法线方向大致与望远镜和平行光管的轴心垂直。目测是细调的前提，也是分光计能否被顺利调到可测量状态的保证。

3）细调。

a. 调整望远镜适合观察平行光。点亮望远镜上的照明小灯，调节望远镜的目镜，使视场中能清晰地看到“‡”形叉丝。

将双面平面镜（简称平面镜或双面镜）放在载物台上（参照图 2－77 放置），图 2－77 中 a、b 和 c 是载物台下面的三个水平调节螺丝。轻缓地转动载物台，从望远镜中能看到双面镜反射回来的“十”字光斑。如果找不到“十”字光斑，说明粗调没有达到要求，应重新进行粗调。

在找到“十”字光斑反射回来的像后，调节望远镜中的叉丝套筒，即改变叉丝与物镜间的距离，使在望远镜中能十分清晰地看到“十”字光斑的像，并使“十”字光斑的像与“‡”形叉丝无视差。这样，望远镜就可以适合接收平行光了。

b. 调节望远镜主光轴垂直于分光计的中心轴。当平面镜法线与望远镜主光轴平行时，亮“十”字光斑的反射像与“‡”形叉丝的上交点重合（图 2－78）。旋转载物台 180°之后也能完全重合（载物台旋转 180°的目的是使平面镜旋转 180°，但注意只能旋转载物台，不能去直接旋转平面镜，为什么？请思考），则说明望远镜的主光轴已垂直于分光计的主轴了。

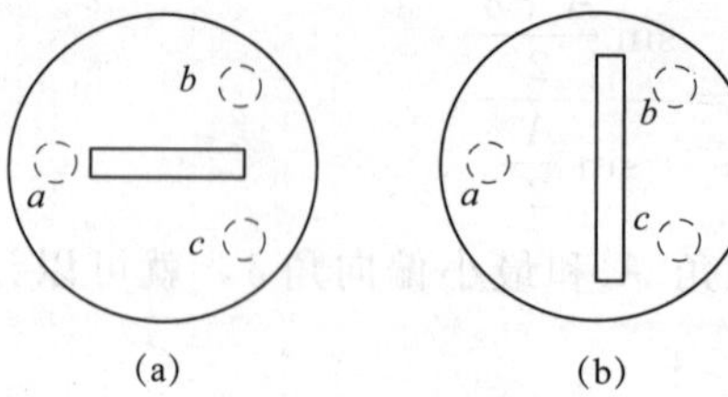

(a)　　(b)

图 2－77　载物台

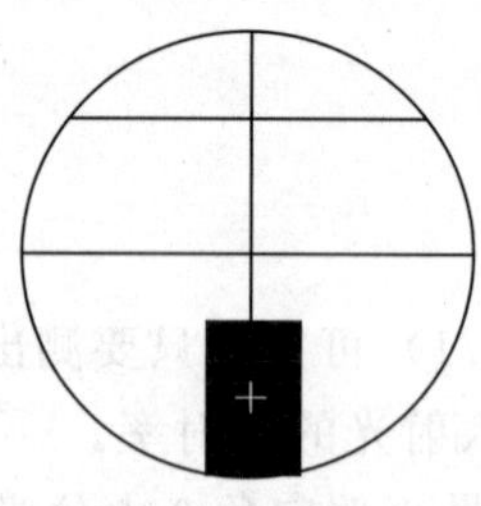

图 2－78　分划板

但在一般情况下，“十”字光斑与“‡”形叉丝的上交点不重合，或在“‡”上交点上面，或在“‡”交点的下面，载物台旋转 180°后，“十”字光斑像会上下翻动。这说明小平台的法线方向与望远镜和平行光管的主光轴不严格垂直，必须细调才能实现。在调节时先要在望远镜上看到“十”字光斑，旋转载物台 180°也能看到“十”字光斑（如果发现一面有光斑，另一面没有光斑，说明粗调没有达到要求，需要重新粗调），然后采用渐近法（或“各半调节法”）调节较为方便。

采用“各半调节法”。如图 2-79 所示，图 2-79（a）中光斑在上交线下方并有一个距离 h，调节图 2-77（a）所示载物台调节螺丝 b 或 c 将光斑上抬 $h/2$ 距离，再用望远镜倾斜度调节螺丝把光斑上抬 $h/2$ 距离。旋转载物台 180°后处于图 2-79（b）图的位置，同样使用载物调节螺丝 c 或 b 往下调 $h'/2$，再用望远镜倾斜度调节螺丝往下调 $h'/2$。这样反复旋转载物台 180°几次，采用“各半调节法”，使光斑最终处于图 2-79（c）的位置。

转动双面镜 90°，如图 2-77（b）所示，注意调节螺丝 b、c 及望远镜倾斜度调节螺丝不能再动了，否则前功尽弃。调节螺丝 a，使光斑最终处于图 2-79（c）的位置。

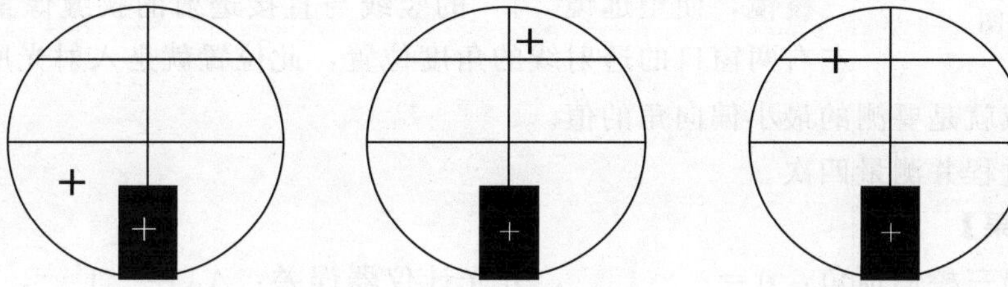

（a）光斑在上交线下方　　（b）光斑在上交线上方　　（c）光斑与上交线重合

图 2-79　调节望远镜主光轴

c. 调节平行光管产生平行光并调节平行光管的主光轴垂直于分光计中心轴。用前面已调整好的望远镜来调节平行光管。如果平行光管出射平行光，则狭缝成像在望远物镜的焦平面上，望远镜中就能清楚地看到狭缝像，并与叉丝无视差；然后再进一步调节平行光管，使其主光轴垂直于分光计主轴。调整方法如下：

（a）目测。用眼睛目测，调节平行光管倾斜度调节螺丝，使平行光管主光轴大致与望远镜主光轴同轴。

（b）拧松狭缝套筒制动螺丝，调节狭缝和透镜间的距离，使狭缝位于透镜的焦平面上，这时从望远镜中看到狭缝像的边缘十分清晰，而不模糊。并要求狭缝与“‡”形叉丝无视差。这时平行光管发出的是平行光，再调狭缝宽度调节螺丝使狭缝宽度约 1mm 宽。这样，平行光管就出射平行光。

（c）调节平行光主光轴与分光计主轴垂直。仍然用已垂直于分光计主轴的望远镜去观察，转动狭缝所在的套筒，使狭缝水平朝上放置，调节平行光管倾斜度调节螺丝，使狭缝的像与“‡”形叉丝的中心线重合；转动狭缝所在套筒 180°，使狭缝水平朝下放置，同样调节平行光管倾斜度调节螺丝，再使狭缝的像与“‡”形叉丝的中心线重合。这样反复调节几次，使狭缝最终与“‡”形叉丝的中心线重合。

2. 最小偏向角法测三棱镜玻璃折射率

（1）把三棱镜放在调整好的分光计上，AB 和 AC 为光学面，BC 为毛玻璃面（底面），让平行光入射到三棱镜 AB 面上（图 2-80），转动望远镜，在 AC 面靠近 BC 面（底面）的某一方向能找到出射光，即狭缝的像。

注意：放置三棱镜必须轻轻地放，不能破坏调整好分光计和损坏三棱镜。

（2）确定截止线位置。先将小平台连同所载三棱镜稍稍转动，改变入射光对光学面 AB

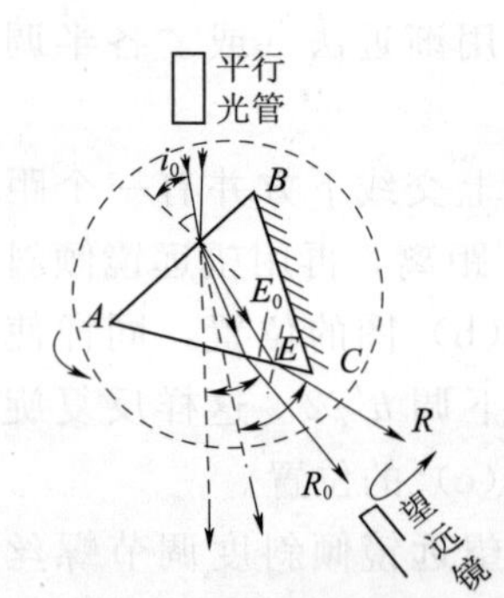

图 2-80　最小偏向角测量示意图

的入射角 i，出射光方向 R 随之而变。与此同时偏向角发生变化，如图 2-80 所示。这时，从望远镜中看到的狭缝像也随之移动（望远镜要同步跟踪），注意此时偏向角是增大还是减小，然后转动平台使狭缝像向偏向角减小的方向移动。当棱镜转到某个位置时，像不再移动（即 R_0 位置）。继续使棱镜沿原方向转动，狭缝像反而向相反方向移动，即偏向角反而增大。这个转折位置就是最小偏向角位置，也称为截止位置。

转动望远镜，使望远镜“‡”形叉丝的竖线与狭缝重合并读出此时左右两读数窗的角度位置，此位置就是截止光所在位置。移去三棱镜，使望远镜“‡”的竖线与直接透射的狭缝像重合，再读出左右两窗口的透射线的角度位置，此位置就是入射光所在位置。上述两角位置相减就是要测的最小偏向角的值。

重复上述过程并测量四次。

【数据与结果】

实验室给出三棱镜顶角：$A=$________，分光计仪器误差：$\Delta_{仪}=$ $\underline{\ 1'\ }$，光源：汞灯，波长：$\lambda=$________ nm。

1. 测量最小偏向角

表 2-28　　最小偏向角测量数据

次数	入射光方位		截止方位		$\delta_1=\lvert\phi_1-\phi_{10}\rvert$	$\delta_2=\lvert\phi_2-\phi_{20}\rvert$	$\delta=\frac{1}{2}(\delta_1+\delta_2)$	$\bar{\delta}$
	左游标 ϕ_{10}	右游标 ϕ_{20}	左游标 ϕ_1	右游标 ϕ_2				
1								
2								
3								
4								
5								

2. 计算最小偏向角与三棱镜折射率

(1)最小偏向角。最小偏向角的 A 类不确定度 $\Delta_{(\delta)A}$ 与 B 类不确定度 $\Delta_{(\delta)B}$ 计算式如下：

$$\Delta_{(\delta)A}=\sqrt{\frac{\sum_{i=1}^{n}(\delta_i-\bar{\delta})^2}{n-1}},\Delta_{(\delta)B}=\Delta_{仪}$$

最小偏向角实验结果写成

$$\delta=\bar{\delta}\pm\Delta_\delta$$

(2) 三棱镜折射率。

$$\bar{n}=\frac{\sin\dfrac{A+\bar{\delta}}{2}}{\sin\dfrac{A}{2}}$$

$$\Delta_n=\frac{1}{2\sin\dfrac{A}{2}}\sqrt{\left(\frac{\sin\dfrac{\bar{\delta}}{2}}{\sin\dfrac{A}{2}}\right)^2(\Delta_A)^2+\left(\cos\frac{A+\bar{\delta}}{2}\right)^2(\Delta_\delta)^2}$$

注意 Δ_n 表达式中 Δ_A、Δ_δ 用弧度进行计算。

三棱镜材料折射率

$$n=\bar{n}\pm\Delta_n$$

【思考题】

1. 分光计有哪些部分组成，各部分的作用如何？

2. 调整分光计的主要步骤是什么？

3. 用自准直法调节望远镜适合观察平行光的主要步骤是什么？当你观察到什么现象时就能判定望远镜已适合观察平行光？为什么？

4. 借助于平面镜调节望远镜与分光计主轴垂直时，为什么要使载物台旋转 180°？

5. 用分光计测量角度时，为什么要读下左右两窗口的读数，这样做的好处是什么？

6. 试根据光路图分析，为什么望远镜主光轴与平面镜法线平行时，在目镜内应看到"十"字光斑像将与"‡"形叉丝的上方交点相重合？

7. "各半调节法"的基本作用是什么？

8. 设游标读数装置中，主盘的最小分度是 20′，游标刻度线共 40 条，问该游标的最小分度值为多少？

9. 在用分光计作光学测量时，为什么平行光管的狭缝要调至适当宽度？太宽太窄可能会产生什么后果？

【附录】

圆（刻）度盘的偏心差

用圆（刻）度盘测量角度时，为了消除圆度盘的偏心差，必须由相差为 180°的两个游标分别读数。大家知道，圆度盘是绕仪器主轴转动的，由于仪器制造时不容易做到圆度盘中心准确无误地与主轴重合，这就不可避免地会产生偏心差。圆度盘上的刻度均匀地刻在圆周上，当圆度盘中心与仪器主轴重合时，由相差 180°的两个游标读出的转角刻度数值相等。而当圆度盘偏心时，由两个游标读出的转角刻度数值就不相等了，所以如果只用一个游标读数就会出现系统误差。如图 2-81 所示，用 AB 的刻度读数，则偏大，用 $A'B'$ 的刻度读数又偏小。由平面几何很容易证明：

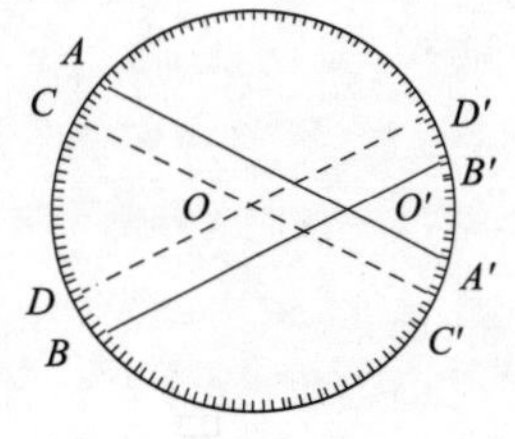

图 2-81　因圆刻度盘中心 O 与主轴 O' 不重合而产生的偏心差

$$\frac{1}{2}(\widehat{AB}+\widehat{A'B'})=\widehat{CD}=\widehat{C'D'}$$

亦即由两个相差 180°的游标上读出的转角刻度数值的平均值就是圆盘真正的转角值，从而消除了偏心差。

实验十四　光的等厚干涉（牛顿环）

等厚干涉是薄膜干涉的一种。当薄膜层的上下表面有一很小的倾角时，从光源发出的光经上下表面反射后在上表面附近相遇时产生干涉，并且厚度相同的地方形成同一干涉条纹，这种干涉就叫等厚干涉。其中牛顿环和劈尖是等厚干涉两个最典型的例子。光的等厚干涉原理在生产实践中具有广泛的应用，它可用于检测透镜的曲率，测量光波波长，精确地测量微小长度、厚度和角度，检验物体表面的光洁度、平整度等。

【实验目的】

（1）观察光的等厚干涉现象。

（2）学习用干涉方法测量平凸透镜的曲率半径和微小厚度。

（3）学习读数显微镜的使用方法。

【实验原理】

1. 牛顿环

牛顿环是由一块曲率半径较大的平凸玻璃，以其凸面放在一块光学平板玻璃上构成的。平凸玻璃的凸面和平板玻璃的上表面之间形成了一个空气薄层，如图 2－82 所示，其厚度由中心到边缘逐渐增加。当平行单色光垂直照射到牛顿环上，经空气薄膜层上、下表面反射的光在凸面处相遇将产生干涉，牛顿环的干涉条纹是以玻璃接触点为中心的明暗相间、内疏外密的同心圆环，如图 2－83 所示。

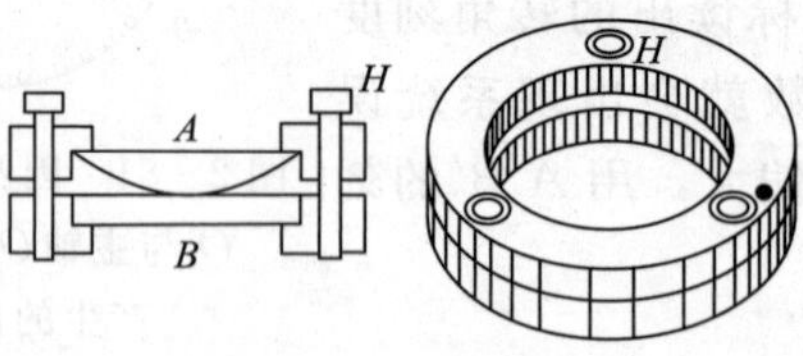

图 2－82　牛顿环装置

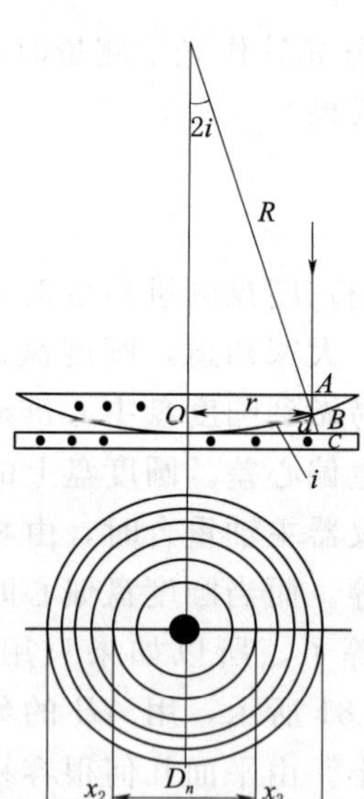

图 2－83　钠光垂直照射牛顿环的干涉图样

如图 2－83 所示，设平凸玻璃面的曲率半径为 R，与接触点 O 相距为 r 处的空气薄层厚度为 e，那么由几何关系

$$R^2=(R-e)^2+r^2=R^2-2Re+e^2+r^2$$

因 $R\gg e$，所以 e^2 项可以被忽略，有

$$e=\frac{r^2}{2R} \tag{2-72}$$

现在考虑垂直入射到 r 处的一束光，它经薄膜层上、下表面反射后在凸面处相遇时其光程差

$$\delta=2e+\frac{\lambda}{2}$$

其中$\frac{\lambda}{2}$为光从平板玻璃表面反射时的半波损失，把式（2-72）代入得

$$\delta=\frac{r^2}{R}+\frac{\lambda}{2} \tag{2-73}$$

由干涉理论，产生暗环的条件为

$$\delta=(2k+1)\frac{\lambda}{2}\quad(k=0,1,2,3,\cdots) \tag{2-74}$$

从式（2-73）和式（2-74）可以得出，第 k 级暗纹的半径：

$$r_k^2=kR\lambda \tag{2-75}$$

所以只要测出 r_k，如果已知光波波长 λ，即可求出曲率半径 R，反之，已知 R 也可由式（2-75）求出波长 λ。在实际测量中由于两块玻璃接触处不是一个理想的点，从而使得干涉图样中心为一暗斑；或者由于空气层中有微小尘粒引起光程的改变，使得干涉图样中心有可能是一个亮斑。以上两种情况将产生暗纹半径测量和干涉级次确定的不准确性。但可以通过测量两个暗环直径平方差的办法加以消除。

由式（2-75），第 m 环暗纹和第 n 环暗纹的直径可表示为

$$D_m^2=4(m+x)R\lambda \tag{2-76}$$

$$D_n^2=4(n+x)R\lambda \tag{2-77}$$

其中 $m+x$ 和 $n+x$ 为 m 环和 n 环的干涉级次，x 为空气层中尘粒引起光程改变而产生的干涉级次的变化量。

把式（2-76）和式（2-77）相减得到

$$D_m^2-D_n^2=4(m-n)R\lambda$$

则曲率半径

$$R=\frac{D_m^2-D_n^2}{4(m-n)\lambda} \tag{2-78}$$

从式（2-78）可知，只要测出第 m 环和第 n 环的直径以及数出环数差 $m-n$，就无须确定各环的级数了，且避免了圆心无法准确确定的问题。

2. 劈尖

两块平板玻璃，使其一端平行相接，另一端夹入一纸片（或待测样品），这样两块平板玻璃之间形成了一个具有一微小倾角和劈形的空气薄层，这一装置就称为劈尖，如图 2-84 所示。

当有平行光垂直于下玻璃片照射时，空气薄层上下表面反射光产生干涉，从而形成明暗交替间隔相等的干涉条纹，如图 2-85 所示。其中第 k 级暗纹的光程差满足

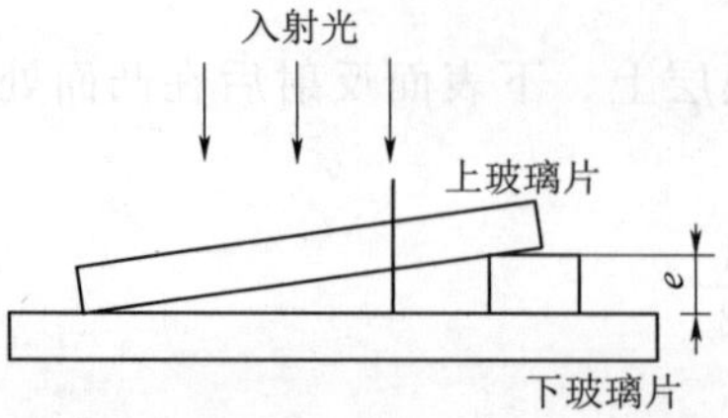

图 2-84 劈尖

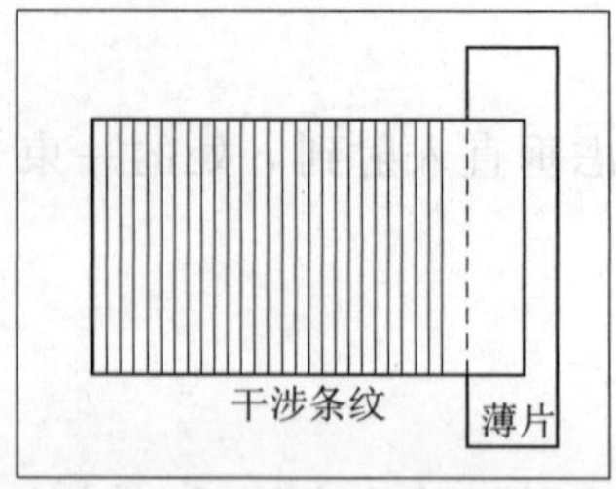

图 2-85 劈尖干涉条纹

$$\delta=2e_k+\frac{\lambda}{2}=(2k+1)\frac{\lambda}{2}\quad(k=0,1,2,\cdots)$$

当 $k=0$ 时，$e_k=0$ 即为两玻璃接触端。

设纸片处干涉级次为 N，由于两暗纹间的厚度差为$\Delta e=\frac{\lambda}{2}$，纸片厚度为 $e_N=\frac{N\lambda}{2}$。所以只要测出干涉图样中总的条纹数 N，即可算出纸片厚度。但实际上 N 数值往往很大，不易数出，所以通常我们只要测出 10 条条纹的间隔 L_{10} 和玻璃片交线到纸片的距离 L，就可算出总的条纹数了

$$N=\frac{10}{L_{10}}\cdot L$$

所以

$$e_N=5\lambda\cdot\frac{L}{L_{10}}$$

已知 λ，即可求出 e_N。

【实验仪器】

读数显微镜，钠光灯，牛顿环仪，玻璃片，纸片。

【实验内容与步骤】

1. 观察牛顿环的干涉图样

(1) 调整牛顿环仪的三个调节螺丝，把自然光照射下的干涉图样移到牛顿环仪的中心附近。注意调节螺丝不能太紧以免中心暗斑太大甚至损坏牛顿环仪。

接通钠光灯电源，如图 2-86 所示，钠光灯发出单色光 S 水平照射半反射镜 P，经 45°角的位置半反射镜 P 反射到牛顿环器件 A、B 上，从目镜 M 中能看到明亮的均匀光照。

(2) 调节读数显微镜的目镜，使十字叉丝清晰，自下而上调节物镜直至观察到清晰的干涉图样。移动牛顿环仪，使中心暗斑（或亮斑）位于视域中心，调节目镜系统，使叉丝横丝与读数显微镜的标尺平行，消除视差，并观测待测的各环左右是否都在读数显微镜的读数范围之内。

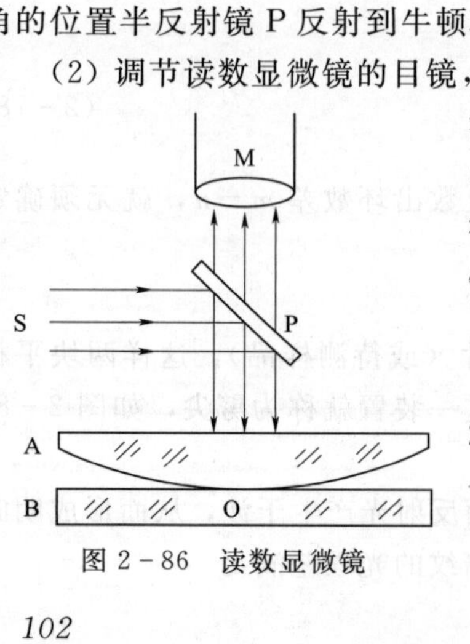

图 2-86 读数显微镜

2. 测量牛顿环的直径

(1) 选取要测量的 m 和 n 各五个条纹，如取 m 为 30、28、26、24、22 五个环，n 为 20、18、16、14、12 五个环。

(2) 转动鼓轮，先使镜筒向左移动，顺序数到 35 环，

再向右转到 30 环，使叉丝尽量对准干涉条纹的中心，记录读数。然后继续转动测微鼓轮，使叉丝依次与 30、28、26、24、22、20、18、16、14、12 环对准，顺次记下读数。再继续转动测微鼓轮，使叉丝依次与圆心右 12、14、16、18、20、22、24、26、28、30 环对准，也顺次记下各环的读数。

注意： 在一次测量过程中，测微鼓轮始终应沿一个方向旋转，中途不得反转，以免引起回程差。

3. 利用劈尖干涉测量薄片的厚度（选做内容）

（1）把两块玻璃片一端平行相接，并使下玻璃片略微向前伸出（图 2-84），两玻璃片的交线尽量与端线平行，在另一端夹入平整纸片，使纸片的边线尽量与端线平行，并让玻璃片边线与读数显微镜标尺平行，放于物镜正下方。

（2）转动显微镜上的 45°角半反射片，使得目镜中看到的视场均匀明亮，注意显微镜底座的反射镜不能有向上的反射光。自下而上调节目镜直至观察到清晰的干涉图样，移动劈尖使条纹与叉丝的竖线平行，并消除视差。

（3）测 10 条条纹的间距 L_{10}：以某一条纹为 L_x，记下读数显微镜读数，数过 10 条测出 L_{x+10}，则 $L_{10}=|L_{x+10}-L_{10}|$。

（4）测 N 条条纹的总间距 L：测出玻璃片接触处的读数 L_0，再测出纸片夹入处的读数 L_N（图 2-85），则 $L=|L_N-L_0|$。

（5）重复测量 L 和 L_{10} 各五次。

【数据与结果】

1. 测量平凸透镜的曲率半径

（1）将测量数据填入表 2-29。钠光波长 $\lambda=5.893\times10^{-4}$ mm，环数差 $m-n=10$。

表 2-29　**测量平凸透镜曲率半径**　单位：mm

环数			D_m	环数			D_n	$D_m^2-D_n^2$	$\overline{D_m^2-D_n^2}$	$\lvert\Delta(D_m^2-D_n^2)\rvert$
m	左	右		n	左	右				
30				20						
28				18						
26				16						
24				14						
22				12						

$\overline{\Delta(D_m^2-D_n^2)}=$ ________ mm^2

（2）确定平凸透镜曲率半径 R 的最佳值和不确定度 Δ_R。

$$\overline{R}=\frac{\overline{D_m^2-D_n^2}}{4(m-n)\lambda}$$

$$\frac{\Delta_R}{\overline{R}}=\sqrt{\left[\frac{\overline{\Delta(D_m{}^2-D_n{}^2)}}{\overline{D_m{}^2-D_n{}^2}}\right]^2+\left(\frac{\Delta m}{m-n}\right)^2+\left(\frac{\Delta n}{m-n}\right)^2}$$

式中，$\Delta m=\Delta n=0.1$

（3）写出实验结果：$R=\overline{R}\pm\Delta_R$ 并作分析和讨论。

2. 测量薄片的厚度

(1) 将数据填入表 2-30，并计算 L_{10} 和 L 的平均值。

表 2-30 测量薄片的厚度 单位：mm

	L_{m+10}	L_m	$L_{10}=\|L_{m+10}-L_m\|$	L_N	L_0	$L=\|L_N-L_0\|$
1						
2						
3						
4						
5						

(2) 计算纸片厚度 e 的最佳值 $\bar{e}$ 和不确定度 Δe（要求考虑仪器误差）。

(3) 写出实验结果：$e=\bar{e}\pm\Delta e$，并作分析和讨论。

【思考题】

1. 实验中为什么用测量式 $R=\dfrac{D_m^2-D_n^2}{4(m-n)\lambda}$，而不用更简单的 $R=\dfrac{r_k^2}{k\lambda}$ 函数关系式求出 R 值？

2. 在本实验中若遇到下列情况，对实验结果是否有影响？为什么？

(1) 牛顿环中心是亮斑而非暗斑。

(2) 测各个 D_m 时，叉丝交点未通过圆环的中心，因而测量的是弦长而非真正的直径。

3. 在测量过程中，读数显微镜为什么只能单方向前进，而不准后退？

实验十五　太阳能电池伏-安特性的测量

太阳能电池（Solar Cells），也称为光伏电池，是将太阳光辐射能直接转换为电能的器件。由这种器件封装成太阳电池组件，再按需要将一块以上的组件组合成一定功率的太阳能电池方阵，经与储能装置、测量控制装置及直流-交流变换装置等相配套，即构成太阳能电池发电系统，也称光伏发电系统。它具有不消耗常规能源、无转动部件、寿命长、维护简单、使用方便、功率大小可任意组合、无噪声、无污染等优点。世界上第一块实用型半导体太阳能电池是美国贝尔实验室于 1954 年研制的。经过人们 40 多年的努力，太阳能电池的研究、开发与产业化已取得巨大进步。目前，太阳能电池已成为空间卫星的基本电源和地面无电、少电地区及某些特殊领域（通信设备、气象台站、航标灯等）的重要电源。随着太阳能电池制造成本的不断降低，太阳能光伏发电将逐步地部分替代常规发电。近年来，在美国和日本等发达国家，太阳能光伏发电已进入城市电网。从地球上化石燃料资源的渐趋耗竭和大量使用化石燃料必将使人类生态环境污染日趋严重的战略观点出发，世界各国特别是发达国家对于太阳能光伏发电技术十分重视，将其摆在可再生能源开发利用的首位。因此，太阳能光伏发电有望成为 21 世纪的重要新能源。有专家预言，在 21 世纪中叶，太阳能光伏发电将占世界总发电量的 15％～20％，成为人类的基础能源之一，在世界能源构成中占有一定的地位。

【实验目的】

（1）了解太阳能电池的工作原理及其应用。

（2）测量太阳能电池的伏-安特性曲线。

【实验原理】

1. 太阳能电池的结构

以晶体硅太阳能电池为例，其结构示意图如图 2－87 所示。晶体硅太阳能电池以硅半导体材料制成大面积 pn 结进行工作。一般采用 n^+/p 同质结的结构，如在约 10cm×10cm 面积的 p 型硅片（厚度约 500μm）上用扩散法制作出一层很薄（厚度 0.3μm）的经过重参杂的 n 型层。然后在 n 型层上面制作金属栅线，作为正面接触电极。在整个背面也制作金属膜，作为背面欧姆接触电极。这样就形成了晶体硅太阳能电池。为了减少光的反射损失，一般在整个表面上再覆盖一层减反射膜。

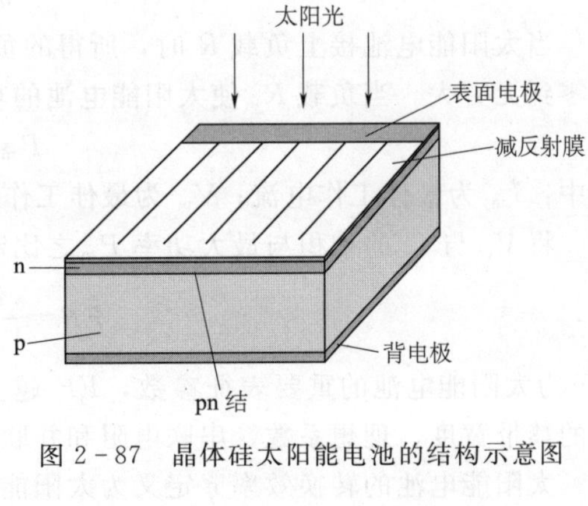

图 2－87　晶体硅太阳能电池的结构示意图

2. 光伏效应

当光照射在距太阳电池表面很近的 pn 结时，只要入射光子的能量大于半导体材料的禁带宽度 E_g，则在 p 区、n 区和结区光子被吸收会产生电子－空穴对。那些在结附近 n 区中产生的少数载流子由于存在浓度梯度而要扩散。只要少数载流子离 pn 结的距离小于它的扩散长度，总有一定几率扩散到结界面处。在 p 区与 n 区交界面的两侧即结区，存在一空间电荷区，也称为耗尽区。在耗尽区中，正负电荷间形成电场，电场方向由 n 区指向 p 区，这个电场称为内建电场。这些扩散到结界面处的少数载流子（空穴）在内建电场的作用下被拉向 p 区。同样，如果在结附近 p 区中产生的少数载流子（电子）扩散到结界面处，也会被内建电场迅速拉向 n 区。结区内产生的电子-空穴对在内建电场的作用下分别移向 n 区和 p 区。如果外电路处于开路状态，那么这些光生电子和空穴积累在 pn 结附近，使 p 区获得附加正电荷，n 区获得附加负电荷，这样在 pn 结上产生一个光生电动势。这一现象称为光伏效应（photovoltaic effect）。

3. 太阳能电池的表征参数

太阳能电池的工作原理基于光伏效应。当光照射太阳电池时，将产生一个由 n 区到 p 区的光生电流 I_{ph}。同时，由于 pn 结二极管的特性，存在正向二极管电流 I_D，此电流方向从 p 区到 n 区，与光生电流相反。因此，实际获得的电流 I 为

$$I=I_{ph}-I_D=I_{ph}-I_0\left[\exp\left(\frac{qV_D}{nk_BT}\right)-1\right] \tag{2-79}$$

式中：V_D为结电压；I_0为二极管的反向饱和电流；I_{ph}为与入射光的强度成正比的光生电流，其比例系数是由太阳能电池的结构和材料的特性决定的；n 为理想系数（n 值），是表示 pn 结特性的参数，通常在 1～2 之间；q 为电子电荷；k_B为玻尔兹曼常数；T 为温度。

如果忽略太阳能电池的串联电阻 R_s，V_D即为太阳能电池的端电压 V，则式（2-79）可写为

$$I=I_{ph}-I_0\left[\exp\left(\frac{qV}{nk_BT}\right)-1\right] \tag{2-80}$$

当太阳能电池的输出端短路时，$V=0$（$V_D\approx 0$），由式（2-80）可得到短路电流

$$I_{sc}=I_{ph} \tag{2-81}$$

即太阳能电池的短路电流等于光生电流，与入射光的强度成正比。当太阳能电池的输出端开路时，$I=0$，由式（2-80）和式（2-81）可得到开路电压

$$V_{oc}=\frac{nk_BT}{q}\ln\left(\frac{I_{sc}}{I_0}+1\right) \tag{2-82}$$

当太阳能电池接上负载 R 时，所得的负载伏-安特性曲线如图 2-88 所示。负载 R 可以从零到无穷大。当负载 R_m使太阳能电池的功率输出为最大时，它对应的最大功率 P_m为

$$P_m=I_mV_m \tag{2-83}$$

式中：I_m 为最佳工作电流；V_m 为最佳工作电压。

将 V_{oc}与 I_{sc}的乘积与最大功率 P_m之比定义为填充因子 FF，则

$$FF=\frac{P_m}{V_{oc}I_{sc}}=\frac{V_mI_m}{V_{oc}I_{sc}} \tag{2-84}$$

FF 为太阳能电池的重要表征参数，FF 越大则输出的功率越高。FF 取决于入射光强、材料的禁带宽度、理想系数、串联电阻和并联电阻等。

太阳能电池的转换效率 η 定义为太阳能电池的最大输出功率与照射到太阳能电池的总辐射能 P_{in}之比。

4. 太阳能电池的等效电路

太阳能电池可用 pn 结二极管 D、恒流源 I_{ph}、太阳能电池的电极等引起的串联电阻 R_s和相当于 pn 结泄漏电流的并联电阻 R_{sh}组成的电路来表示，如图 2-89 所示，该电路为太阳

能电池的等效电路。由等效电路图可以得出太阳能电池两端的电流和电压的关系为

$$I=I_{ph}-I_0\left[\exp\left\{\frac{q(V+R_sI)}{nk_BT}\right\}-1\right]-\frac{V+R_sI}{R_{sh}} \tag{2-85}$$

为了使太阳能电池输出更大的功率，必须尽量减小串联电阻 R_s，增大并联电阻 R_{sh}。

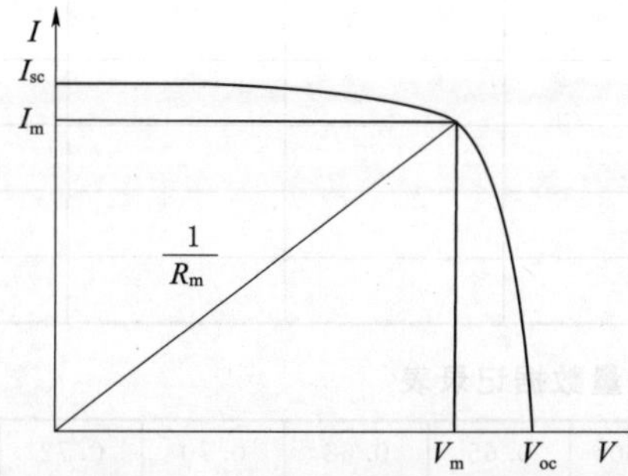

图 2-88　太阳能电池的伏-安特性曲线

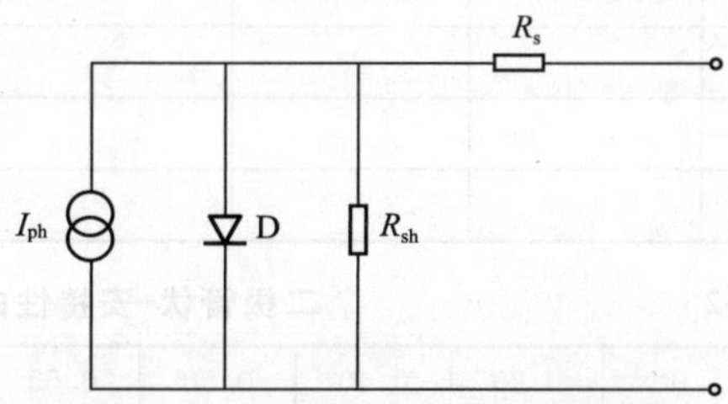

图 2-89　太阳能电池的等效电路

【实验仪器】

太阳能光伏组件（功率为 5W），300W 卤钨灯，DT9508 型数字万用表（2 个），接线板，负载变阻器（330Ω，2.2kΩ），二极管，台式电风扇，卷尺。

【实验内容】

（1）设计测量太阳能电池的伏-安特性曲线的电路。

（2）取 $L=80$cm，测量点选取合理，作太阳能电池伏-安特性曲线图。

（3）作太阳能电池输出功率随负载电阻的变化曲线图。

（4）设计以太阳能电池作电源测量二极管正向伏-安特性曲线的电路。

（5）取 $L=80$cm，测量点选取合理，作二极管正向伏-安特性曲线图。

【提示与注意事项】

（1）实验用 300W 太阳灯模拟太阳，两者光谱特性相似。调节负载变阻器，选择合理的测量点是实验成败的关键，对实验结果进行分析。

（2）数字万用表直流电压表各挡内阻均 10MΩ；直流电流表 2mA 挡内阻约 100Ω，20mA 挡内阻约 10Ω，200mA 挡内阻约 1.0～4.5Ω，仅供参考。二极管 1N4007 是硅整流二极管。

（3）太阳能电池输出电压随负载而变化，而测二极管正向伏-安特性曲线所需电压 0～0.75V，怎样由提供的 330Ω，2.2kΩ 变阻器得到稳定的 0～0.75V 电压？

（4）太阳能电池板长期受强光照射会发热升温，从而降低输出，必须用风扇散热。

【数据记录与处理】

表 2-31　太阳能电池伏-安特性曲线和功率特性曲线数据表

开路电压 U_{oc}=　　V；短路电流 I_{sc}=　　mA；填充因子 FF =　　%							
U/V	I/mA	R/Ω	P/mW	U/V	I/mA	R/Ω	P/mW

续表

开路电压 $U_{oc}=$ 　　V；短路电流 $I_{sc}=$ 　　mA；填充因子 $FF=$ 　　%							
U/V	I/mA	R/Ω	P/mW	U/V	I/mA	R/Ω	P/mW

表 2-32　　二极管伏-安特性曲线测量数据记录表

U/V	0	0.20	0.40	0.50	0.55	0.60	0.65	0.68	0.70	0.72	0.75
I/mA											

【思考题】

1. 太阳能电池与其他能源相比有什么优点？
2. 试举出太阳能电池实际应用例子，谈谈对太阳能电池作为新能源应用的认识。
3. 分析自己实验的太阳能电池最佳工作电流和最佳工作电压。
4. 怎样由下列仪器设计一个太阳电池伏-安特性测量实验方案？

仪器：数字万用表 1 个，电阻箱 1 个，太阳电池，卤钨灯，台式电风扇。

实验十六　迈克尔逊干涉仪测 He－Ne 激光的波长

迈克尔逊干涉仪是 1883 年美国物理学家迈克尔逊和莫雷合作设计制作出来的精密光学仪器。1887 年著名的相对论中迈克尔逊—莫雷实验证明了光的传播速度不变性从而否定了“以太”的存在。它利用分振幅法产生双光束以实现光的干涉，可以用来观察光的等倾、等厚和多光束干涉现象，测定单色光的波长和光源的相干长度等，在近代物理和计量技术中有广泛的应用。

【实验目的】

（1）了解迈克尔逊干涉仪的结构原理和调节方法。

（2）利用迈克尔逊干涉仪观察等倾、等厚干涉现象。

（3）利用迈克尔逊干涉仪测量 He－Ne 激光的波长。

【实验原理】

迈克尔逊干涉仪光路图如图 2－90 所示，M_1、M_2是一对精密磨光的平面反射镜，M_1位置固定，M_2可沿导轨前后移动，G_1、G_2是厚度和折射率完全相同的一对平行玻璃板，与 M_1、M_2 均成 45°角。G_1称为分光板，其一个表面镀有半反射、半透射膜，经过膜后反射光、透射光强度大致相等。当光线射向 G_1板上时，在半透膜上分成互相垂直的两束光，透射光束（2）射向 M_1镜，经 M_1反射后，透过 G_2，在 G_1半透膜上反射后射向 E；反射光束（1）射向 M_2镜，经 M_2反射后，透过 G_1射向 E。由于光线（1）前后共三次经过 G_1，而光线（2）只经过 G_1一次，有了 G_2它们在玻璃中光程便相等了，于是计算两束光光程差时，只要计算两束光在空气中的光程差就可以了。所以 G_2称补偿板。

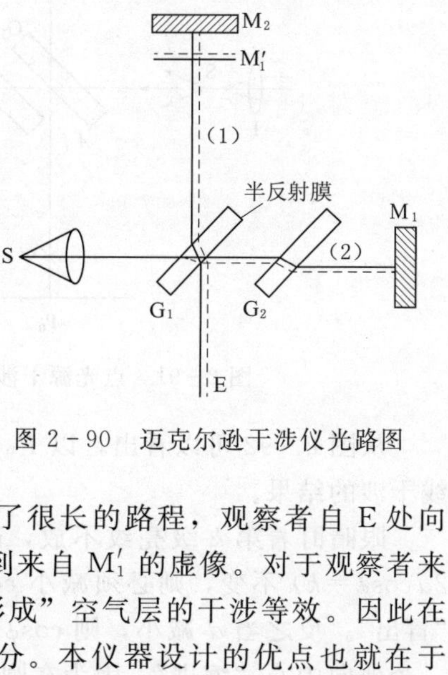

图 2－90　迈克尔逊干涉仪光路图

由此可见，这种装置使相干的光束在相干之前分别走了很长的路程，观察者自 E 处向 G_1板看去，除可直接看到 M_1镜在 G_1板的反射像，还可看到来自 M_1' 的虚像。对于观察者来说，M_1、M_2镜所引起的干涉，显然与 M_2、M_1' 之间所“形成”空气层的干涉等效。因此在考虑干涉时，M_1'、M_2镜之间的空气层就成为仪器的一部分。本仪器设计的优点也就在于 M_1'不是实物，因而可以任意改变 M_1'、M_2镜之间的距离，可以使 M_2在 M_1' 镜的前面、后面，也可以使它们完全重叠或相交。

1. 单色点光源的非定域干涉

如果用 He－Ne 激光器作光源，如图 2－91 所示，激光通过短焦距 L 会聚成一个强度很高的点光源 S，射向迈克尔逊干涉仪，点光源经 M_1、M_2反射后，相当于两个点光源 S_1'和 S_2'发出相干光束。S'是 S 的等效光源，是经半反射面所形成的虚像。S_1'和 S_2'分别是 S 经 M_1' 和 M_2 所形成的虚像。只要观察屏放在两点光源发出光波的重叠区域内，都能看到干涉现象，这种干涉称为非定域干涉。如果 M_2和 M'_1严格平行，且观察屏放在 S_1'和 S_2' 的连线上，就能看到一组明暗相间的同心圆干涉环，其圆心位于 $S_1'S_2'$ 轴线与屏交点 P_0处。从图 2－92 知，P_0处的光程差 $\Delta = 2d$，屏上其他点 P'或 P''的光程差近似为

$$\Delta = 2d\cos\phi \tag{2-86}$$

式中：ϕ 为 S_2' 射到 P''点的光线与 M_2法线之间的夹角。

当 $2d\cos\phi = k\lambda$ 时为明条纹；当 $2d\cos\phi = (2k+1)\lambda/2$ 时为暗条纹。式中 k 为整数 1，2，3，…。

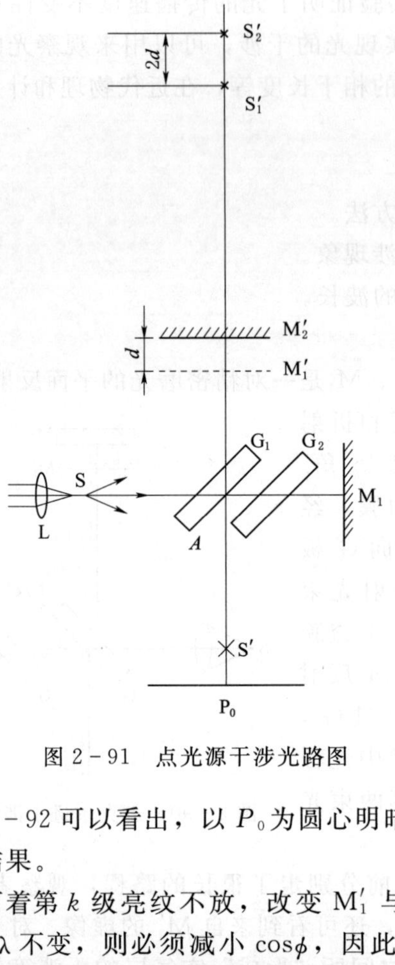

图 2-91　点光源干涉光路图

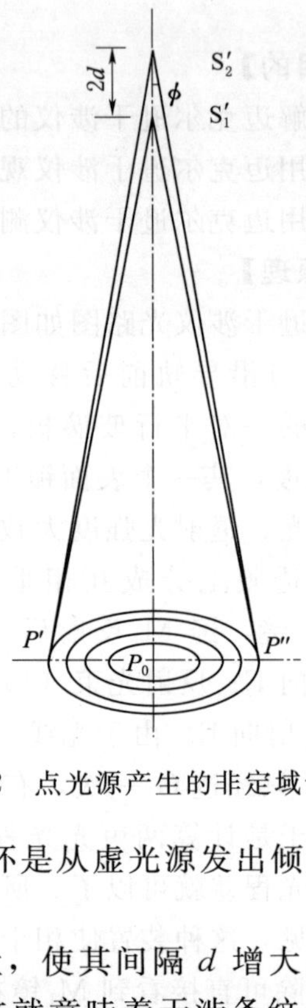

图 2-92　点光源产生的非定域干涉条纹

从图 2-92 可以看出，以 P_0为圆心明暗相间干涉同心环是从虚光源发出倾角接近的光线干涉的结果。

眼睛盯着第 k 级亮纹不放，改变 M_1' 与 M_2的相对位置，使其间隔 d 增大，若要保持 $2d\cos\phi = k\lambda$ 不变，则必须减小 $\cos\phi$，因此 ϕ 必须增大，这就意味着干涉条纹从中心向外"冒出"。反之当 d 减小，则 $\cos\phi$ 必然增大，也就意味着 ϕ 减小，所以相当于干涉圆环一个一个地向中心"缩进"。因为在圆环中心 $\phi = 0$，$\cos\phi = 1$，故

$$2d = k\lambda$$

则
$$d = \frac{1}{2}k\lambda \tag{2-87}$$

可见，干涉条纹从中心"冒出"（或向中心"缩进"）一圈，M_2与 M_1' 之间的距离 d 就增大（或减小）$\lambda/2$，如果 M_2移动距离 Δd，相应冒出或缩进干涉环条纹数为 N，则有

$$\Delta d = N\frac{\lambda}{2} \tag{2-88}$$

只要从干涉仪上测读出 Δd，可以计算出此时光波的波长 λ。

非定域干涉条纹特点：较高级次干涉条纹在较低级次干涉条纹内侧，越靠近中心，干涉条纹级次越高。在中心 $\phi = 0$ 处，干涉条纹级次最高。条纹随 M_2与 M_1' 的距离 d 增大越来

越密，屏上干涉圆环个数越来越多；随 M_2 与 M_1' 的距离 d 减少越来越疏，屏上干涉圆环个数越来越少。此外，干涉环中心条纹粗而疏，越往边缘越细而密。

2. 定域干涉现象观察

(1) 等倾干涉。若以钠灯作光源，当 M_2 与 M_1' 完全平行时，将获得等倾干涉，其干涉条纹的形状决定于来自光源平面上的入射角 i（图 2－93），在垂直于观察方向的光源平面 S 上，自以 O 点为中心的圆周上各点发出的光以相同的倾角 i_k，入射到 M_2、M_1' 之间的空气层，所以它的干涉图样是同心圆环，其位置取决于光程差 Δ。

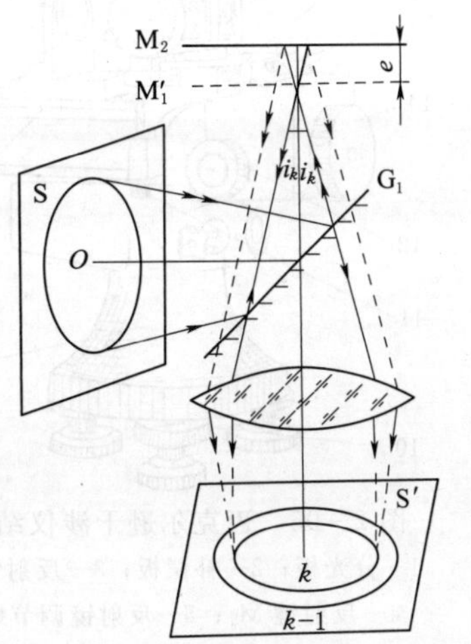

图 2－93　面光源等倾干涉

从图 2－93 看出：

$$\Delta = 2e\cos i_k$$

当 $2e\cos i_k = k\lambda$（$k=1, 2, 3, \cdots$）时，将看到一组亮圆纹。第 k 级和第 $k+1$ 级亮纹满足

$$2e\cos i_k = k\lambda$$

$$2e\cos i_{k+1} = (k+1)\lambda$$

当 i_k 较小时，可计算相邻两条纹的角距离 Δi_k 为

$$\Delta i_k = i_{k+1} - i_k \approx -\frac{\lambda}{2ei_k} \qquad (2-89)$$

由式（2－89）知，$i_{k+1} < i_k$，较高级次干涉条纹在较低级次干涉条纹内侧，越靠近中心，干涉条纹级次越高。在中心处 $i=0$ 最大，干涉条纹级次最高。若中心为第 k 级亮纹，则从中心往外亮纹依次分别为第 $k-1$ 级、第 $k-2$ 级、第 $k-3$ 级、…。当 i_k 一定时，e 越大 Δi_k 越小，条纹随 e 的增大越来越密；当 e 一定时，i_k 越大，Δi_k 越小，所以干涉环中心疏，边缘密。

(2) 等厚干涉。如果 M_1 不严格垂直于 M_2，即 M_2 与 M_1' 成一很小的交角（交角太大则看不到干涉条纹），则出现等厚干涉条纹。

随着光程差 Δ 的增大，即楔形空气薄膜的厚度由 0 逐渐增加，则直条纹将逐渐变成双曲线、椭圆等。若空气薄膜的厚度由 0 逐渐向另一方向增大，则直线条纹也将逐渐变成双曲线、椭圆等，只不过曲率要反号，如图 2－94 所示。

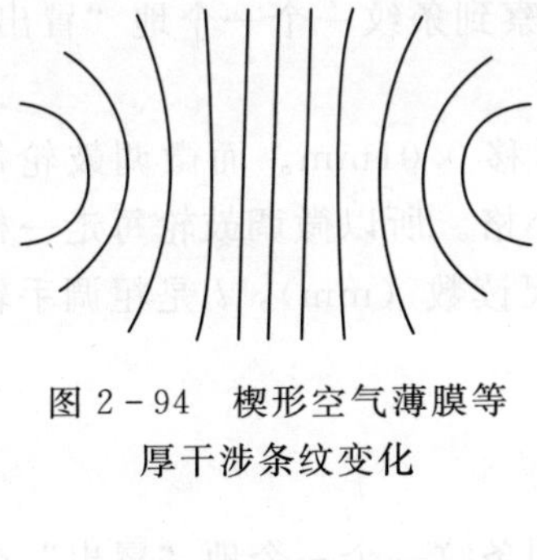
图 2－94　楔形空气薄膜等厚干涉条纹变化

(3) 白光干涉条纹（彩色条纹）。如果用白光作光源，白光是复色光，相干长度非常短，而明暗纹位置与波长有关，只有在 $e=0$ 的附近（几个波长范围内）才能看到干涉花纹，在正中央 M_2、M_1' 交线处（$e=0$），对各种波长的光来说，其光程差均为 0，故中央条纹不是彩色的。两旁有十几条对称分布的彩色条纹，e 再大时因对各种不同波长的光其满足明暗纹的情况也不同，所产生的干涉花纹明暗互相重叠，结果显不出条纹来。只有用白光才能判断出中央花纹，而利用它可定出 $e=0$ 的位置。

【实验仪器】

WSM－100 型迈克尔逊干涉仪，HNL－55700 多束光纤激光源，钠灯，He－Ne 激光器（迈克尔逊干涉仪调整用）。

【实验内容与步骤】

1. 调整迈克尔逊干涉仪观察非定域干涉现象

在了解迈克尔逊干涉仪的调整和使用方法之后才可以进行以下操作，如图 2-95 所示。

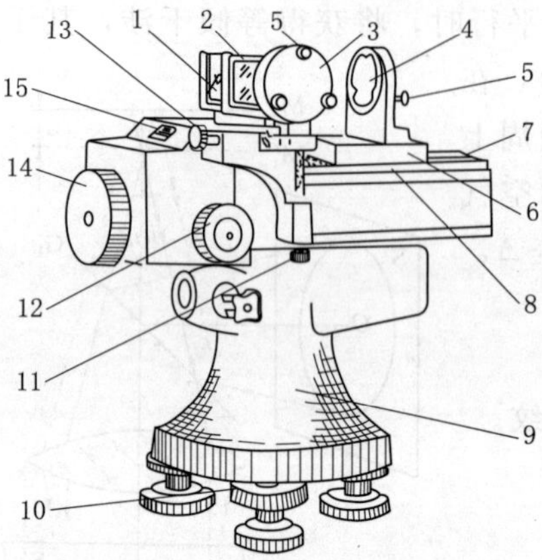

图 2-95　迈克尔逊干涉仪结构图

1—分光板；2—补偿板；3—反射镜 M_1；4—反射镜 M_2；5—反射镜调节螺丝；6—拖板；7—精密丝杠；8—导轨；9—底座；10—水平调节螺丝；11—垂直拉簧螺丝；12—微调鼓轮；13—水平拉簧螺丝；14—粗调手轮；15—读数窗口

（1）使 He－Ne 激光器发出的激光束大致垂直于 M_1，调节激光器高低左右，使反射回来的光束按原路返回。

（2）拿掉观察屏，可看到分别由 M_1 和 M_2 反射到屏的两排光点，每排四个光点，中间有两个较亮，旁边两个较暗。调节 M_1 背面的三个螺钉，使两排中的两个最亮的光点大致重合，此时 M_1 和 M_2 大致垂直。这时一般观察屏上就会出现干涉条纹。

（3）调节 M_1 镜座下两个微调螺丝 11、13（图 2-95），直至看到位置适中、清晰的圆环状非定域干涉条纹。

（4）轻轻转动微调鼓轮（图 2-95），使 M_2 前后平移，可看到条纹的“冒出”或“缩进”，观察并解释条纹的粗细、密度与 d 的关系。

2. 测量 He－Ne 激光的波长

（1）读数刻度基准线零点的调整。

1）粗调：顺时针（或反时针）转动粗调手轮（图 2-95），使主尺（标尺）刻度指标于 50mm 左右。

2）细调：顺时针方向转动微调鼓轮，直至带动粗调手轮的转动为止。这可以从读数窗口上直接看到。

3）调零：为了使读数指示正常，还需“调零”。其方法是：先将微调鼓轮顺时针方向转到“.0000”刻度对准（此时，粗调手轮也跟随转，读数窗口刻度线轴随着变，这没关系）；然后再顺时针方向转动粗调手轮，将粗调鼓轮转到 1/100mm 刻度线的整数线上（此时微调鼓轮并不跟随转动，即仍指原来“0”位置），“调零”过程就完毕。

4）消除回程差：顺时针方向转动微调鼓轮若干周后，可观察到条纹一个一个地“冒出”或“缩进”，说明已经消除回程差。

5）读数：粗调手轮每一圈刻有 100 个小格，故每走一格平移 0.01mm。而微调鼓轮每转一圈，粗调手轮仅走 1 格，微调鼓轮每一圈又分刻有 100 个小格。所以微调鼓轮每走一格 M_2 镜移动 0.0001mm。因此测 M_2 镜移动的距离时，若 m 是主尺读数（mm），l 是粗调手轮的读数，n 是微调鼓轮的读数，则有

$$e=m+l\cdot\frac{1}{100}+n\cdot\frac{1}{10000}(\mathrm{mm})$$

（2）测量记数。慢慢沿顺时针方向转动微调鼓轮，可观察到条纹一个一个地“冒出”或“缩进”，待操作熟练后开始测量记数。记下粗调手轮和微调鼓轮上的初始读数 d_0，每当“冒出”或“缩进”$N=50$ 个圆环时记下 d_i，连续测量 12 次，记下 12 个 d_i 值，共测量 550 个圆环。注意整个测量过程中微调鼓轮始终往同一个方向转动，中途不得反转，因此转动微

调鼓轮读新“冒出”或“缩进”圆环数时要细心。将 12 个数据分为 6 组，用逐差法处理数据。测量数据填入表 2-33，并计算不确定度。

3. 观察钠光等倾干涉图样的变化及等厚干涉图样（选做内容）

以钠灯取代激光，观察钠光等倾干涉图样，是一个个明暗相间的同心圆环。与（激光）点光源非定域干涉图样类似。在观察等倾干涉条纹的基础上，转动微调鼓轮，使条纹个数最少，约 3～4 个圆形条纹，调节倾度微调螺丝，使 M_2、M_1' 有一微小交角（即变成弧形条纹），再转动微调鼓轮，使弧形条纹慢慢变直，M_2 到某个位置 $e=0$，这时能看到一组等厚干涉直条纹。整个过程中逐渐可以看到等倾干涉条纹的曲率由大变小（条纹慢慢变直），再由小变大（条纹反向弯曲又成等倾条纹），如图 2-94 所示。

4. 观察白光彩色条纹（选做内容）

在观察等厚干涉过程中，当 $e=0$ 时出现等厚干涉直条纹，利用白光（手电筒的光）代替 He-Ne 激光，慢慢转动微调鼓轮，则可以在光屏上慢慢看到彩色条纹，如图 2-96 所示，其中间一条呈黑（或亮）色，两旁由强到弱等距离地分布有十多条由“紫→红”的彩带。

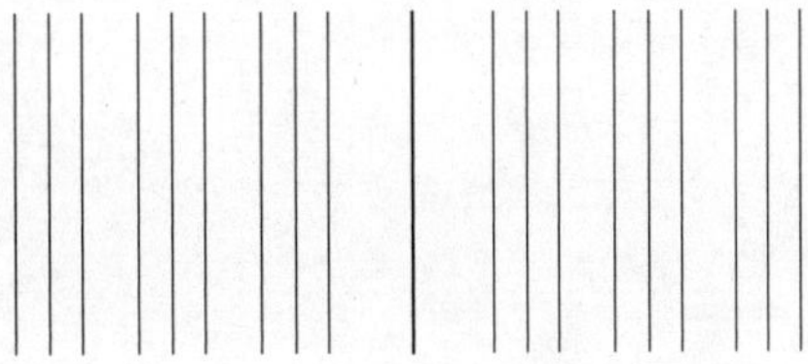

图 2-96　白光彩色条纹

【数据与结果】

表 2-33　迈克尔逊干涉测 H_e-N_e 激光波长数据记录表（已知 $\Delta_B=0.7\times10^{-4}$ mm）　单位：mm

测量次数 i	1	2	3	4	5	6
N_i	0	50	100	150	200	250
d_i						
测量次数 i	7	8	9	10	11	12
N_i	300	350	400	450	500	550
d_{i+6}						
$D_i=d_{i+6}-d_i$						
$\overline{D}=\frac{1}{6}\sum_{i=1}^{6}D_i$						
$S_D=\sqrt{\frac{\sum_{i=1}^{6}(D_i-\overline{D})^2}{6-1}}$						
$\Delta_D=\sqrt{(S_D)^2+\Delta_B{}^2}$						
$\overline{\lambda}=\frac{2}{300}\cdot\overline{D}$		$\Delta_\lambda=\overline{\lambda}\sqrt{\left(\frac{\Delta_D}{\overline{D}}\right)^2+\left(\frac{0.5}{300}\right)^2}$				
$\lambda=\overline{\lambda}\pm\Delta_\lambda$		$E=\frac{\lvert\overline{\lambda}-\lambda_0\rvert}{\lambda_0}\times100\%$				

H_e-N_e激光波长标准值 6328Å，即 $\lambda_0 = 6.328 \times 10^{-4}$ mm。

【思考题】

1. 迈克尔逊干涉仪是怎么产生两相干光的？其光程差和什么因素有关？
2. 迈克尔逊干涉仪的光路调整的要求是什么？为什么？
3. 如何避免测量过程中的空程差？为什么要进行多次测量？
4. 是否所有圆条纹都是等倾干涉？你能举出哪些圆形条纹不是等倾干涉吗？

第三章　近代和综合性实验

19 世纪末期，物理学各个分支的发展已日臻完善，并不断取得新的成就。光电效应实验测定普朗克常数，证明光的粒子性、能量分布的不连续性。弗兰克-赫兹实验证明了原子能级的存在，从而证明了玻尔理论的正确。密立根油滴实验证明电荷分布的不连续性。全息照相实验让学生掌握全息照相拍摄与再现，全息技术已广泛应用于信息存储、精密计量、无损检测等方面。近代物理学的重大研究成果为科学技术的发展和人类生活的改善带来了许多革命性的变化。实验十七～二十列出了几个典型的近代物理实验，通过这些实验，同学们将对近代物理学的概念有一定的了解。

实验十七　光电效应测定普朗克常数

当光照射在物体上时，光的能量只有部分以热的形式被物体所吸收，而另一部分则转换为物体中某些电子的能量，使这些电子逸出物体表面，这种现象称为光电效应。在光电效应这一现象中，光显示出它的粒子性，所以深入观察光电效应现象，对认识光的本性具有极其重要的意义。

普朗克常数 h 是 1900 年普朗克为了解决黑体辐射能量分布时提出的“能量子”假设中的一个普适常数，是基本作用量子，也是粗略地判断一个物理体系是否需要用量子力学来描述的依据。

1905 年爱因斯坦为了解释光电效应现象，提出了“光量子”假设，即频率为 ν 的光子能量为 $h\nu$。当电子吸收了光子能量 $h\nu$ 之后，一部分消耗电子的逸出功 W，另一部分转换为电子的动能 $\frac{1}{2}mv^2$，即

$$\frac{1}{2}mv^2 = h\nu - W \tag{3-1}$$

式（3－1）称为爱因斯坦光电效应方程。1916 年密立根首次用油滴实验证实了爱因斯坦光电效应方程，并在当时的条件下，较为精确地测得普朗克常数为 $h=6.57\times10^{-34}\mathrm{J\cdot s}$，其不确定度大约为 0.5%。这一数据与现在的公认值比较，相对误差也只有 0.9%。为此，1923 年密立根因这项工作而荣获诺贝尔物理学奖。

目前利用光电效应制成的光电器件和光电管、光电池、光电倍增管等已成为生产和科研中不可缺少的重要器件。

【实验目的】

（1）了解光电效应的基本规律，验证爱因斯坦光电效应方程。

（2）掌握用光电效应法测定普朗克常数 h。

【实验原理】

光电效应的实验示意图如图 3－1 所示，图中 GD 是光电管，K 是光电管阴极，A 为光电管阳极，G 为微电流计，V 为电压表，E 为电源，R 为滑线变阻器，调节 R 可以得到实验所需要的加速电位差 U_{AK}。光电管的 A、K 之间可获得电压从 $-U$ 到 0 再到 $+U$ 连续变化的电压。实验时用的单色光是从低压汞灯光谱中用干涉滤色片过滤得到的，其波长分别为 365nm、405nm、436nm、546nm、577nm。无光照阴极时，由于阳极和阴极是断路的，所以 G 中无电流通过。用光照射阴极时，由于阴极释放出电子而形成阴极光电流（简称阴极电流）。加速电位差 U_{AK} 越大，阴极电流也越大，当 U_{AK} 增加到一定数值后，阴极电流不再增大而达到某一饱和值 I_H，I_H 的大小和照射光的强度成正比，如图 3－2 所示。加速电位差 U_{AK} 变为负值时，阴极电流会迅速减小，当加速电位差 U_{AK} 负值到一定数值时，阴极电流变为“0”，与此对应的电位差称为遏止电位差。这一电位差用 U_a 来表示。$|U_a|$ 的大小与光的强度无关，而是随着照射光的频率增大而增大（图 3－3）。

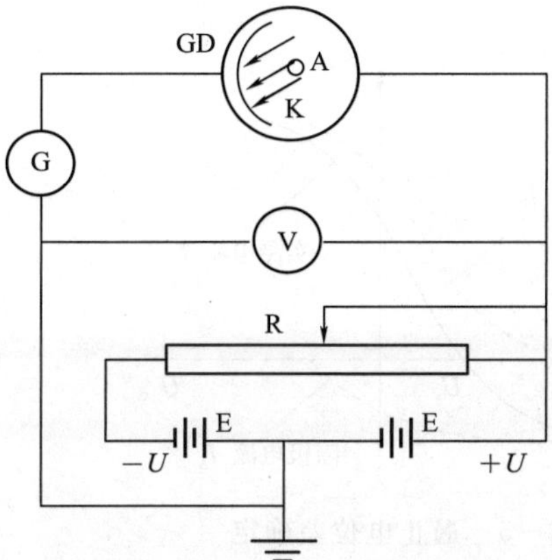

图 3-1　光电效应实验示意图

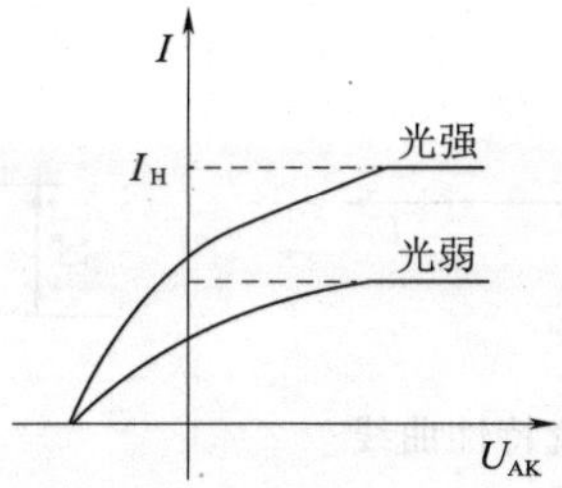

图 3-2　光电管的伏-安特性

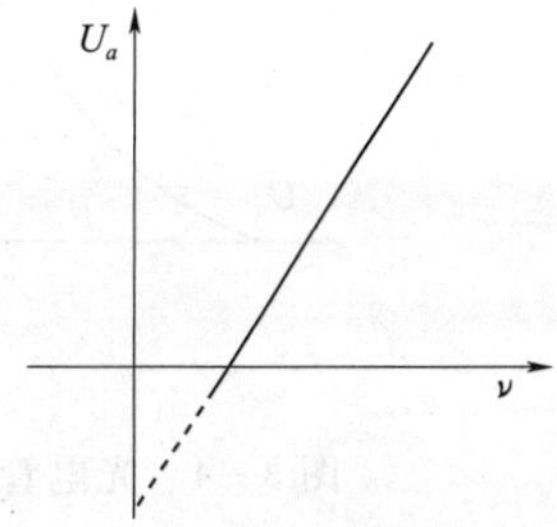

图 3-3　光电管遏止电位的频率特性

(1) 饱和电流的大小与光的强度成正比。

(2) 光电子从阴极逸出时具有初动能，其最大值等于它反抗电场力所做的功，即

$$\frac{1}{2}m\nu^2 = e\cdot U_a$$

因为 $U_a \propto \nu$，所示初动能大小与光的强度无关，只是随着频率的增大而增大。$U_a \propto \nu$ 的关系可用爱因斯坦方程表示如下：

$$U_a = \frac{h}{e}\nu - \frac{W}{e} \tag{3-2}$$

实验时用不同频率的单色光（ν_1、ν_2、ν_3、ν_4、…）照射阴极，测出相对应的遏止电位差（U_{a1}、U_{a2}、U_{a3}、U_{a4}、…），然后作出 $U_a \sim \nu$ 图，由此图的斜率即可以求出 h。

(3) 如果光子的能量 $h\nu \leqslant W$ 时，无论用多强的光照射，都不可能逸出光电子。与此相对应的光的频率则称为阴极的红限，且用 ν_0（$\nu_0 \leqslant \frac{W}{h}$）来表示。实验时可以从 $U_a \sim \nu$ 图的截距求得阴极的红限和逸出功。

本实验的关键是正确确定遏止电位差，作出 $U_a \sim \nu$ 图。至于在实际测量中如何正确地确定遏止电位差，还必须根据所使用的光电管来决定。下面就专门对如何确定遏止电位差的问题作简要的分析与讨论。

如果使用的光电管对可见光都比较灵敏，则暗电流也很小。由于阳极包围着阴极，即使加速电位差为负值时，阴极发射的光电子仍能大部分射到阳极。而阳极材料的逸出功又很高，可见光照射时是不会发射光电子的，其电流特性曲线如图 3-4 所示。图中电流为零时的电位就是遏止电位差 U_a。

然而，光电管在制造过程中，工艺上很难保证阳极不被阴极材料所污染（这里污染的含义是阴极表面的低逸出功材料溅射到阳极上），而且这种污染还会在光电管的使用过程中日趋加重。被污染后的阳极逸出功降低，当从阴极反射过来的散射光照到它时，便会发射出光电子而形成阳极光电流。实验中测得的电流特性曲线，是阳极光电流和阴极光电流迭加的结

果，如图 3-5 的实线所示。

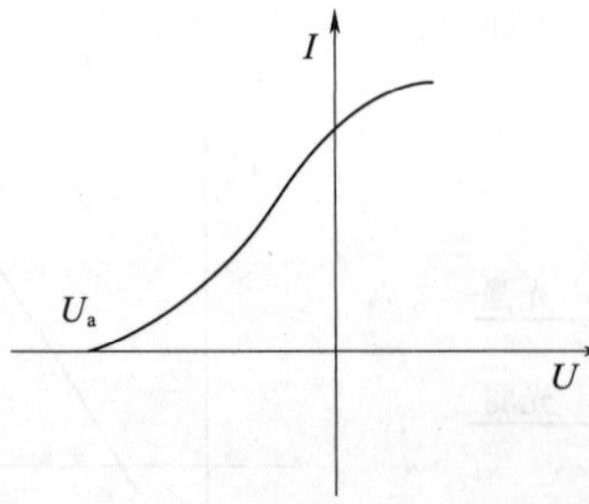

图 3-4　光电管电流特性曲线

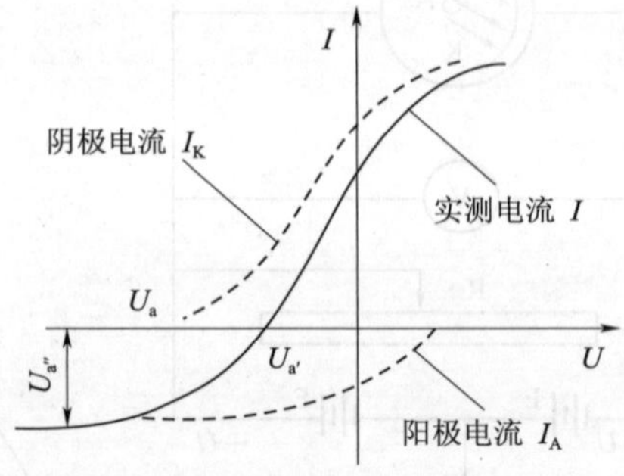

图 3-5　遏止电位差确定

由图 3-5 可见，由于阳极的污染，实验时出现了反向电流。特性曲线与横轴交点的电流虽然等于“0”，但阴极光电流并不等于“0”，交点的电位差 U_a 也不等于遏止电位差 U_a。两者之差由阴极电流上升的快慢和阳极电流的大小所决定。如果阴极电流上升越快，阳极电流越小，U'_a 与 U_a 之差也越小。从实际测量的电流曲线上看，正向电流上升越快，反向电流越小，则 U'_a 与 U_a 之差也越小。

由图 3-5 可以看到，由于电极结构等种种原因，实际上阳极电流往往饱和缓慢，在加速电位差降到 U_a时，阳极电流仍未达到饱和，所以反向电流刚开始饱和的拐点电位差 U''_a 也不等于遏止电位差 U_a。两者之差视阳极电流的饱和快慢而异。阳极电流饱和得越快，两者之差越小。若在负电压增至 U_a 之前阳极电流已经饱和，则拐点电位差就是遏止电位差 U_a。

总而言之，对于不同的光电管应该根据其电流特性曲线的不同采用不同的方法来确定其遏止电位差。假如光电流特性的正向电流上升得很快，反向电流很小，则可以用光电流特性曲线与暗电流特性曲线交点的电位差 U'_a 近似地当作遏止电位差 U_a（交点法）。若反向特性曲线的反向电流虽然较大，但其饱和速度很快，则可用反向电流开始饱和时的拐点电位差 U''_a 当作遏止电位差 U_a（拐点法）。

【实验仪器】

ZKY-GD-4 智能光电效应实验仪。

仪器由汞灯及汞灯电源、滤色片、光阑、光电管、基座、智能测试仪构成，仪器结构如图 3-6 所示，测试仪的调节面板如图 3-7 所示。测试仪有手动和自动两种工作模式，具有数据自动采集、存储、实时显示采集数据、动态显示采集曲线（连接示波器，可同时显示5个存储区中存储的曲线）及采集完成后查询数据的功能。

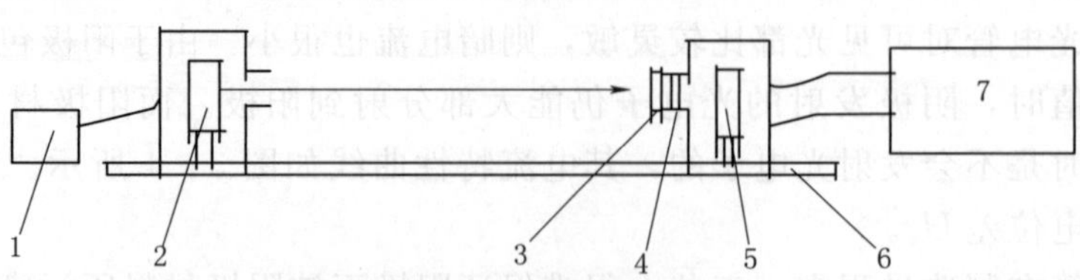

图 3-6　仪器结构示意图

1—汞灯电源；2—汞灯；3—滤色片；4—光阑；5—光电管；
6—基座；7—智能测试仪

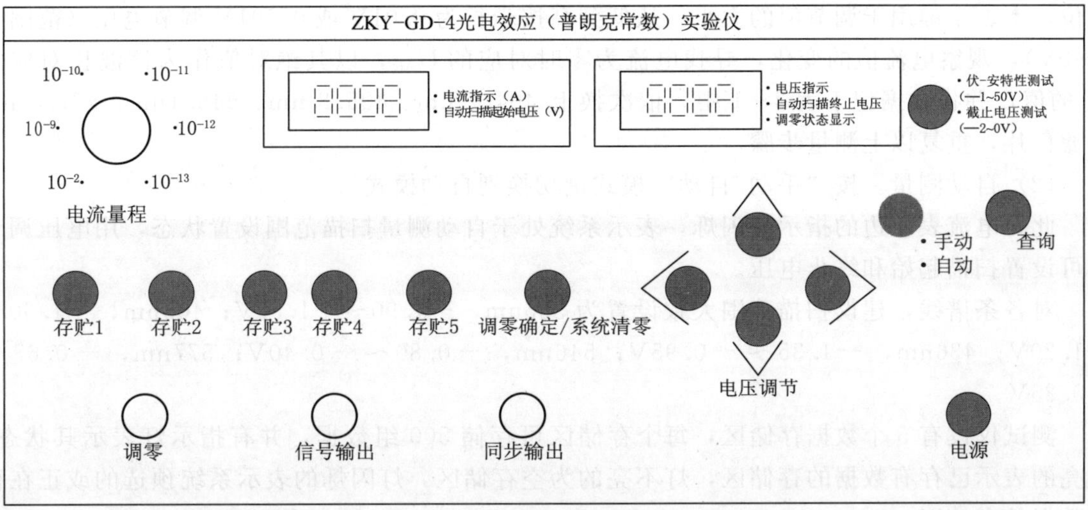

图 3-7　仪器调节面板示意图

【实验内容与步骤】

1. 测试前准备

将测试仪及汞灯电源接通（汞灯及光电管暗箱遮光盖盖上），预热 20min。调整光电管与汞灯距离约为 40cm 并保持不变。用专用连接线将光电管暗箱电压输入端与测试仪电压输出端（后面板上）连接起来（红—红，蓝—蓝）。

如图 3-7 所示，将“电流量程”选择开关置于所选挡位（测普朗克常数 h，选择开关拨至 10^{-13} A 挡；测量光电管的伏-安特性曲线，选择开关拨至 10^{-10} A 挡），进行测试前调零。测试仪在开机或改变电流量程后，都会自动进入调零状态。调零时应将光电管电流输出端 K（暗箱）与测试仪微电流输入端（后面板上）断开，旋转“调零”旋钮使电流指示为 000.0。调节好后，用高频匹配电缆将电流输入端连接起来，并按“调零确认/系统清零”键，系统进入测试状态。

2. 测普朗克常数 h

由于本实验仪器的电流放大器灵敏度高，稳定性好；光电管阳极反向电流、暗电流水平也较低。在测量各谱线的截止电压 U_a 时，可采用零电流法（即交点法），即直接将各谱线照射下测得的电流为零时对应的电压 U_{AK} 的绝对值作为截止电压 U_a。此法的前提是阳极反向电流、暗电流和本底电流都很小，用零电流法测得的截止电压与真实值相差较小。且各谱线的截止电压都相差 ΔU，对 $U_a \sim \nu$ 曲线的斜率无大的影响，因此对 h 的测量不会产生大的影响。

测量截止电压时，“伏-安特性测试/截止电压测试”状态键应为截止电压测试状态。“电流量程”开关应处于 10^{-13} A 挡。

（1）手动测量。使“手动/自动”模式键处于手动模式。

将直径 4mm 的光阑及 365.0nm 的滤色片装在光电管暗箱光输入口上，打开汞灯遮光盖。此时电压表显示 U_{AK} 的值，单位为 V；电流表显示与 U_{AK} 对应的电流值 I，单位为所选择的“电流量程”。用电压调节键→、←、↑、↓可调节 U_{AK} 的值，→、← 键用于选择调节数位，↑、↓键用于调节值的大小。从低到高按步长为 0.01V 或 0.001V 调节电压（范围−2～0V），观察电流值的变化，寻找电流为零时对应的 U_{AK}，以其绝对值作为该波长对应的 U_a 的值，并将数据记于表 3-1 中。依次换上 404.7 nm、435.8 nm、546.1nm、577.0 nm 的滤色片，重复以上测量步骤。

（2）自动测量。按“手动/自动”模式键切换到自动模式。

此时电流表左边的指示灯闪烁，表示系统处于自动测量扫描范围设置状态，用电压调节键可设置扫描起始和终止电压。

对各条谱线，建议扫描范围大致设置为 365nm，−1.90～−1.50V；405nm，−1.60～−1.20V；436nm，−1.35～−0.95V；546nm，−0.80～−0.40V；577nm，−0.65～−0.25V。

测试仪设有 5 个数据存储区，每个存储区可存储 500 组数据，并有指示灯表示其状态。灯亮的表示已存有数据的存储区，灯不亮的为空存储区，灯闪烁的表示系统预选的或正在存储数据的存储区。

设置好扫描起始和终止电压后，按动相应的存储区按键，仪器将先消除存储区原有数据，等待约 30s，然后按 4mV 的步长自动扫描，并显示、存储相应的电压、电流值。扫描完成后，仪器自动进入数据查询状态，此时查询指示灯亮，显示区显示扫描起始电压和相应的电流值。用电压调节键改变电压值，就可查阅到在测试过程中，扫描电压为当前显示值时相应的电流值。读取电流为零时对应的 U_{AK}，以其绝对值作为该波长对应的 U_a 的值，并将数据记于表 3-1 中。

表 3-1　　$U_a \sim \nu$ 关系

波长 λ_i/nm		365.0	404.7	435.8	546.1	577.0
频率 $\nu_i/\times10^{14}$ Hz		8.214	7.408	6.879	5.490	5.196
截止电压 U_{ai}/V	手动					
	自动					

按“查询”键，查询指示灯灭，系统恢复到扫描范围设置状态，可进行下一次测量。

在自动测量过程中或测量完成后，按“手动/自动”键，系统恢复到手动测量模式，模式转换前，工作的存储区内的数据将被清除。

若仪器与示波器连接，则可观察到 U_{AK} 为负值时各谱线在选定的扫描范围内的伏-安特性曲线。

3. 测量光电管的伏-安特性曲线

此时，“伏-安特性测试/截止电压测试”状态键应为伏-安特性测试状态。“电流量程”开关应拨至 10^{-10} A 挡，并重新调零。

将直径 4mm 的光阑及所选谱线的滤色片装在光电管暗箱光输入口上。

测伏-安特性曲线可选用“手动/自动”两种模式之一，测量的最大范围为−1～50V，自动测量时步长为 1V，仪器功能及使用方法如前所述。

记录所测 U_{AK} 及 I 的数据到表 3-2 中，在毫米方格纸上作对应于以上波长及光强的伏-安特性曲线。

表 3-2　　$I \sim U_{AK}$ 关　系

U_{AK}/V											
$I/\times 10^{-10}$A											
U_{AK}/V											
$I/\times 10^{-10}$A											

4. 测量光电管的饱和特性曲线（选做内容）

(1) 观测 5 条谱线在同一光阑、同一距离下的饱和特性曲线。

(2) 观测某条谱线在不同距离（即不同光强）、同一光阑下的饱和特性曲线。

(3) 观测某条谱线在不同光阑（即不同光通量）、同一距离下的饱和特性曲线。

由此可验证光电管饱和光电流与入射光成正比。

在 U_{AK} 为 50V 时，将仪器设置为手动模式，测量并记录对同一谱线、同一入射距离，光阑分别为 2mm、4mm、8mm 时对应的电流值于表 3-3 中，验证光电管的饱和光电流与入射光强成正比。

表 3-3　　$I_M \sim P$ 关系（选做）

（U_{AK}=50V，λ=　　　nm，L=　　　cm）

光阑孔 ϕ			
$I/\times 10^{-10}$A			

也可在 U_{AK} 为 50V 时，将仪器设置为手动模式，测量并记录对同一谱线、同一光阑时，光电管与入射光在不同距离，如 300mm、400mm 等对应的电流值于表 3-4 中，同样验证光电管的饱和电流与入射光强成正比。

表 3-4　　$I_M \sim P$ 关系（选做）

（U_{AK}=50V，λ=　　　nm，光阑孔 ϕ=　　　mm）

L/cm								
$I/\times 10^{-10}$A								

注意：光电管价格昂贵又比较脆弱，使用不当会直接影响其使用寿命。

(1) 千万不要用汞灯光直接照射光电管，一定要在暗箱进光口处放滤色片和光阑。

(2) 实验过程中更换滤色片时一定把汞灯遮光，避免汞灯光直接照射光电管。

(3) 光电管不能长期置于自然光环境中，实验做完后及时遮盖暗箱进光口。

【数据与结果】

由表 3-1 的实验数据，作 $U_a \sim \nu$ 图，要求用 Excel 软件拟合直线，给出拟合直线方程和相关系数。求出普朗克常数 h，并与公认值 h_0 比较，分别求出手动、自动时测量的百分误差 $E_h=(h-h_0)/h_0$，式中 $h_0=6.626\times 10^{-34}$ J·s。

【思考题】

1. 普朗克常数的关键是什么？怎样根据光电管的特性曲线选择适宜的测定遏止电压 U_a 的方法。

2. 实验存在哪些误差来源？实验中如何减少误差？

3. 光电流和截止电压随光源强度变化吗？

实验十八 弗兰克-赫兹实验

1913 年，丹麦物理学家玻尔（N. Bohr）提出了一个氢原子模型，并指出原子存在能级。该模型在预言氢光谱的观察中取得了显著的成功。根据玻尔的原子理论，原子光谱中的每根谱线表示原子从某一个较高能态向另一个较低能态跃迁时的辐射。

1914 年，德国物理学家弗兰克（J. Franck）和赫兹（G. Hertz）对勒纳用来测量电离电位的实验装置作了改进，他们同样采取慢电子（几个到几十个电子伏特）与单元素气体原子碰撞的办法，但着重观察碰撞后电子发生什么变化（勒纳则观察碰撞后离子流的情况）。通过实验测量，电子和原子碰撞时会交换某一定值的能量，且可以使原子从低能级激发到高能级。直接证明了原子发生跃迁时吸收和发射的能量是分立的、不连续的，证明了原子能级的存在，从而证明了玻尔理论的正确。由此获得了 1925 年诺贝尔物理学奖。

弗兰克-赫兹实验至今仍是探索原子结构的重要手段之一，实验中用的“拒斥电压”筛去小能量电子的方法，已成为广泛应用的实验技术。

【实验目的】

通过测定氩原子等元素的第一激发电位（即中肯电位），证明原子能级的存在。

【实验原理】

玻尔提出的原子理论指出了以下几点。

（1）原子只能较长地停留在一些稳定状态（简称为定态）。原子在这些状态时，不发射或吸收能量；各定态有一定的能量，其数值是彼此分隔的。原子的能量不论通过什么方式发生改变，它只能从一个定态跃迁到另一个定态。

（2）原子从一个定态跃迁到另一个定态而发射或吸收辐射时，辐射频率是一定的。如果用 E_m 和 E_n 分别代表有关两定态的能量的话，辐射的频率 ν 取决于如下关系：

$$h\nu = E_m - E_n \tag{3-3}$$

式中：普朗克常数 $h=6.63\times10^{-34}\text{J}\cdot\text{s}$。

为了使原子从低能级向高能级跃迁，可以通过具有一定能量的电子与原子相碰撞进行能量交换的办法来实现。

设初速度为零的电子在电位差为 U_0 的加速电场作用下，获得能量 eU_0。当具有这种能量的电子与稀薄气体的原子（比如十几个托的氩原子）发生碰撞时，就会发生能量交换。如以 E_1 代表氩原子的基态能量，E_2 代表氩原子的第一激发态能量，那么当氩原子吸收从电子传递来的能量恰为

$$eU_0 = E_2 - E_1 \tag{3-4}$$

时，氩原子就会从基态跃迁到第一激发态。而且相应的电位差称为氩的第一激发电位（或称氩的中肯电位）。测定出这个电位差 U_0，就可以根据式（3-4）求出氩原子的基态和第一激发态之间的能量差了（其他元素气体原子的第一激发电位亦可依此法求得）。

弗兰克-赫兹实验的原理图如图 3-8 所示。

在充氩的弗兰克-赫兹管中，电子由热阴极发出，阴极 K 和第二栅极 G_2 之间的加速电压 U_{G_2K} 使电子加速。在板极 A 和第二栅极 G_2 之间加有反向拒斥电压 U_{G_2A}。管内空间电位分布如图 3-9 所示。当电子通过 G_2K 空间进入 G_2A 空间时，如果有较大的能量（$\geqslant eU_{G_2A}$），

就能冲过反向拒斥电场而到达板极，形成板极电流 I_A，为微电流计 μA 表检出。如果电子在 G_2K 空间与氩原子碰撞，把自己一部分能量传给氩原子而使后者激发的话，电子本身所剩余的能量就很小，通过第二栅极后已不足于克服拒斥电场而被折回到第二栅极，这时，通过微电流计 μA 表的电流将显著减小。实验时，使 U_{G_2K} 电压逐渐增加并仔细观察电流计的电流指示，如果原子能级确实存在，而且基态和第一激发态之间有确定的能量差的话，就能观察到如图 3－10 所示的 $I_A \sim U_{G_2K}$ 曲线。

图 3－10 所示的曲线反映了氩原子在 G_2K 空间与电子进行能量交换的情况。当 G_2K 空间电压逐渐增加时，电子在 G_2K 空间被加速而取得越来越大的能量。但起始阶段，由于电压较低，电子的能量较少，即使在运动过程中它与原子相碰撞也只有微小的能量交换（为弹性碰撞）。穿过第二栅极的电子所形成的板流 I_A 将随第二栅极电压 U_{G_2K} 的增加而增大，如图 3－10 的 oa 段。当 G_2K 间的电压达到氩原子的第一激发电位 U_0 时，电子在第二栅极附近与氩原子相碰撞，将自己从加速电场中获得的全部能量交给后者，并且使后者从基态激发到第一激发态。而电子本身由于把全部能量给了氩原子，即使穿过了第二栅极也不能克服反向拒斥电场而被折回第二栅极（被筛选掉）。所以板极电流将显著减小（图 3－10 所示 ab 段）。随着第二栅极电压的增加，电子的能量也随之增加，在与氩原子相碰撞后还留下足够

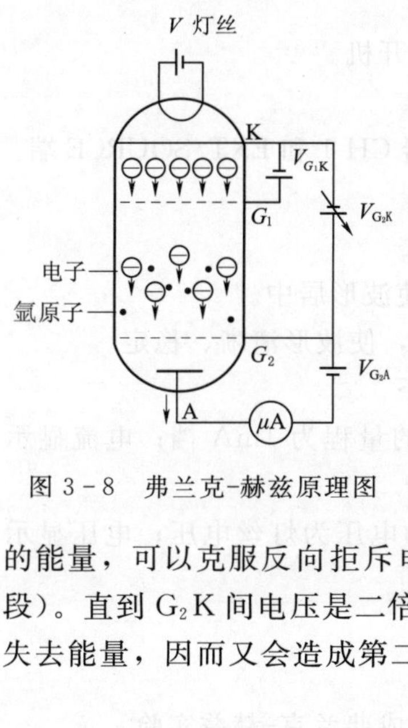

图 3－8　弗兰克-赫兹原理图

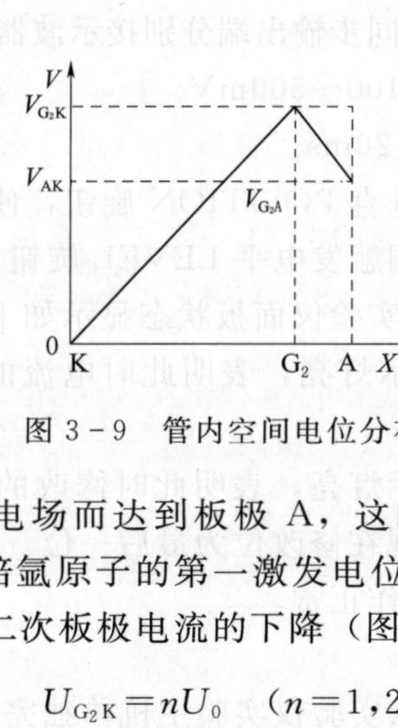

图 3－9　管内空间电位分布

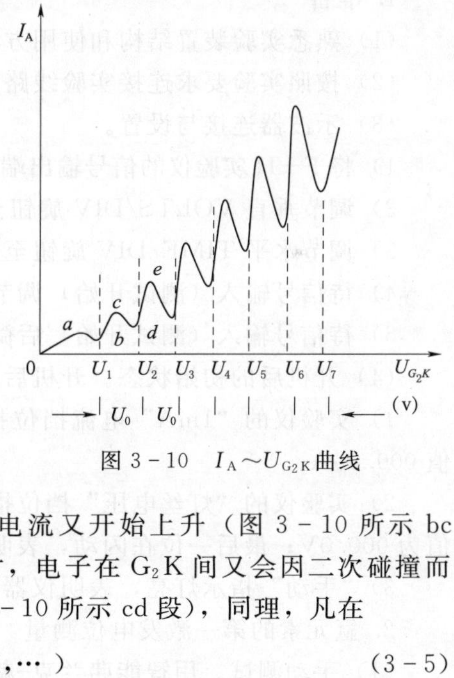

图 3－10　$I_A \sim U_{G_2K}$ 曲线

的能量，可以克服反向拒斥电场而达到板极 A，这时电流又开始上升（图 3－10 所示 bc 段）。直到 G_2K 间电压是二倍氩原子的第一激发电位时，电子在 G_2K 间又会因二次碰撞而失去能量，因而又会造成第二次板极电流的下降（图 3－10 所示 cd 段），同理，凡在

$$U_{G_2K} = nU_0 \quad (n=1,2,3,\cdots) \tag{3-5}$$

的地方板极电流 I_A 都会相应下跌，形成规则起伏变化的 $I_A \sim U_{G_2K}$ 曲线。而各次板极电流 I_A 下降相对应的阴、栅极电压差 $U_{n+1}-U_n$ 应该是氩原子的第一激发电位 U_0。

本实验就是要通过实际测量来证实原子能级的存在，并测出氩原子的第一激发电位（公认值为 $U_0=11.5$V）。

原子处于激发态是不稳定的。在实验中被慢电子轰击到第一激发态的原子要跳回基态，进行这种反跃迁时，就应该有 eU_0 电子伏特的能量发射出来。反跃迁时，原子是以放出光量子的形式向外辐射能量。这种光辐射的波长为

$$eU_0 = h\nu = h\,\frac{c}{\lambda} \tag{3-6}$$

对于氩原子　$\lambda = \dfrac{hc}{eU_0} = \dfrac{6.63\times10^{-34}\times3.00\times10^{8}}{1.6\times10^{-19}\times11.5} = 1081\text{Å}$

从光谱学的研究中确实观测到了这根波长为 1081Å 的紫外线。

如果弗兰克-赫兹管中充以其他元素，则可以得到它们的第一激发电位（表 3－5）。

表 3－5　　几种元素的第一激发电位

元素	纳（Na）	钾（K）	锂（Li）	镁（Mg）	汞（Hg）	氦（He）	氖（Ne）
U_0/V	2.12	1.63	1.84	3.2	4.9	21.2	18.6
λ/Å	5898 5896	7664 7699	6707.8	4571	2500	584.3	640.2

【实验仪器】

ZKY－FH－2 型智能弗兰克-赫兹实验仪（见本实验附录），DF4321 双踪示波器。

【实验内容与步骤】

1. 准备

（1）熟悉实验装置结构和使用方法（参见附录）。

（2）按照实验要求连接实验线路（参见附录），检查无误后开机。

（3）示波器连接与设置。

1）将 F—H 实验仪的信号输出端、同步输出端分别接示波器 CH 1 和 EXT/SOURCE 端。

2）调节垂直 VOLTS/DIV 旋钮至 100～500mV。

3）调节水平 TIME/DIV 旋钮至 0.20ms。

4）待信号输入（测试开始）调节垂直 POSITION 旋钮，使波形居中。

5）待信号输入（测试开始）后微调触发电平 LEVEL 旋钮，使波形清晰、稳定。

（4）开机后的初始状态。开机后，实验仪面板状态显示如下。

1）实验仪的“1mA”电流挡位指示灯亮，表明此时电流的量程为 1mA 挡；电流显示值 000.0μA。

2）实验仪的“灯丝电压”挡位指示灯亮，表明此时修改的电压为灯丝电压；电压显示值为 000.0V；最后一位在闪动，表明现在修改位为最后一位。

3）“手动”指示灯亮，表明仪器工作正常。

2. 氩元素的第一激发电位测量

（1）手动测试。用智能弗兰克-赫兹实验仪实验主机单独完成弗兰克-赫兹实验。

1）设置仪器为“手动”工作状态，按“手动/自动”键，“手动”指示灯亮。

2）设定电流量程。按下电流量程 10μA 键，对应的量程指示灯点亮。

3）设定电压源的电压值，用↓/↑，←/→键完成，需设定的电压源有灯丝电压 V_F、第一加速电压 V_{G_1K}、拒斥电压 V_{G_2A}。设定状态参见随机提供的工作条件（见机箱）。

4）按下“启动”键，实验开始。用↓/↑，←/→键完成 V_{G_2K} 电压值的调节，从 0.0V 起，按步长 1V（或 0.5V）的电压值调节电压源 V_{G_2K}，仔细观察弗兰克-赫兹管的板极电流值 I_A 的变化（可用示波器观察），读出 I_A 的峰、谷值和对应的 V_{G_2K} 值。（一般取 I_A 的谷在

4～5 个为佳)。

5) 重新启动。在手动测试的过程中，按下启动按键，V_{G_2K}的电压值将被设置为零，内部存储的测试数据被清除，示波器上显示的波形被清除，但V_F、V_{G_1K}、V_{G_2A}、电流挡位等的状态不发生改变。这时，操作者可以在该状态下重新进行测试，或修改状态后再进行测试。

(2) 自动测试。智能弗兰克-赫兹实验仪除可以进行手动测试外，还可以进行自动测试。进行自动测试时，实验仪将自动产生V_{G_2K}扫描电压，完成整个测试过程；将示波器与实验仪相连接，在示波器上可看到弗兰克-赫兹管板极电流随V_{G_2K}电压变化的波形。

1) 自动测试状态设置。自动测试时，V_F、V_{G_1K}、V_{G_2A}及电流挡位等状态设置的操作过程，弗兰克-赫兹管的连线操作过程与手动测试操作过程一样。

2) V_{G_2K}扫描终止电压的设定。进行自动测试时，实验仪将自动产生V_{G_2K}扫描电压。实验仪默认V_{G_2K}扫描电压的初始值为 0，V_{G_2K}扫描电压大约每 0.4s 递增 0.2V，直到扫描终止电压。要进行自动测试，必须设置电压V_{G_2K}的扫描终止电压。

首先，将“手动/自动”测试键按下，自动测试指示灯亮；按下V_{G_2K}电压源选择键，V_{G_2K}电压源选择指示灯亮；用↓ / ↑，←/→键完成V_{G_2K}电压值的具体设定。V_{G_2K}设定终止值建议以不超过 80V 为好。

3) 自动测试启动。将电压源选为V_{G_2K}，再按面板上的“启动”键，自动测试开始。在自动测试过程中，观察扫描电压V_{G_2K}与弗兰克-赫兹管板极电流的相关变化情况。(可通过示波器观察弗兰克-赫兹管板极电流I_A随扫描电压V_{G_2K}变化的输出波形) 在自动测试过程中，为避免面板按键误操作，导致自动测试失败，面板上除“手动/自动”按键外的所有按键都被屏蔽禁止。

4) 自动测试过程正常结束。当扫描电压V_{G_2K}的电压值大于设定的测试终止电压值后，实验仪将自动结束本次自动测试过程，进入数据查询工作状态。测试数据保留在实验仪主机的存储器中，供数据查询过程使用，所以，示波器仍可观测到本次测试数据所形成的波形。直到下次测试开始时才刷新存储器的内容。

5) 自动测试后的数据查询。自动测试过程正常结束后，实验仪进入数据查询工作状态。这时面板按键除测试电流指示区外，其他都已开启。自动测试指示灯亮，电流量程指示灯指示于本次测试的电流量程选择挡位；各电压源选择按键可选择各电压源的电压值指示，其中V_F、V_{G_1K}、V_{G_2A}三电压源只能显示原设定电压值，不能通过按键改变相应的电压值。用↓ / ↑，←/→键改变电压源V_{G_2K}的指示值，就可查阅到在本次测试过程中，电压源V_{G_2K}的扫描电压值为当前显示值时，对应的弗兰克-赫兹管板极电流值I_A的大小，读出I_A的峰、谷值和对应的V_{G_2K}值(为便于作图，在I_A的峰、谷值附近需多取几个点)。

6) 中断自动测试过程。在自动测试过程中，只要按下“手动/自动键”，手动测试指示灯亮，实验仪就中断了自动测试过程，恢复到开机初始状态。所有按键都被再次开启工作。这时可进行下一次的测试准备工作。

本次测试的数据依然保留在实验仪主机的存储器中，直到下次测试开始时才被清除。所以，示波器仍会观测到部分波形。

7) 结束查询过程恢复初始状态。当需要结束查询过程时，只要按下“手动/自动”键，手动测试指示灯亮，查询过程结束，面板按键再次全部开启。原设置的电压状态被清除，实验仪存储的测试数据被清除，实验仪恢复到初始状态。

注意：测试结束后迅速将电压 V_{G_2K} 减小至 10V 左右，以保护弗兰克-赫兹管。

【数据与结果】

1. 自拟表格，详细记录实验条件和相应的 $I_A \sim V_{G_2K}$ 的值。

2. 在方格纸上作出 $I_A \sim V_{G_2K}$ 曲线。用逐差法处理数据，求氩的第一激发电位 U_0 值。

【附录】

1. 智能弗兰克-赫兹实验仪性能简介

该仪器用于测量氩原子的激发电位。观其特殊的伏-安特性现象。研究原子能级的量子特性。它由弗兰克-赫兹管、工作电源及扫描电源、微电流测量仪三部分组成。

主要技术指标：

(1) 弗兰克-赫兹管。

氩管 4 级

谱峰（或谱谷）数量≥6。

寿命≥3000h

(2) 工作电源及扫描电源（三位半数显）。

灯丝电压：DC 0～6.3V，±1%。

第一栅压：DC 0～5V，±1%。

第二栅压：DC 0～100V，±1%（自动扫描/手动）。

拒斥电压：DC 0～12V，±1%。

(3) 微电流测量仪（三位半数显）。

测量范围：$10^{-6} \sim 10^{-9}$ A，±1%。

(4) 电源电压：0～220V，50Hz。

最大电源电流：0.5A。

保险管：0.5A。

(5) 体积。

仪器：405mm×260mm×145mm。

包装箱：480mm×395mm×240mm。

(6) 主要功能特点。

1) 充氩弗兰克-赫兹管，不需加热。

2) 普通示波器动态显示实验曲线形成过程，不损失谱峰数。直观生动地展现了物理过程。

3) 普通示波器显示谱峰数 = 点测法描绘谱峰数≥6。

4) 手动、半自动、自动相结合的多种实验方式。

a. 手动测量：普通示波器动态显示谱峰曲线形成过程。

b. 自动测量：普通示波器动态显示曲线形成过程→回查实验数据→人工描绘曲线。

2. 智能弗兰克-赫兹实验仪面板及基本操作介绍

(1) 智能弗兰克-赫兹实验仪前面板功能说明。智能弗兰克-赫兹实验仪前面板如图 3-11 所示，以功能划分为 8 个区。

1) 弗兰克-赫兹管各输入电压连接插孔和板极电流输出插座（图 3-11①）。

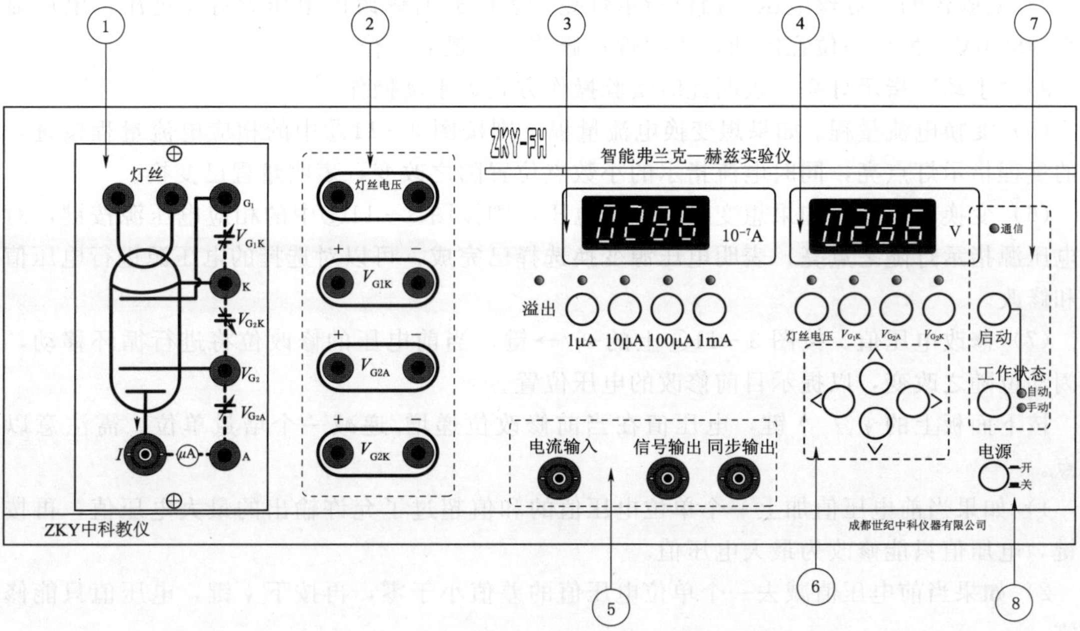

图 3-11　智能弗兰克-赫兹实验仪前面板图

2）弗兰克-赫兹管所需激励电压的输出连接插孔，其中左侧输出孔为正极，右侧为负极（图 3-11②）。

3）测试电流指示区：四位七段数码管指示电流值；四个电流量程挡位选择按键用于选择不同的最大电流量程挡；每一个量程选择同时备有一个选择指示灯指示当前电流量程挡位（图 3-11③）。

4）测试电压指示区：四位七段数码管指示当前选择电压源的电压值；四个电压源选择按键用于选择不同的电压源；每一个电压源选择都备有一个选择指示灯指示当前选择的电压源（图 3-11④）。

5）测试信号输入输出区：电流输入插座输入弗兰克-赫兹管板极电流；信号输出和同步输出插座可将信号送示波器显示（图 3-11⑤）。

6）调整按键区，用于改变当前电压源电压设定值；设置查询电压点（图 3-11⑥）。

7）工作状态指示区：通信指示灯指示实验仪与计算机的通信状态；启动按键与工作方式按键共同完成多种操作（图 3-11⑦）。

8）电源开关（图 3-11⑧）。

（2）智能弗兰克-赫兹实验仪后面板说明。智能弗兰克-赫兹实验仪后面板上有交流电源插座，插座上自带有保险管座，如果实验仪已升级为计算机型，则通信插座可联计算机，否则，该插座不可使用。

（3）智能弗兰克-赫兹实验仪连线说明。在确认供电电网电压无误后，将随机提供的电源连线插入后面板的电源插座中，连接面板上的连接线。务必反复检查，切勿连错！

（4）开机后的初始状态。开机后，实验仪面板状态显示如下。

1）实验仪的“1mA”电流挡位指示灯亮，表明此时电流的量程为 1mA 挡；电流显示值为 000.0μA。

2）实验仪的“灯丝电压”挡位指示灯亮，表明此时修改的电压为灯丝电压；电压显示值为 000.0V；最后一位在闪动，表明现在修改位为最后一位。

3）“手动”指示灯亮，表明此时实验操作方式为手动操作。

（5）变换电流量程。如果想变换电流量程，则按图 3-11③中的相应电流量程按键，对应的量程指示灯点亮，同时电流指示的小数点位置随之改变，表明量程已变换。

（6）变换电压源。如果想变换不同的电压，则按图 3-11④中的相应电压源按键，对应的电压源指示灯随之点亮，表明电压源变换选择已完成，可以对选择的电压源进行电压值设定和修改。

（7）修改电压值。按图 3-11⑥上的←/→键，当前电压的修改位将进行循环移动，同时闪动位随之改变，以提示目前修改的电压位置。

按下面板上的↓/↑键，电压值在当前修改位递增/递减一个增量单位。需注意以下两点。

1）如果当前电压值加上一个单位电压值的和值超过了允许输出的最大电压值，再按下↑键，电压值只能修改为最大电压值。

2）如果当前电压值减去一个单位电压值的差值小于零，再按下↓键，电压值只能修改为零。

（8）建议工作状态范围。弗兰克-赫兹管很容易因电压设置不合适而遭到损害，所以，一定要按照规定的实验步骤和适当的状态进行实验。

电流量程：$1\mu A$ 或 $10\mu A$ 挡； 灯丝电压：3～4.5V；

V_{G_1K} 电压：1～3V； V_{G_2A} 电压：5～7V；

V_{G_2K} 电压：≤80.0V。

由于弗兰克-赫兹管的离散性以及使用中的衰老过程，每只弗兰克-赫兹管的最佳工作状态是不同的，对具体的弗兰克-赫兹管应在上述范围内找出其较理想的工作状态。

【思考题】

1. 为什么 $I_A \sim V_{G_2K}$ 呈周期性变化？

2. 拒斥电压 V_{G_2A} 增大时，I_A 如何变化？

实验十九　密立根油滴仪测油滴电荷

密立根从1907年开始用“油滴实验”测定了电子的电量 e，到1911年发表了它的结果。油滴实验用一小油滴作电的载体，在测量带电油滴运动时，就可以避免 m_e 作为运动方程式的参量，代之以油滴质量 m（$m \gg m_e$）。在密立根以前曾有科学家用小水滴做过类似的实验，由于水的蒸发，没有成功。密立根分析和改进了他们的实验，用油滴代替了水滴，成功地测定了电子的电量。

密立根油滴实验的重要意义，首先是在实验中显示出油滴所带的电量只能是某一确定电量 e 的整数倍，这就用实验方法直接显示出电荷的不连续性。同时，用实验方法第一次直接测定了电子的带电量 e 的数值，而且具有足够的精确度。目前公认最准确的量值为 $e=(1.6021892 \pm 0.0000046) \times 10^{-19}$C。

【实验目的】

1. 验证电荷的不连续性；测量基本电荷电量。

2. 学习了解CCD图像传感器的原理与应用，学习电视显微测量方法。

【实验原理】

一个质量为 m，带电量为 q 的油滴处在两块平行极板之间，平行板水平放置。在平行极板未加电压时，油滴受重力作用而加速下降。由于空气阻力的作用，下降一段距离后，油滴将作匀速运动，速度为 V_g，这时重力与阻力平衡（空气浮力忽略不计），如图3-12所示。根据斯托克斯定律，黏滞阻力为 $f_r = 6\pi a \eta V_g$，式中 η 是空气的黏滞系数，a 是油滴的半径，这时有

$$6\pi a \eta V_g = mg \tag{3-7}$$

当在平行极板上加电压 V 时，油滴处在场强为 E 的静电场中，设电场力 qE 与重力相反（图3-13），使油滴受电场力加速上升。由于空气阻力作用，上升一段距离后，油滴所受的空气阻力、重力与电场力达到平衡（空气浮力忽略不计），则油滴将以匀速上升，此时速度为 V_e，则有

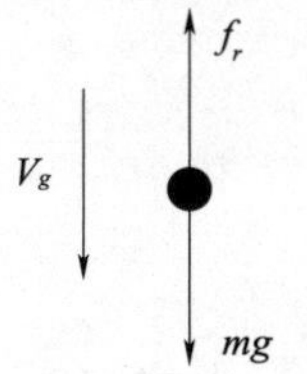

图3-12　油滴受力

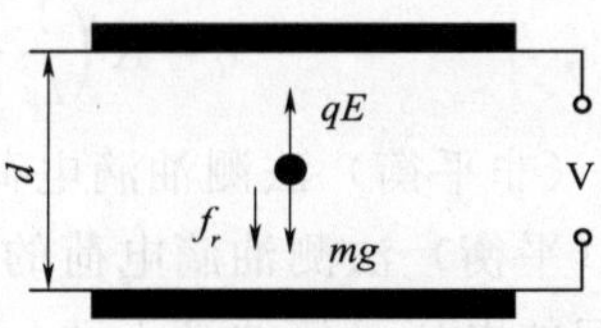

图3-13　油滴在电场中匀速上升

$$6\pi a \eta V_e = qE - mg \tag{3-8}$$

因为

$$E = \frac{V}{d} \tag{3-9}$$

由上述式（3-7）～式（3-9）可解出

$$q = mg\,\frac{d}{V}\left(\frac{V_g + V_e}{V_g}\right) \tag{3-10}$$

为测定油滴所带电荷 q，除应测出 V、d 和速度 V_g、V_e 外，还需知油滴质量 m，由于空气中悬浮和表面张力作用，可将油滴看作圆球，其质量为

$$m=\frac{4}{3}\pi a^3\rho \tag{3-11}$$

式中：ρ 为油滴的密度。

由式（3-7）和式（3-11），得油滴的半径

$$a=\left(\frac{9\eta V_g}{2\rho g}\right)^{\frac{1}{2}} \tag{3-12}$$

考虑到油滴非常小，空气已不能看成连续媒质，空气的黏滞系数 η 应修正为

$$\eta'=\frac{\eta}{1+\frac{b}{pa}} \tag{3-13}$$

式中：b 为修正系数；p 为空气压强；a 为未经修正过的油滴半径，由于它在修正项中，不必计算得很精确，由式（3-12）计算就够了。

实验时取油滴匀速下降和匀速上升的距离相等，都设为 l，测出油滴匀速下降的时间 t_g，匀速上升的时间 t_e，则

$$V_g=\frac{l}{t_g},V_e=\frac{l}{t_e} \tag{3-14}$$

将式（3-11）～式（3-14）代入式（3-10），可得

$$q=\frac{18\pi}{\sqrt{2\rho g}}\left[\frac{\eta l}{1+\frac{b}{pa}}\right]^{\frac{3}{2}}\frac{d}{V}\left(\frac{1}{t_e}+\frac{1}{t_g}\right)\left(\frac{1}{t_g}\right)^{\frac{1}{2}}$$

$$令\ K=\frac{18\pi}{\sqrt{2\rho g}}\left[\frac{\eta l}{1+\frac{b}{pa}}\right]^{\frac{3}{2}}d$$

$$q=K\left(\frac{1}{t_e}+\frac{1}{t_g}\right)\left(\frac{1}{t_g}\right)^{\frac{1}{2}}/V \tag{3-15}$$

式（3-15）是动态（非平衡）法测油滴电荷的公式。

下面导出静态（平衡）法测油滴电荷的公式。

调节平行极板间的电压，使油滴不动，$V_e=0$，即 $t_e\to\infty$，由式（3-15）可得

$$q=K\left(\frac{1}{t_g}\right)^{\frac{3}{2}}\frac{1}{V} \tag{3-16}$$

式（3-16）即为静态法测油滴电荷的公式。

为了求电子电荷 e，对实验测得的各个电荷 q 求最大公约数，就是基本电荷 e 的值，也就是电子电荷 e。

【实验仪器】

MOD-5B 型 CCD 密立根油滴仪。

【实验内容与步骤】

1. 仪器连接

将 Q9 插头的电缆线接至监视器后背下部的插座上，注意，一定要插紧，保证接触良好，监视器阻抗选择开关一定要拨在 75Ω 处。

2. 仪器调整

调节仪器底座上的三只调平手轮，将水泡调平。

3. 测量前练习

练习是顺利做好实验的重要一环，包括练习控制油滴运动，练习测量油滴运动时间和练习选择合适的油滴。

(1) 练习控制油滴运动。先用喷雾器将油雾喷入油雾室。微调测量显微镜，能够清晰地看到油滴。在平行极板上加上平衡电压（约 300V），驱走不需要的油滴，直到剩下几颗缓慢运动的为止。判断油滴是否平衡要有足够的耐性。将油滴移至某条刻度线上，仔细调节平衡电压，这样反复操作几次，经一段时间观察油滴确实不再移动才认为是平衡了。盯住其中一颗，去掉平衡电压，让它匀速下降，下降一段距离后再加上升降电压使油滴上升。如此反复多次地练习，掌握控制油滴运动的方法。

(2) 练习测量油滴运动时间。选择几颗运动速度快慢不同的油滴，测出它们下降一段距离所需的时间，或加上一定电压测出它们上升一段距离所需的时间，如此反复多次地练习，以掌握测量油滴运动时间的方法。

(3) 练习选择合适的油滴。选择一颗合适的油滴十分重要。大而亮的油滴必然质量大，所带电荷也多，而匀速下降时间则很短，增大了测量误差；过小的油滴观察困难，布朗运动明显，会引入较大的测量误差。通常选择平衡电压为 200～300V，匀速下落 2mm 的时间在 20～30s 左右的油滴较适宜。其大小和带电量比较合适。

4. 正式测量

实验方法可选用平衡测量法和动态测量法。

(1) 采用平衡测量法，可将已调平衡的油滴用功能控制开关“升降”挡移到“起跑”线上，然后迅速拨至“平衡”挡。测量时功能控制开关拨至“测量”挡，油滴开始匀速下降的同时，计时器开始计时，到“终点”时迅速拨至“平衡”挡，油滴立即静止，计时也立即停止。读出油滴下降 1.00mm（2 格）时间，用简化公式（3-17）计算油滴电量 q 时，t_g 应是数字秒表读数的 2 倍。t_g 对应油滴下降 2.00mm（4 格）的时间。将某颗油滴重复测量 3～5 次，t_g 取平均值。选择 6～10 颗油滴，求得电子电荷的平均值 e。

(2) 采用动态测量法，可分别测出加电压时油滴上升的速度和不加电压时油滴下落的速度，代入式（3-15），求出 e 值。油滴的运动距离 l 一般取 1.5mm（3 格）。对某滴油滴重复测量 3～5 次，选择 6～10 滴油滴，求得电子电荷的平均值 e。在每次测量时都要检查和调整平衡电压，以减小偶然误差并防止因油滴挥发而使平衡电压发生变化。

5. 选做项目

用动态法测电荷 e 值。

6. 注意事项

喷雾器内的油不可装得太满，否则会喷出很多“油”而不是“油雾”，堵塞上电极的落油孔。每次喷油时，应在一张白纸上喷几下，确认有油雾喷出，再往喷油孔喷油，一般按两下即可。喷油时，喷雾器的喷头不要深入喷油孔内，防止大颗粒油滴堵塞落油孔。每次实验完毕应及时揩擦上极板及油雾室内的积油。

【数据与结果】

平衡法依据公式为
$$q=K\left(\frac{1}{t_g}\right)^{\frac{3}{2}}\frac{1}{V}$$

其中
$$K=\frac{18\pi}{\sqrt{2\rho g}}\left[\frac{\eta l}{1+\frac{b}{pa}}\right]^{\frac{3}{2}}d$$

$$a=\left(\frac{9\eta Vg}{2\rho q}\right)^{\frac{1}{2}}$$

油的密度 $\rho=981\mathrm{kg\cdot m^{-3}}$

重力加速度 $g=9.80\mathrm{m\cdot s^{-2}}$

空气黏滞系数 $\eta=1.83\times10^{-5}\mathrm{kg\cdot m^{-1}\cdot s^{-1}}$

油滴匀速下降距离 $l=2.00\times10^{-3}\mathrm{m}$

修正常数 $b=6.17\times10^{-6}\mathrm{m\cdot cmHg}$

大气压强 $p=76.0\mathrm{cmHg}$

平板极板间的距离 $d=5.00\times10^{-3}\mathrm{m}$

式中的时间 t_g 应为测量数次时间的平均值。实际大气压由气压表读出。

将上述数据代入式（3-16）得油滴的电荷量
$$q=\frac{1.43\times10^{-14}}{[t_g(1+0.02\sqrt{t_g})]^{\frac{3}{2}}}\frac{1}{V}(\mathrm{C}) \tag{3-17}$$

计算出各油滴的电荷后，求它们的最大公约数，即为基本电荷 e 值。若求最大公约数有困难，可用作图法求 e 值，设实验得到 m 个油滴的带电量分别为 q_1，q_2，…，q_m，由于电荷的量子化特性，应有 $q_i=n_ie$，此为一直线方程，n 为自变量，q 为因变量，e 为斜率。因此 n 个油滴对应的数据在 $n\sim q$ 坐标中将在同一条直线上，若找到满足这一关系的直线，就可用斜率求得 e 值。

将 e 的实验值与公认值比较，求百分误差。

注：用式（3-17）计算 q 虽然是近似的，却极其方便。原因是油的密度、空气的黏滞系数都是温度的函数，重力加速度和大气压强随实验地点和条件而变化。用式（3-16）可准确计算油滴电荷量，但要查当时温度下油的密度、空气的黏滞系数及大气压强。

【思考题】

1. 对实验结果造成影响的主要因素有哪些？
2. 如何判断油滴盒内平行极板是否水平？不水平对实验结果有何影响？
3. 用 CCD 成像系统观测油滴比直接从显微镜中观测有何优点？

【附录】

CCD 密立根油滴仪

1. 仪器结构

仪器主要由油滴盒、CCD 电视显微镜、电路箱、监视器等组成。

油滴盒是个重要部件，加工要求很高，其结构如图 3-14 所示。在油滴盒外套有防风罩，罩上放置一个可取下的油雾杯，杯底中心有一个落油孔及一个挡片，用来开关落油孔。

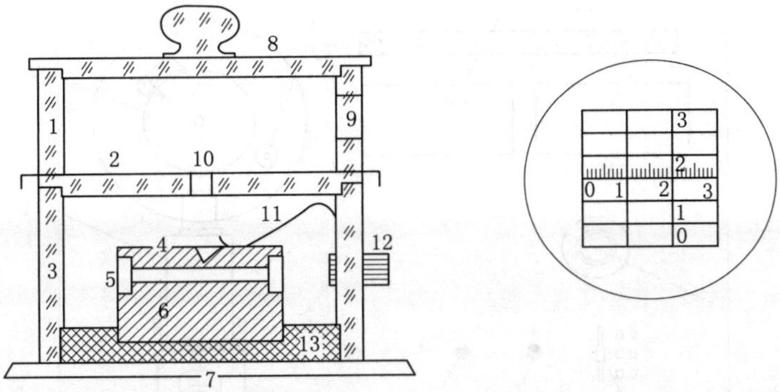

（a）油滴盒的结构　　（b）电子分划板刻度

图 3-14　油滴盒

1—油雾室；2—油雾孔开关；3—防风罩；4—上电极板；5—胶木圆环；6—下电极板；7—底板；8—上盖板；9—喷雾口；10—油雾孔；11—上电极板压簧；12—电源孔

在照明座上方有一个安全开关，当取下油雾杯时，平行电极就自行断电。在上电极上方有一个可以左右拨动的压簧，注意，只有将压簧拨向最边上位置，方可取出上极板。这一点也与一般油滴仪采用直接抽出上极板的方式不同，为的是保证压簧与电极始终接触良好。

照明灯安装在照明座中间位置，照明光路与显微光路间的夹角增为 150°～160°，油滴像特别明亮。MOD-5B 油滴仪采用了带聚光的半导体发光器件，使用寿命长，为半永久性。

CCD 电视显微镜的光学系统是专门设计的，体积小巧，成像质量好。由于 CCD 摄像头与显微镜是整体设计，无须另加连接圈就可以方便地装上拆下，使用可靠、稳定、不易损坏 CCD 器件。

电路箱体内装有高压产生、测量显示等电路。底部装有三只调平手轮，面板结构见图 3-15。由测量显示电路产生的电子分划板刻度，与 CCD 摄像头的行扫描严格同步，相当于刻度线是做在 CCD 器件上的，所以，尽管监视器有大小，或监视器本身有非线性失真，但刻度值是不会变的。

由于空气阻力的存在，油滴是先经一段变速运动然后进入匀速运动的。但这变速运动时间非常短，小于 0.01s，所以可以看作当油滴自静止开始运动时，油滴是立即匀速运动的。运动的油滴突然加上原平衡电压时，将立即静止下来。

2. 主要技术指标

平均相对误差：＜3％。

平行极板间距离：5.00mm±0.01mm。

极板电压：“＋、0、－”可选，DC 0～700V 可调。

提升电压：200～300V。

数字电压表：0～999V±1V。

数字毫秒计：0～99.99s±0.01s。

电视显微镜：总放大倍数 30×（9″监视器、标准物镜）。

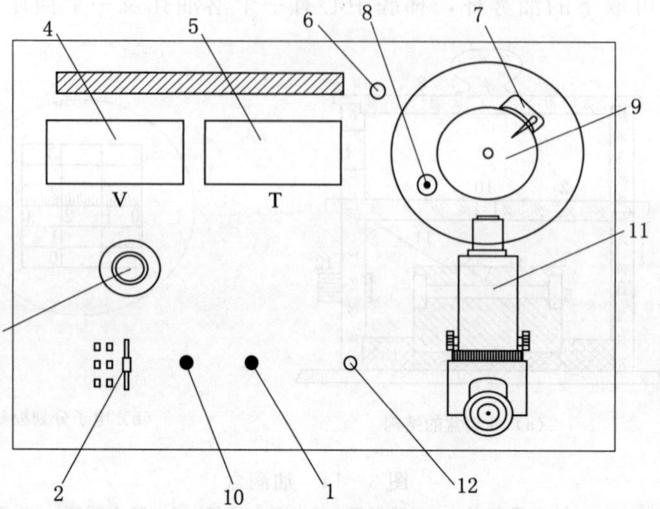

图 3-15　油滴仪面板图

1—电源开关按钮；2—功能控制开关；3—平衡电压调节旋钮；4—数字电压表；5—数字秒表；
5—视频输出插座；7—照明灯室；8—水泡；9—上下电极；10—秒表清零键；
11—显微镜；12—CCD 视频输入和电源

划板刻度：垂直线视场 5mm，分六格，每格值 0.5mm。

电源：0～220V、50Hz。

实验二十　全息照相实验

全息照相原理是由英国科学家伽柏于1948年提出的。但是直到20世纪60年代初，在相干性能很好的激光问世以后，全息照相才得以实现，全息技术才迅速发展。伽柏也因此于1971年荣获诺贝尔物理学奖。全息技术是当代引人注目的新技术，它已成为近代光学领域里的一个重要分支。全息技术已广泛应用于信息存储、精密计量、无损检测等方面，并已渗透到军事、医学、艺术、商业以及日常生活等各个领域，可以相信，随着知识经济时代的到来，全息技术的应用前景将更加宽广。本实验介绍全息照相的基本原理、主要特点及全息记录和全息再现的基本方法。

【实验目的】

(1) 了解全息照相的基本原理及特点。

(2) 学会全息照相拍摄及底片暗房冲洗方法。

(3) 学会全息照相和全息再现的基本方法。

【实验原理】

1. 全息记录

由光的振动理论可知，物体上某一点发出的球面波可以表示为 $A(x,y)\exp[i\phi(x,y)]$，其中 A 为振幅，表示物光的光强分布，ϕ 表示物光在空间各点的位相分布。振幅和位相反映了物光的全部信息。普通照相记录的是物体的光强分布，无法记录物体的位相信息，因而无法反映物体表面的凹凸状态，所以只能显示物体的平面像。

如何才能同时记录物光的振幅和位相等全部信息呢？我们知道，两光波干涉，其干涉条纹的明暗对比度及形状反映出这两列相干光波之间的振幅和位相关系。因此可用干涉方法，以干涉条纹的形式把物光的全部信息记录下来。

设物光 O 与法线成 θ 角入射到感光底片 H 上，同样波长的平面参考光波 R 垂直入射，如图 3-16 所示。两光波阵面相交形成等位相面，波峰叠加产生干涉极大条纹，从图 3-16 中几何关系可得干涉条纹间距

$$d=\frac{\lambda}{\sin\theta} \tag{3-18}$$

这些干涉条纹是否包含物光信息呢？我们再作进一步理论分析。在感光底片所在平面上，设物光为

$$O(x,y)=A_0(x,y)\exp[i\phi_0(x,y)]$$

与同波长的规则（不一定是平面波且不一定垂直入射）参考光

$$R(x,y)=A_r(x,y)\exp[i\phi_r(x,y)]$$

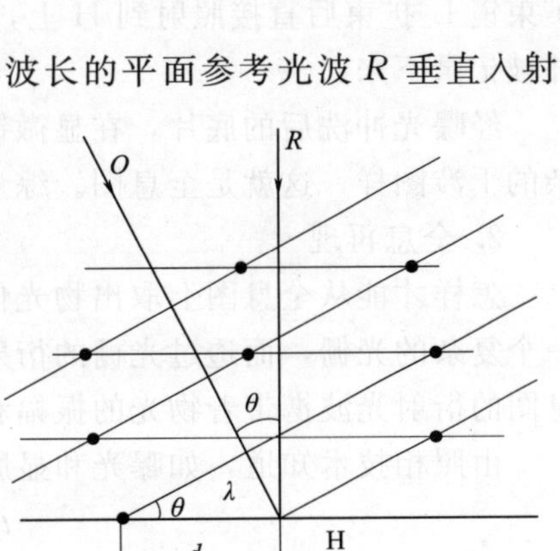

图 3-16　平面参考光波垂直入射

发生干涉，两光波叠加，其光强分布可用合成光波的复振幅模的平方表示

$$I(x,y)=|O+R|^2=OO^*+RR^*+OR^*+RO^*=A_0^2+A_r^2+2A_0A_r\cos(\phi_0-\phi_r) \tag{3-19}$$

式（3-19）中第一项是物光光强，第二项是参考光光强。如果使规则的参考光比物光强许多，那么这两项在记录平面上构成较为均匀的背影。第三项是干涉项，包含着物光的振幅 A_0 和位相 ϕ_0 等全部信息。其中 $2A_0A_r$ 因子与 $A_0^2+A_r^2$ 的比值决定了（x，y）点附近的干涉条纹的明暗对比度；$\cos(\phi_0-\phi_r)$ 因子则决定了（x，y）点附近的干涉条纹的分布状况。因此底片上记录下来的干涉条纹光强分布包含着物光的振幅和位相等全部信息。

物体有一定的大小，若要清晰地记录物体各部分的干涉条纹就应选用相干性能好的激光作光源。由式（3-18）可估计出干涉条纹间距的数量级。若用 H_e-N_e 激光，波长 $\lambda=632.8$nm。当 $\theta\approx45°$ 时，有 $d\approx10^{-3}$ mm，可见条纹极细密。这就要求全息记录时使用分辨率（$1/d$）较高（大于 1000 条/mm）的特殊底片。普通照相底片分辨率约 100 条/mm，不能用于全息记录；同时要求在曝光时间内，外界振动等因素引起的条纹移动不得超过 1/4 条纹间距，否则条纹模糊不清。因此全息记录所用设备和环境应十分稳定。由于条纹间距与两相干光的夹角有关，夹角越大，条纹越细密，为保证条纹在底片上能被清晰分辨，物光与参考光的夹角 θ 小于某个数值。

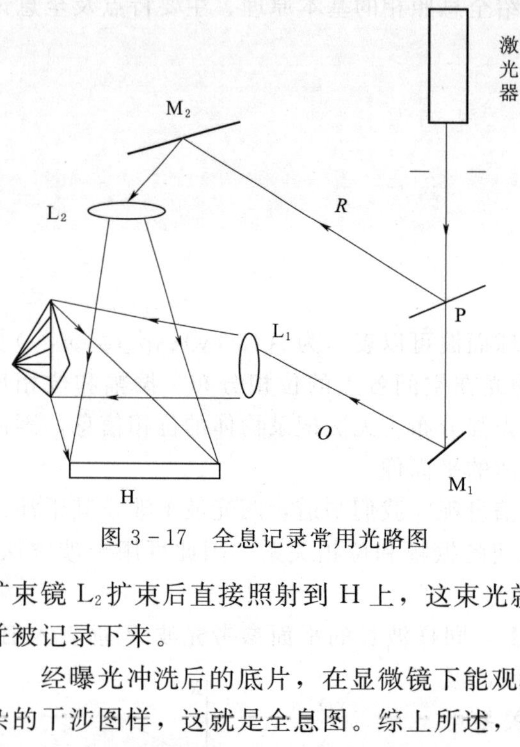

图 3-17　全息记录常用光路图

图 3-17 是一种全息记录常用的光路图。激光经分束镜 P 透射和反射后，分为两束相干光，透射光经反射镜 M_1 反射、扩束镜 L_1 扩束后照射到物体上，再被物体漫反射到底片 H 上，这束光就是物光 O；反射光经 M_2 反射、扩束镜 L_2 扩束后直接照射到 H 上，这束光就是参考光 R。物光和参考光在底片上发生干涉并被记录下来。

经曝光冲洗后的底片，在显微镜下能观察到一幅与被摄物形象完全不相似的极细密、复杂的干涉图样，这就是全息图。综上所述，全息记录利用的是光的干涉原理。

2. 全息再现

怎样才能从全息图上取出物光信息呢？由于全息图上记录的是干涉条纹，因此可以看成一个复杂的光栅，而透过光栅的衍射光波，其振幅、位相与光栅图样有关。也就是说透过全息图的衍射光波携带着物光的振幅和位相等全部信息。

由照相技术知道，如曝光和显影恰当，底片的光波透过率 t 与曝光时光强 I 呈线性关系

$$t(x,y)=t_0+\beta I(x,y) \tag{3-20}$$

式中：t_0 和 β 是由底片性质决定的常数。

如选原参考光作再现光，且光源位置不变，入射全息图片，则透射光波为

$$U(x,y)=t(x,y)\cdot R(x,y)=[t_0+\beta(|O|^2+|R|^2)]\cdot R+\beta|R|^2\cdot O+\beta R^2\cdot O^* \tag{3-21}$$

上式中第一项不含物光位相信息，沿再现方向传播，为零级衍射光；第二项正比于物光 O，好像从被摄物体发出，正是这一光波，可再现与物体完全逼真的三维立体虚像，这是 +1 级衍射光；第三项包含物光共轭光 O^* 和复数因子 R^2，这一光波在一定条件下会形成一个畸

变的与实物的凹凸完全相反的共轭实像，这是−1级衍射光。

图3-18是简单的全息再现光路，其中H是全息图片，R是再现光。从图中可以看出，±1级衍射光分别位于零级衍射光两侧，只有当这两束衍射光分离足够大的角度，避免较强的零级衍射光的干扰，才易于观察到全息再现图样。这样，记录时要求物光与参考光的夹角θ不要太小。综上所述，全息再现利用了光的衍射原理。

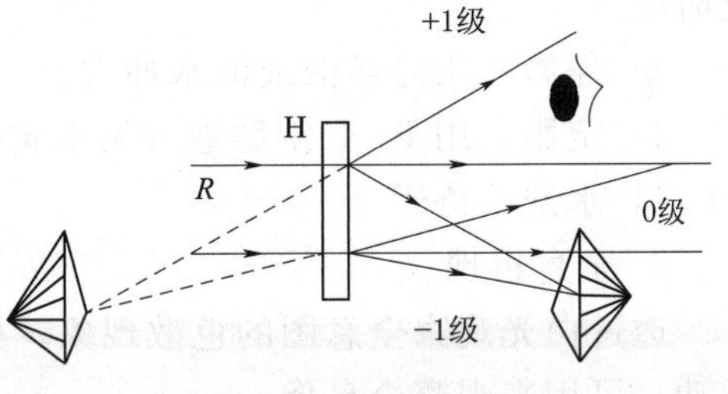

图3-18　全息再现光路图

3. 全息照相主要特点

（1）可再现与物体完全逼真的三维立体虚像。从不同角度观察全息图，可以看到物体的不同侧面，具有明显的立体感。

（2）可分割。全息图片的任一小片均可再现出完整的物体形象（只是分辨率下降）。因为全息图上每一点都接受来自物体表面上各点反射出的光波，因而全息图上每一小片都记录着来自整个物体表面的全部信息，再现时，这一小片全息图的衍射光也包含了物体各部分的全部信息。

（3）可多重记录。一张全息底片可进行多次曝光记录，再现像也不会发生重叠。方法：再次拍摄前将底片转动一个小角度（或改变参考光的入射角，或改变物体的位置），再现时只要适当转动全息底片即可。

【实验仪器】 JQS-Ⅰ型、JQS-Ⅱ型激光全息照相实验台（见本实验附录3、附录4）。

【实验内容】

1. 全息记录（制作全息图片）

2. 全息再现（观察全息像）

3. 研究全息照相的特点

【实验步骤】

1. 全息记录

图3-17是全息记录常用光路图。全息记录光路必须布置在防震台上。

（1）光路调节的基本要求。

1）激光束与工作台平行，各光学元件等高，物体得到均匀照明，物光尽量多地照射到接收屏上并与参考光有足够大的重叠区。

2）物光与参考光的光程接近相等，接收屏上参考光与物光的光强比应为2∶1～10∶1，宜为3∶1。

3）参考光与物光在屏上的夹角宜30°～45°。

4）如果希望顺利观察实像，参考光源到屏距离最好大于两倍物体到屏的距离，且参考光尽量垂直入射到屏上。

（2）曝光。

1）曝光应在暗室中进行。选用暗绿色安全灯。

2）全息底片应将底片的药膜面向着光源。安放好底片后应等几分钟再曝光。

3）曝光时间内人不能碰全息台，不能走动，时间由定时器控制。

（3）冲洗。

1）显影：用D－19显影液（见本实验附录1）。在安全灯下观察显影过程，待底片呈灰色时取出。

2）停影：用停影液或清水冲洗。

3）定影：用F－5定影液（见本实验附录2）。底片浸入4～5min取出。

4）水洗、待干。

2. 全息再现

透过白光观察全息图的色散现象。如果略微转动全息图片可以看到彩带，说明全息记录成功，可用来观察全息像。

（1）再现虚像的观察。

1）在原记录光路中再现。将全息片放回记录光路中原来的位置上，挡掉物光，用再现光照射全息图，适当调整观察方位，透过全息图，搜索、观察再现虚像。

2）用简单再现光路图再现。只用一个扩束镜扩束激光作再现光，照射全息图，如图3－18所示。这种情况下，衍射光较强，再现像较亮，便于观察，只是像的大小和位置有变化。

（2）全息照相特点研究（选做内容）。

1）再现虚像出现后，上下左右慢慢移动眼睛，细观察再现像的变化。能否观察到先前观察时被遮住的像的侧面？该像是二维的还是三维立体的？

2）一张打有一个小孔的黑纸盖在全息片的药膜面上，让再现光通过小孔照射。这是部分全息图再现的是局部物体像还是整个物体像？

3）改变再现光源到全息图距离（入射角大致不变），观察虚像大小的变化。再现光源到全息图的距离变化与像的大小变化有什么关系？

（3）注意事项。

1）激光电源开启后输出端电压高达数千伏，切勿触摸输出端，以免以生危险。

2）未扩束的激光强度高，勿用眼睛对视细激光束。

3）严禁用手、布、纸片等触摸擦拭光学元件的通光表面，如有沾污或尘土，由教师正确处理。

【思考题】

1. 用两相同的激光器分别作物光光源和参考光光源，能否记录全息图？

2. 全息照相拍摄关键因素有哪些？

3. 全息照相与普通照相有什么本质区别？

【附录】

1. D－19显影液配方

米吐尔2g，无水碳酸钠48g，无水亚硫酸钠90g，溴化钾5g，对苯二酚8g，加蒸馏水至1000mL。

2. F－5定影液配方

蒸馏水（50℃）800mL，冰醋酸13.5mL，硫代硫酸钠240g，硼酸（结晶）7.5g，无水亚硫酸钠15g，钾矾15g，加蒸馏水至1000mL。

3. JQS－Ⅰ型激光全息照相实验台清单

激光电源，曝光定时器，光开关盒及支架，分束镜（ϕ20，50%）及支架，分束镜（ϕ20，5%）及支架，扩束镜（40倍）及支架（2只），扩束镜（100倍）及支架（2只），全反镜（$\phi 20$）及支架（3只），底片夹，载物台，白屏，实时显影架，激光管支架，激光管套筒，毛玻璃，钢板（800×600×10），海绵（800×600×10），软卷尺。

4.JQS-Ⅱ型激光全息照相实验台清单（与普通全息照相无关配件未列出）

全反镜（$\phi 30$）及支架（2只），分束镜（$\phi 30$，5%）及支架，分束镜（$\phi 30$，50%）及支架，全反镜（$\phi 60$）及支架（2只），扩束镜（40倍）及支架（2只），曝光定时器，光开关盒及支架，激光管套筒及支架，底片夹及支架，载物台，白屏，毛玻璃，钢板（1000×800×10），海绵（800×600×10），软卷尺。

实验二十一　非线性电路混沌实验

长期以来，人们在认识和描述运动时，大多只局限于线性动力学描述方法，即确定的运动有一个完美确定的解析解。但是自然界在相当多情况下，非线性现象却起着很大的作用。1963 年美国气象学家 Lorenz 在分析天气预报模型时，首先发现空气动力学中的混沌现象，该现象只能用非线性动力学来解释。于是，1975 年混沌作为一个新的科学名词首次出现在科学文献中。从此，非线性动力学迅速发展，并成为有丰富内容的研究领域。该学科涉及非常广泛的科学范围，从电子学到物理学，从气象学到生态学，从数学到经济学等。混沌通常相应于不规则性或非周期性，这是由非线性系统的本质产生的。本实验将引导学生自己建立一个非线性电路，该电路包括有源非线性负阻、LC 振荡器和 RC 移相器三部分；采用物理实验方法研究 LC 振荡器产生的正弦波与经过 RC 移相器移相的正弦波合成的相图（李萨如图），观测振动周期发生的分岔及混沌现象；测量非线性单元电路的电流-电压特性，从而对非线性电路及混沌现象有一深刻了解；学会自己制作一个实用带铁磁材料介质的电感器以及测量非线性器件伏-安特性的方法。

【实验目的】

1. 了解非线性电路混沌现象，观测振动周期发生的分岔及混沌现象。
2. 测量非线性单元电路的电流-电压特性。
3. 测量一个带铁磁材料介质的电感器的电感量。

【实验原理】

1. 非线性电路与非线性动力学

实验电路如图 3－19 所示，图中只有一个非线性元件 R，它是一个有源非线性负阻器件。电感器 L 和电容器 C_2 组成一个损耗可以忽略的谐振回路；可变电阻 R_0 和电容器 C_1 串联将振荡器产生的正弦信号移相输出。本实验所用的非线性元件 R 是一个五段分段线性元件。

图 3－20 所示的是该电阻的伏-安特性曲线，可以看出加在此非线性元件上电压与通过它的电流极性是相反的。由于加在此元件上的电压增加时，通过它的电流却减小，因而将此元件称为非线性负阻元件。

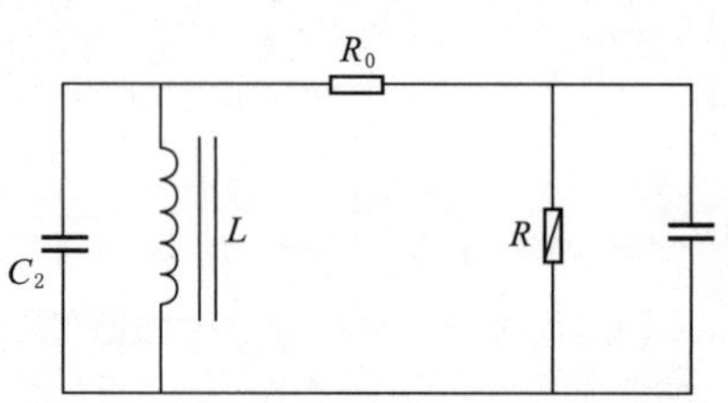

图 3－19　非线性电路原理图

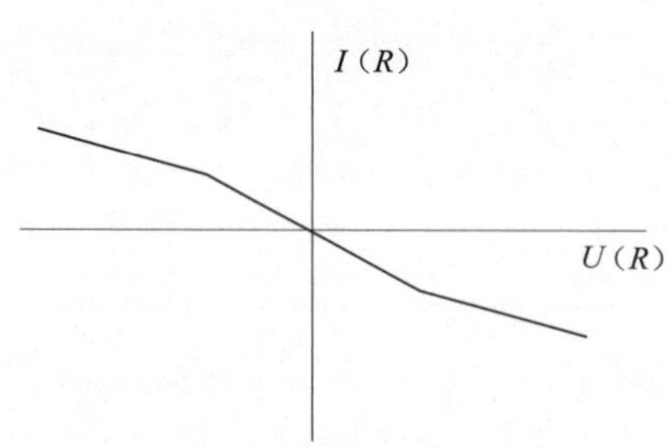

图 3－20　非线性元件伏-安特性

图 3－19 电路的非线性动力学方程为

$$C_1\frac{\mathrm{d}U_{C_1}}{\mathrm{d}t}=G(U_{C_2}-U_{C_1})-gU_{C_1}$$

$$C_2\frac{dU_{C_2}}{dt}=G(U_{C_1}-U_{C_2})+i_L \tag{3-22}$$
$$L\frac{di_L}{dt}=-U_{C_2}$$

式中：U_{C_1}、U_{C_2}为C_1、C_2上的电压；i_L为电感L上的电流；$G=1/R_0$为电导。

在图3-19中，g为U的函数，如果R是线性的，g是常数，电路就是一般的振荡电路，得到的解是正弦函数，电阻R_0的作用是调节C_1和C_2的位相差，把C_1和C_2两端的电压分别输入到示波器的x轴、y轴，则显示的图形是椭圆。如果R是非线性的，会看到什么现象呢？

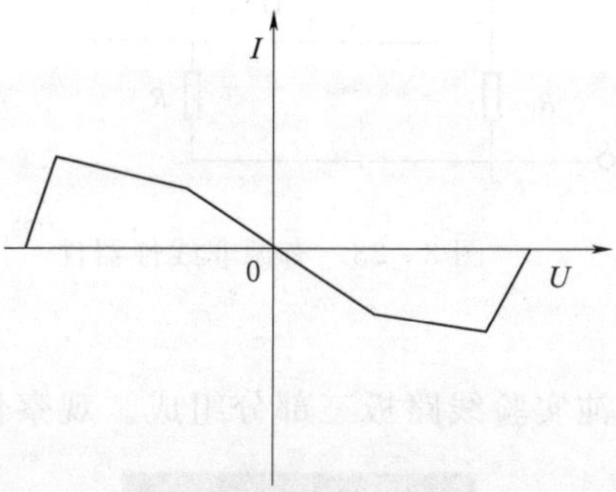

图3-21 双运算放大器非线性元件的伏-安特性

电路中的R是非线性元件，它的伏-安特性如图3-21所示，是一个分端线性的电阻，整体呈现出非线性。gU_{C_1}是一个分段线性函数。由于g总体是非线性函数，三元非线性方程组（3-22）没有解析解。若用计算机编程进行数据计算，当取适当电路参数时，可在显示屏上观察到模拟实验的混沌现象。

除了计算机数学模拟方法之外，更直接的方法是用示波器来观察混沌现象，实验电路如图3-22所示，非线性电阻是电路的关键，它是通过一个双运算放大器和六个电阻组合来实现的。电路中，LC并联构成振荡电路，R_0的作用是分相，使J_1和J_2两处输入示波器的信号产生位相差，可得到x，y两个信号的合成图形，双运算放大器LF353的前级和后级正、负反馈同时存在，正反馈的强弱与比值R_3/R_0、R_6/R_0有关，负反馈的强弱与比值R_2/R_1、R_5/R_4有关。当正反馈大于负反馈时，振荡电路才能维持振荡。若调节R_0，正反馈就会发生变化，LF353处于振荡状态，表现出非线性，LF353与六个电阻等效于一个非线性电阻，它的伏-安特性大致如图3-21所示。

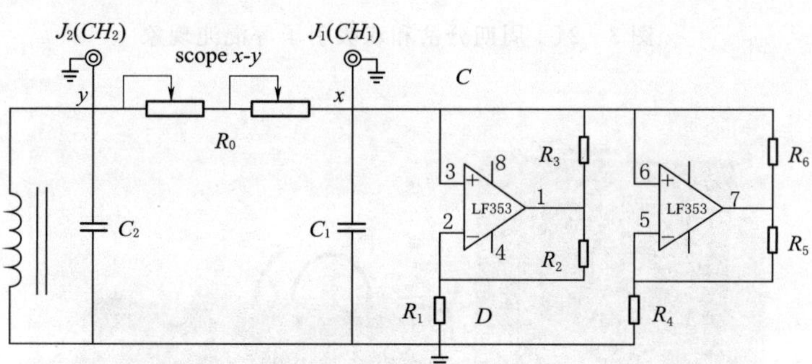

图3-22 非线性电路混沌实验电路

2. 有源非线性负阻元件的实现

有源非线性负阻元件实现的方法有很多种，这里使用的是一种较简单的电路，采用两个运算放大器（一个双运算放大器LF353）和六个配制电阻来实现，其电路如图3-23所示，它的伏安特性曲线如图3-21所示，实验所要研究的是该非线性元件对整个电路的影响，而

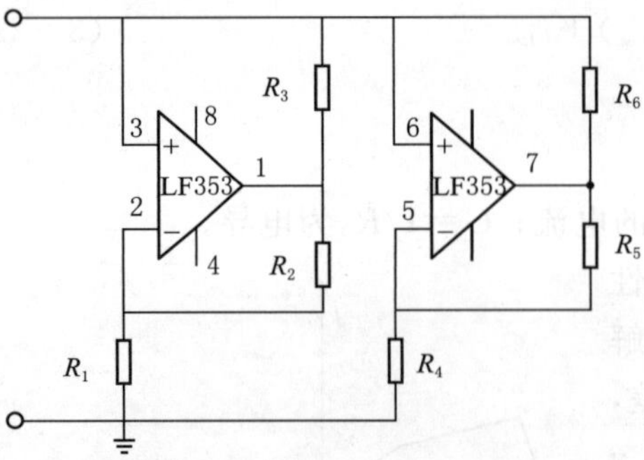

图 3-23 有源非线性器件

非线性负阻元件的作用是使振动周期产生分岔和混沌等一系列非线性现象。从大到小改变 R_0，可观察到如图 3-24 所示的周期分岔和双吸引子等混沌现象。实际非线性混沌实验电路如图 3-22 所示。

【实验仪器】

RNE-B 非线性电路混沌实验仪，DF4321 双踪示波器。

实验装置如图 3-25 所示。非线性电路混沌实验仪由四位半电压表（量程 0～19.999V，分辨率 1mV）、−15V～0～+15V 稳压电源和非线性电路混沌实验线路板三部分组成。观察倍周期分岔和混沌现象用双踪示波器。

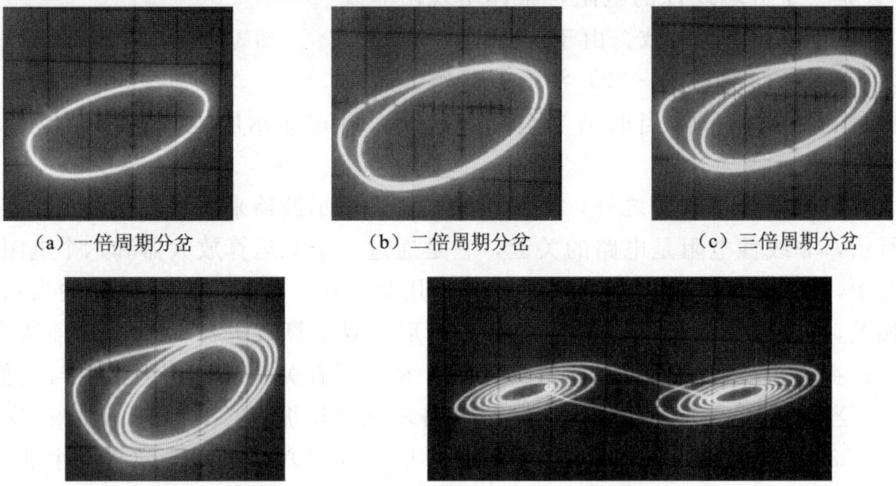

(a) 一倍周期分岔　(b) 二倍周期分岔　(c) 三倍周期分岔

(d) 四倍周期分岔　(e) 双吸引子

图 3-24 周期分岔和双吸引子等混沌现象

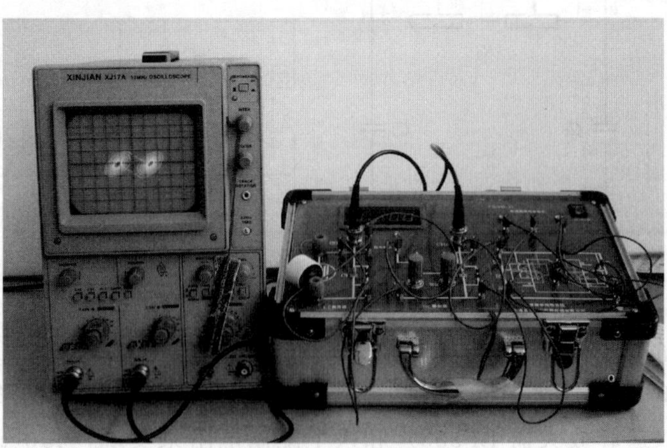

图 3-25 实验装置

【实验内容与步骤】

1. 必做内容

（1）测量有源非线性电阻的伏-安特性并画出伏-安特性图。由于非线性电阻是含源的，测量时不用电源，用电阻箱调节，伏-安表并联在非线性电阻两端，再和电阻箱串联在一起构成回路。尽量多测数据点，将测量点分段连成直线。

（2）倍周期现象、周期性窗口、单吸引子和双吸引子的观察、记录和描述。将电容 C_1 和 C_2 上的电压输入到示波器的 X 轴、Y 轴，先把 R_0 调到最小，示波器上可以观察到一条直线，调节 R_0，直线变成椭圆，到某一位置，图形缩成一点。增大示波器的倍率，反向微调 R_0，可见曲线作倍周期变化，曲线由一周期增为二周期，由二周期增为四周期……直至一系列难以计数的无首尾的环状曲线，这是一个单涡旋吸引子集，再细微调节 R_0，单吸引子突然变成了双吸引子，只见环状曲线在两个向外涡旋的吸引子之间不断填充与跳跃，这就是混沌研究文献中所描述的“蝴蝶”图像，也是一种奇怪吸引子，它的特点是整体上的稳定性和局域上的不稳定性同时存在。利用这个电路，还可以观察到周期性窗口，仔细调节 R_0，有时原先的混沌吸引子不是倍周期变化，却突然出现了一个三周期图像，再微调 R_0，又出现混沌吸引子，这一现象称为出现了周期性窗口。混沌现象的另一个特征是对于初值的敏感性。观察并记录不同倍周期时 $U_{C_1}-t$ 图和 R_0 的值。

2. 选做内容

测量一个铁氧体电感器的电感量

（1）按图 3-22 所示电路接线。其中电感器 L 由实验者用漆包铜线手工缠绕。可在线框上绕 75～85 圈，然后装上铁氧体磁芯，并用刀片把引出漆包线端点上的绝缘漆刮去，使两端点导电性能良好。也可以用仪器附带铁氧体电感器。

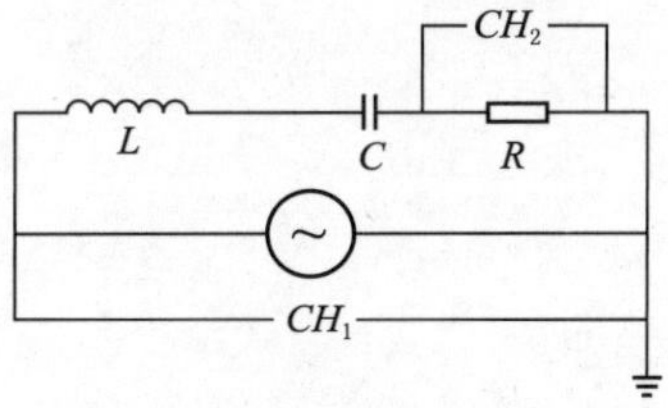

图 3-26　测量电感的电路

（2）串联谐振法测电感器电感量。如图 3-26 所示，把自制电感器、电阻箱（取 30.00Ω）串联，并与低频信号发生器相接。用示波器测量电阻两端的电压，调节低频信号发生器正弦波频率，使电阻两端电压达到最大值。同时，测量通过电阻的电流值 I。要求达到 $I=5\text{mA}$（有效值）时，测量电感器的电感量。

（3）测量电感 L 特性的方法。用 CH_2 测量 R 两端电压。保持信号发生器输出电压不变，调节频率，当 CH_2 测得的电压最大时，RLC 串联电路达到谐振。电感谐振时有

$$\omega L=1/\omega C \text{ 或 } f_0=1/2\pi\sqrt{LC}$$

则

$$L=1/4\pi^2 C f_0^2$$

$$U_R=U_{CH_2}/2\sqrt{2}$$

回路中电流的有效值 $I=U_R/R$，其中 f_0 为谐振频率，U_{CH_2} 表示 CH_2 波形的峰-峰电压，U_R 表示电阻 R 两端输出的电压。测量不同电流 I 对应电感量 L。

【思考题】

（1）用计算机迭代求解方程 $x_{i+1}=1-kx_i^2$，k 的取值范围为 0～2，迭代求解的方法是，对一个 k 值，任意设定 x_0，由上述方程可得到 x_1，由 x_1 可得到 x_2，如此求解下去，会发现对某些 k 值，可得到一个稳定的解，即一倍周期；某些 k 值，解在两个数值间跳跃，即

二倍周期；还会有四倍周期、八倍周期……直至无穷周期到混沌。尝试画出 $k-x$ 图，并分析（x 可取迭代 500 次以后的值）。

（2）分析讨论所观察的混沌现象有哪些特征，并列举一些其他的混沌现象以及发生混沌现象的途径。

实验二十二 电表的改装

电表在电测量中有着广泛的应用，因此如何了解电表和使用电表就显得十分重要。电流计（表头）由于构造的原因，一般只能测量较小的电流和电压，如果要用它来测量较大的电流或电压，就必须进行改装，以扩大其量程。万用表的原理就是对微安表头进行多量程改装而来，在电路的测量和故障检测中得到了广泛的应用。

【实验目的】

(1) 学习设计由运算放大器组成的电压、电流表。

(2) 组装与调试自己设计的电压、电流表。

【实验仪器】

1. 直流稳压电源　　2. 交流电源 DH－AV1（6V，12V，18V）
3. 电位器 2 只（5kΩ，10kΩ）　　4. 电阻（56kΩ）
5. 表头（100μA，内阻 2kΩ）　　6. 运算放大器（HA17741）
7. 芯片座（SJ－004 芯片座盒）　　8. 二极管 4 只（1N4007）
9. 短接桥和连接导线　　10. 九孔插件方板

【实验原理】

1. 电压、电流表工作原理及参考电路

在进行测量时，电表的接入应不影响被测电路的原工作状态，这就要求电压表应具有无穷大的输入电阻，电流表的内阻应为零。但实际上，万用表表头的可动线圈总有一定的电阻，如像 100μA 的表头，其内阻 R 约为 2kΩ（可以用比较法或代替法测出）用它进行测量时将影响被测物理量，引起误差。此外，交流电表中的整流二极管的压降和非线性特性也会产生误差。如在万用电表中使用运算放大器，就能大大降低这些误差，提高测量精度。

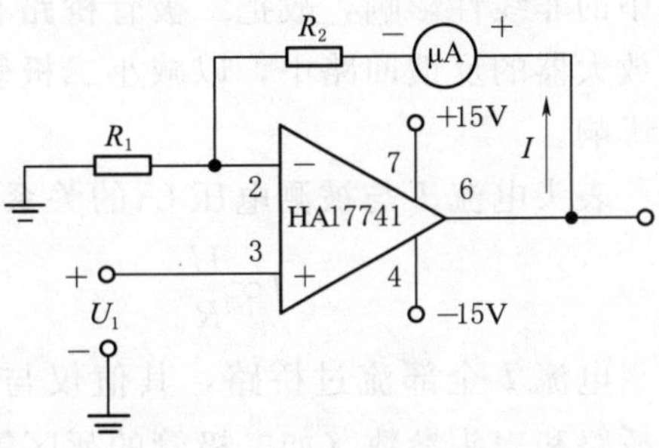

图 3-27　直流电压表

(1) 直流电压表。

图 3-27 为同相输入、高精度直流电压表电原理图。

为了减小表头参数对测量精度的影响，将表头置于运算放大器的反馈回路中，这时，流经表头的电流与表头的参数无关，只要改变 R_1 一个电阻，就可进行量程的切换。只要知道要转换的最大量程 $U_{i\max}$，即可得到 $R_1 = U_{i\max}/I_{\max}$。实际设计的过程中可以把 R_1 用标准电阻或一个定值电阻串联一个电位器来进行调节，以得到转换量程。

表头电流 I 与被测电压 U_i 的关系为

$$I = \frac{1}{R_1}U_i \tag{3-23}$$

应当指出，图 3-27 适用于测量电路与运算放大器共地端的有关电路。此外，当被测电压较高时，在运算放大器的输入端应设置衰减器。

(2) 直流电流表。图 3-28 是浮地直流电流表的电原理图。

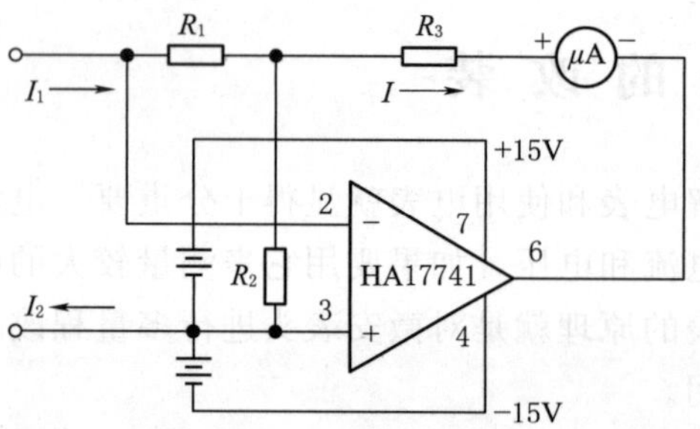

图 3-28　直流电流表

在电流测量中，浮地电流的测量是普遍存在的。例如：若被测电流无接地点，就属于这种情况。为此，应把运算放大器的电源也对地浮动，按此种方式构成的电流表就可像常规电流表那样，串联在任何电流通路中测量电流。

表头电流 I 与被测电流 I_1 间关系为

$$I_1R_1=(I_1-I)R_2$$

$$I=\left(1+\frac{R_1}{R_2}\right)I_1 \tag{3-24}$$

可见，改变电阻比 R_1/R_2，可调节流过电流表的电流，以提高灵敏度。如果被测电流较大时（大于 100μA），应给电流表的表头并联分流电阻（用 4.7kΩ 电位器调节）。实际设计时，通过改变 R_1/R_2 的值，并在表头并联分流电阻来调节。

得到要设计的量程。注意先计算好参数范围后再连线设计，不要用来测量大电流。设计时，可以在电流回路中串接标准电流表来观察实际测量电流值并校准改装表头。遵循“先接线，再检查，再通电；先关电，再拆线”的原则，确保器件安全。

（3）交流电压表。由运算放大器、二极管整流桥和直流毫安表组成的交流电压表，如图 3-29 所示。被测交流电压 U_i 加到运算放大器的同相端，故有很高的输入阻抗，又因为负反馈能减少反馈回路中的非线性影响，故把二极管桥路和表头置于运算放大器的反馈回路中，以减小二极管本身非线性的影响。

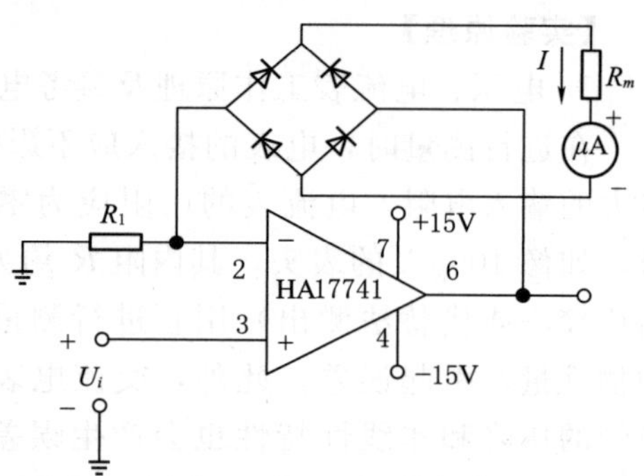

图 3-29　交流电压表

表头电流 I 与被测电压 U_i 的关系为

$$I\propto\frac{U_i}{R_1}$$

电流 I 全部流过桥路，其值仅与 U_i/R_1 有关，与桥路和表头参数（如二极管的死区等非线性参数）无关。表头中电流与被测电压 U_i 的全波整流平均值成正比，若 U_i 为正弦波，则表头可按有效值来刻度，被测电压的上限频率决定于运算放大器的频带和上升速率。设计中通过调节 R_1 的值来实现相应量程。

（4）交流电流表。图 3-30 为浮地交流电流表，表头读数由被测交流电流 i 的全波整流平均值 I_{1AV} 决定，即

$$I=\left(1+\frac{R_1}{R_2}\right)I_{1AV} \tag{3-25}$$

如果被测电流 i 为正弦电流，即

$$i_1=\sqrt{2}I_1\sin\omega t$$

上式可写为

$$I=0.9\left(1+\frac{R_1}{R_2}\right)I_1 \tag{3-26}$$

则表头可按有效值来刻度。

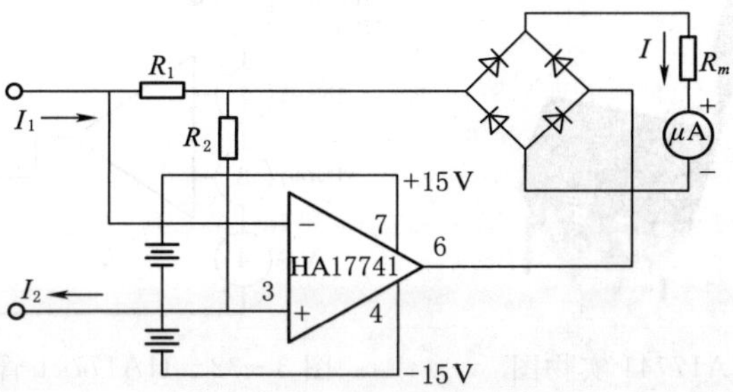

图 3-30 交流电流表

实际设计时，通过改变 R_1/R_2的值，并结合在表头并联分流电阻来实现要设计的量程。

【实验内容与步骤】

1. 设计要求

直流电压表满量程+6V（或+1V，+10V）。

直流电流表满量程 200μA。

交流电压表满量程+6V、50Hz～1kHz。

交流电流表满量程 100μA。

2. 电路设计

用万用电表的电路是多种多样的，建议用参考电路设计一只较完整的万用电表。

3. 选择元器件及安装调试

(1) 表头：电压表的表头灵敏度小于 100μA，内电阻为 2kΩ 左右，应根据测试电流的大小来选择电流表表头的量程。

(2) 电阻：电路中的电阻均采用的金属膜电阻，须用电桥校准。

(3) 运算放大器：输入电阻 500kΩ 以上，输出电阻小。

(4) 二极管：可选用整流二极管或检波二极管。

(5) 运算放大的调试按惯例进行，电流、电压表要用标准电流、电压表校正。

(6) 实验中需要的 100μA 的电流可以用直流电压源串联电阻得到，如电压 0～10V 可调，电阻选择 100kΩ，则电流调节范围即为 0～100μA 可调。注意实验过程中电流不可过大，以免损坏放大器或微安表。

(7) 实验中需要的可调交流电压可由 DH－AV1 加电位器调节实现。

(8) 设计前先计算出量程转换参数，遵循“先接线，再检查，再通电；先关电，再拆线”的原则，特别注意放大器的管脚排列顺序。

(9) 实验时把 8 脚芯片 HA17741 放在 16 脚芯片座中，注意电源供电和脚位接线正确。

【分析与讨论】

1. 画出完整的万用电表的设计电路原理图。

2. 将万用电表与标准表作测试比较，计算万用电表各功能挡的相对误差，分析误差原因。

3. 电路改进建议，收获与体会。

4. HA17741 运算放大器芯片实物图以及管脚排列图如图 3-31、图 3-32 所示。

图 3－31　HA17741 实物图

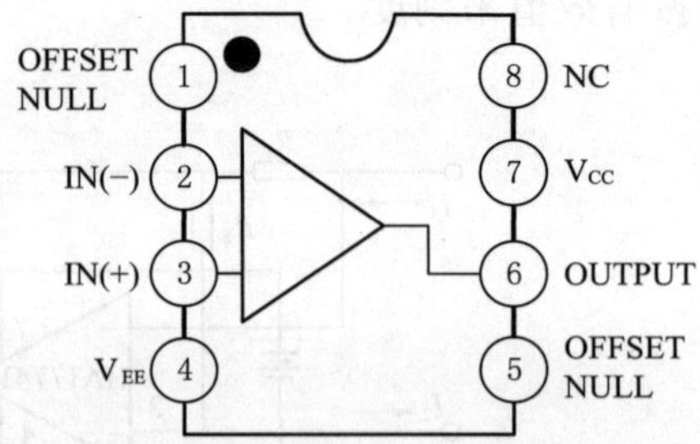

图 3－32　HA17741 管脚排列图

实验二十三　RLC 电路的暂态过程

【实验目的】

（1）研究 RC、RL、LC、RLC 等电路的暂态过程。

（2）理解时间常数 τ 的概念及其测量方法。

【实验原理】

R、L、C 组件的不同组合，可以构成 RC、RL、LC 和 RLC 电路，这些不同的电路对阶跃电压的响应是不同的，从而有一个从一种平衡态转变到另一种平衡态的过程，这个转变过程即为暂态过程。

1. RC 电路

在由电阻 R 及电容 C 组成的直流串联电路中，暂态过程即是电容器的充放电过程，如图 3-33 所示，当开关 K 打向位置 1 时，电源对电容器 C 充电，直到其两端电压等于电源电压 E，在充电过程中回路方程为

$$RC\frac{\mathrm{d}u_c}{\mathrm{d}t}+u_c=E \tag{3-27}$$

考虑到初始条件 $t=0$ 时，$u_C=0$，得到方程的解：

$$u_c=E(1-e^{-t/RC}) \tag{3-28}$$

此解表示电容器两端的充电电压是按指数增长的一条曲线，稳态时电容两端的电压等于电源电压 E，如图 3-34（a）所示。式中 $RC=\tau$ 具有时间量纲，称为电路的时间常数，是表征暂态过程进行得快慢的一个重要的物理量，由电压 u_c 上升到 $0.63E$ 所对应的时间即为 τ。

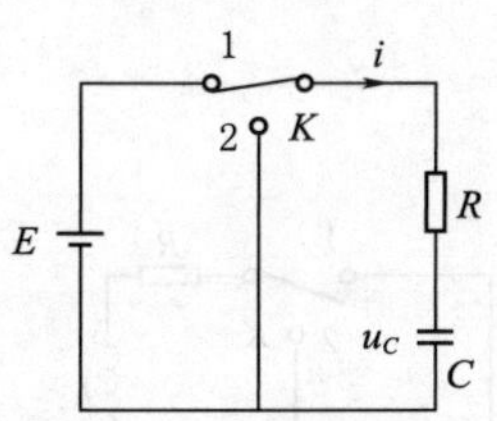

图 3-33　RC 电路

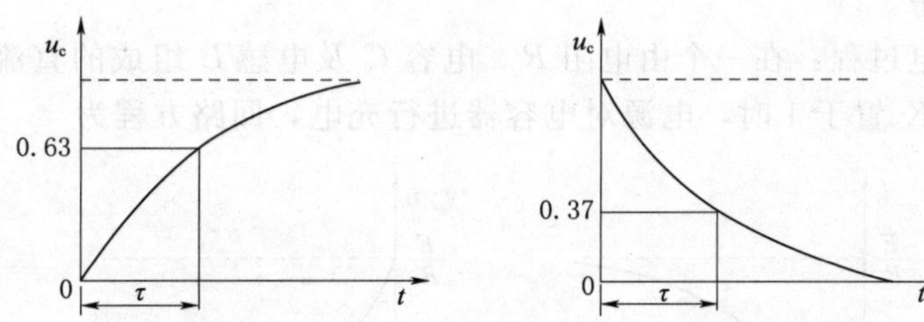

（a）电容器充电过程　　（b）电容器放电过程

图 3-34　RC 电路的充放电曲线

当把开关 K 打向位置 2 时，电容 C 通过电阻 R 放电，回路方程为

$$\frac{\mathrm{d}u_c}{\mathrm{d}t}+\frac{1}{RC}u_c=0 \tag{3-29}$$

结合初始条件 $t=0$ 时，$u_C=E$，得到方程的解：

$$u_c=Ee^{-t/\tau}$$

此解表示电容器两端的放电电压按指数规律衰减到 0，τ 也可由此曲线从 E 衰减到 $0.37E$ 所对应的时间来确定。充放电曲线如图 3-34 所示。

2. RL 电路

RL 电路由电阻 R 及电感 L 串联组成，如图 3-35 所示。

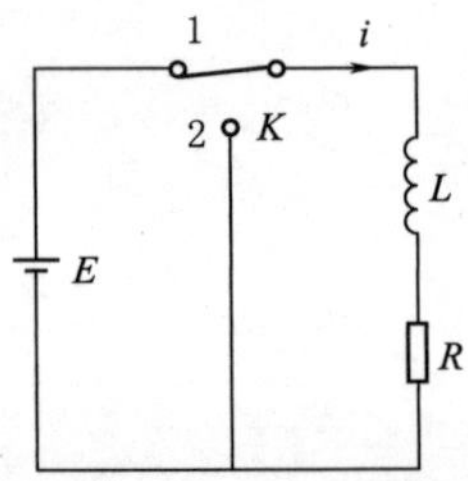

图 3-35　RL 电路

当开关 K 置于 1 时，由于电感 L 的自感作用，回路中的电流不能瞬间突变，而是逐渐增加到最大值 E/R。回路方程为

$$L\frac{\mathrm{d}i}{\mathrm{d}t}+iR=E \tag{3-30}$$

考虑到初始条件 $t=0$ 时，$i=0$，可得方程的解：

$$i=\frac{E}{R}(1-e^{-tR/L})$$

可见，回路电流 i 是经过一指数增长过程，逐渐达到稳定值 E/R 的。i 增长的快慢由时间常数 $\tau=L/R$ 决定，如图 3-36（a）所示。

当开关 K 打到位置 2 时，电路方程为

$$L\frac{\mathrm{d}i}{\mathrm{d}t}+iR=0 \tag{3-31}$$

由初始条件 $t=0$，$i=E/R$，可以得到方程的解：

$$i=\frac{E}{R}e^{-t/\tau}$$

此解表示回路电流 i 从 E/R 按指数逐渐衰减到 0，如图 3-36（b）所示。

3. RLC 电路

以上讨论的都是理想化的情况，即认为电容和电感中都没有电阻，可实际上不但电容和电感本身都有电阻，而且回路中也存在回路电阻，这些电阻是会对电路产生影响的，电阻是耗散性组件，将使电能单向转化为热能。可以想象，电阻的主要作用就是把阻尼项引入到方程的解中。

充电过程：在一个由电阻 R、电容 C 及电感 L 组成的直流串联电路中（图 3-37），当把开关 K 置于 1 时，电源对电容器进行充电，回路方程为

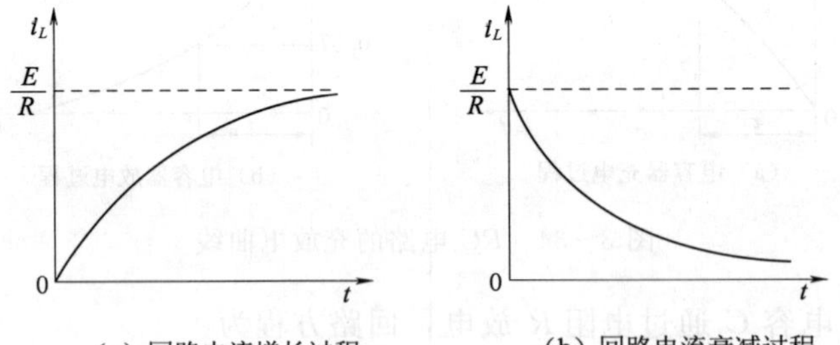

图 3-36　回路电流变化过程

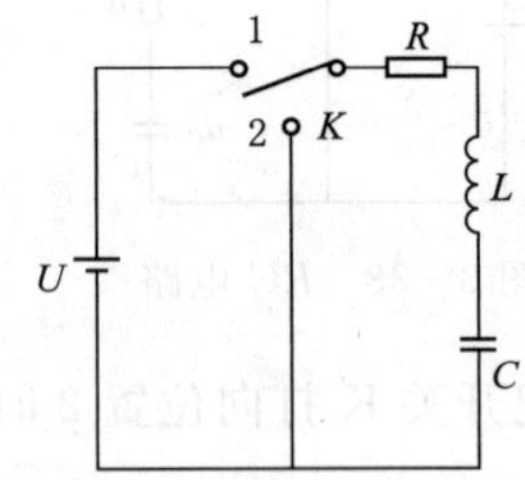

图 3-37　串联 RLC 电路

$$L\frac{\mathrm{d}i}{\mathrm{d}t}+iR+\frac{Q}{C}=U \tag{3-32}$$

对上式求微分得

$$LC\frac{\mathrm{d}^2 i}{\mathrm{d}t^2}+RC\frac{\mathrm{d}i}{\mathrm{d}t}+i=0 \tag{3-33}$$

放电过程：当电容器被充电到 U 时，将开关 K 从位置 1 打到位置 2，则电容器在闭合

的 RLC 回路中进行放电。此时回路方程为

$$LC\frac{\mathrm{d}i}{\mathrm{d}t}+iR+\frac{Q}{C}=0 \tag{3-34}$$

令 $\lambda=\frac{R}{2}\sqrt{\frac{C}{L}}$，$\lambda$ 称为电路的阻尼系数，那么由充放电过程的初始条件：充电，$t=0$ 时，$i=0$，$u_C=0$；放电 $t=0$ 时，$i=0$，$u_C=U$，方程（3-33）、方程（3-34）的解可以有三种形式：

（1）阻尼较小时，$\lambda<1$，即 $R^2<4\frac{L}{C}$，有

充电过程：

$$i=\sqrt{\frac{4C}{4L-R^2C}}Ue^{-t/\tau}\sin\omega t$$

$$u_L=\sqrt{\frac{4L}{4L-R^2C}}Ue^{-t/\tau}\cos(\omega t+\phi)$$

$$u_C=U[1-e^{-t/\tau}\cos(\omega t+\phi)]$$

放电过程：

$$i=\sqrt{\frac{4C}{4L-R^2C}}Ue^{-t/\tau}\sin\omega t$$

$$u_L=-\sqrt{\frac{4L}{4L-R^2C}}Ue^{-t/\tau}\cos(\omega t+\phi)$$

$$u_C=\sqrt{\frac{4C}{4L-R^2C}}Ue^{-t/\tau}\cos(\omega t-\phi)$$

其中时间常数：

$$\tau=\frac{2L}{R}$$

振荡角频率：

$$\omega=\frac{1}{\sqrt{LC}}\sqrt{1-\frac{R^2C}{4L}} \tag{3-35}$$

由上述各式可知，电路中的电压、电流均按正弦律作衰减（或称欠阻尼）振荡状态。如图 3-38 中的曲线 a 所示的周期性衰减振荡曲线。

（2）临界阻尼状态，当 $\lambda=1$ 时，即 $R^2=4\frac{L}{C}$，此时方程的解如下。

充电过程：

$$i=\frac{U}{L}te^{-t/\tau}$$

$$u_L=U\left(1-\frac{t}{\tau}\right)e^{-t/\tau}$$

$$u_C=U\left[1-\left(1+\frac{t}{\tau}e^{-t/\tau}\right)\right]$$

放电过程：

$$u_L=-U\left(1-\frac{t}{\tau}\right)e^{-t/\tau}$$

$$u_C=U\left(1+\frac{t}{\tau}\right)e^{-t/\tau}$$

$$i=\frac{U}{L}te^{-t/\tau}$$

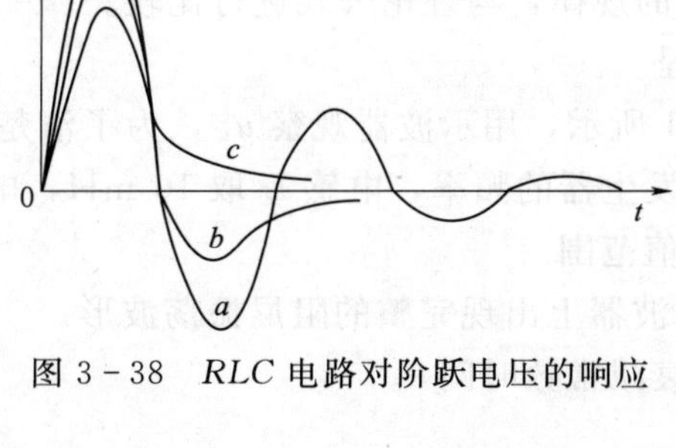

图 3-38　RLC 电路对阶跃电压的响应

由上各式可见，此时电路中各物理量的变化过程不再具有周期性，振荡状态如图 3－38 中曲线 b 所示，这时的电阻值称为临界阻尼电阻。

（3）过阻尼状态，$\lambda>1$，即 $R^2>4\dfrac{L}{C}$，方程的解如下。

充电过程：

$$i=\sqrt{\frac{4C}{R^2C-4L}}Ue^{-t/\tau}\mathrm{sh}\beta t$$

$$u_L=\sqrt{\frac{4L}{R^2C-4L}}Ue^{-t/\tau}\mathrm{sh}(-\beta t+\phi)$$

$$u_C=U[1-e^{-t/\tau}\mathrm{ch}(\beta t+\phi)]$$

放电过程：

$$i=-\sqrt{\frac{4C}{R^2C-4L}}Ue^{-t/\tau}\mathrm{sh}\beta t$$

$$u_L=-\sqrt{\frac{4L}{R^2C-4L}}Ue^{-t/\tau}\mathrm{sh}(-\beta t+\phi)$$

$$u_C=Ue^{-t/\tau}\mathrm{ch}(\beta t+\phi)$$

式中 $\beta=\dfrac{1}{\sqrt{LC}}\sqrt{\dfrac{R^2C}{4L}}$，此时为阻尼较大的情况，此时电路的电压电流不再具有周期性变化的规律，而是缓慢地趋向平衡值，且变化率比临界阻尼时的变化率要小（图 3－38 中曲线 c）。

【实验仪器】

信号源，双踪示波器，R、L、C 电子元件，九孔插板，导线。

【实验内容】

1. RC 电路的暂态过程

（1）按图 3－39 接线，令方波信号输出频率 $f=500\text{Hz}$，将方波信号接入示波器 Y_1 输入端，观察记录方波波形。

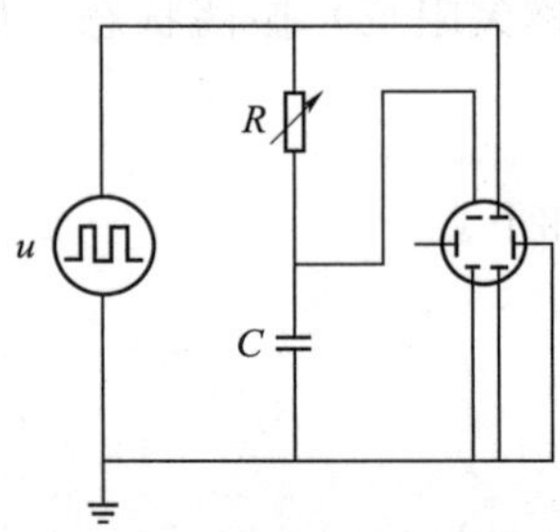

图 3－39　RC 电路的暂态过程接线图

（2）观察电容器上电压随时间的变化关系。将 u_C 接到示波器 Y_2 输入端，电容 C 取 0.047 μF。改变 R 的阻值，使 τ 分别为 $\tau\ll T/2$，$\tau=T/2$，$\tau\gg T/2$，T 是输入方波信号的周期，观察并记录这三种情况下 u_C 的波形，并分别解释 u_C 的变化规律。

（3）测量时间常数 τ，先以信号发生器为标准信号来校准双踪示波器的 x 轴时基。改变 R 的阻值，分别使 $T/2=3\tau$，4τ，5τ，6τ，7τ，利用示波器的 X 轴时基，测量每种情况下的 τ 值，用作图法讨论 τ 随 R 的变化规律，并与 τ 的定义 $\tau=RC$ 进行比较。

2. RL 电路的暂态过程

按照图 3－41 所示连接电路，固定方波频率 $f=500\text{Hz}$，电感 L 为 10mH，电阻 R 的取值范围 100～10K 可调。参照实验内容 1 中的步骤，观测三种不同 τ 值情况下，u_R 和 u_L 的波形，并讨论 τ 值随 R 变化的规律，与理论公式进行比较。

3. RLC 电路的暂态过程

（1）电路连接如图 3－41 所示，用示波器观察 u_C，为了清楚地观察到 RLC 阻尼振荡的全过程，需要适当调节方波发生器的频率，电感 L 取 10 mH，电容 C 取 0.047 μF，计算三种不同阻尼状态对应的电阻值范围。

（2）合适的 R 值，使示波器上出现完整的阻尼振荡波形。

1）测量振荡周期 T 及衰减常数时间 τ。

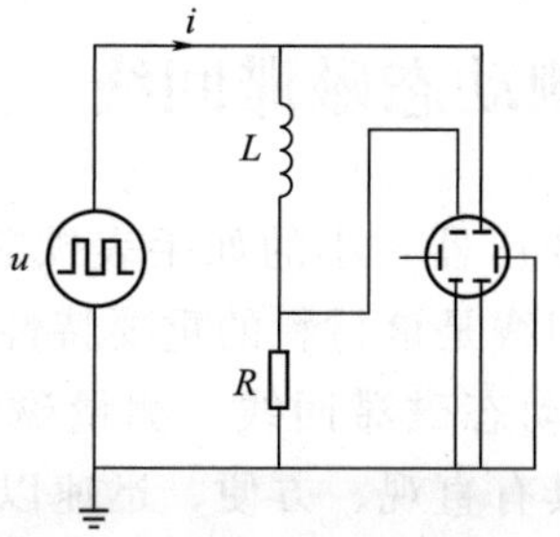

图 3-40　*RL* 电路的暂态过程接线图

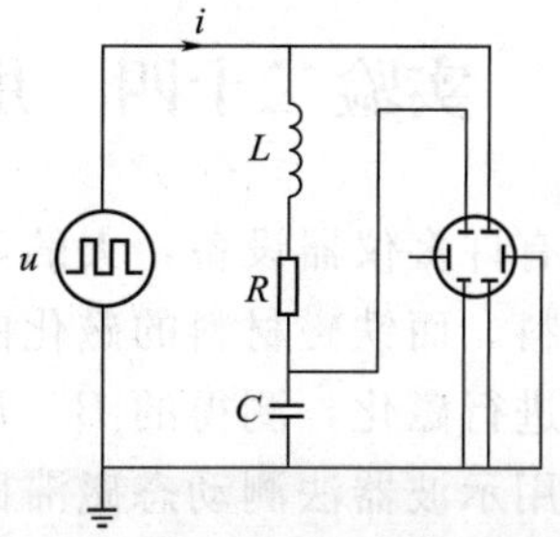

图 3-41　*RLC* 串联电路的暂态过程接线图

2）改变 R 的值，观察振荡波形的变化情况，并加以讨论。

（3）观察临界阻尼状态。逐步加大 R 值，当 u_C 的波形刚刚不出现振荡时，即处于临界状态，此时回路的总电阻就是临界电阻，与用公式 $R^2>4\frac{L}{C}$ 所计算出来的总阻值进行比较。

（4）观察过阻尼状态。继续加大 R，即处于过阻尼状态，观察不同 R 对 u_C 波形的影响。

【思考题】

1. 在 *RC* 电路中，固定方波频率 f 而改变 R 的阻值，为什么会有各种不同的波形？若固定 R 而改变方波频率 f，会得到类似的波形吗？为什么？

2. 在 *RLC* 电路中，若方波发生器的频率很高或很低，能观察到阻尼振荡的波形吗？如何由阻尼振荡的波形来测量 *RLC* 电路的振荡周期 T？振荡周期 T 与角频率 ω 的关系会因方波频率的变化而发生变化吗？

实验二十四　用示波器测动态磁滞回线

工程技术中有许多仪器设备，大的如发电机和变压器，小的如手表铁芯和录音磁头等，都要用到铁磁材料。而铁磁材料的磁化曲线和磁滞回线是该材料的重要特性。本实验中用交流电对材料样品进行磁化，测得的 $B-H$ 曲线称为动态磁滞回线。测量磁性材料动态磁滞回线方法较多，用示波器法测动态磁滞回线的方法具有直观、方便、迅速以及能够在不同磁化状态下（交变磁化及脉冲磁化等）进行观察和测量的独特优点，所以在实验中被广泛利用。本实验要求掌握铁磁材料磁滞回线的概念和用示波器测量动态磁滞回线的原理和方法。

【实验目的】

（1）认识铁磁物质的磁化规律，比较两种典型的铁磁物质的动态磁化特性。

（2）测定样品的基本磁化曲线，作 $\mu-H$ 曲线。

（3）测定样品的 H_C、B_r、B_m 和 H_m 等参数。

（4）测绘样品的磁滞回线，估算其磁滞损耗。

【实验原理】

1. 铁磁材料的磁滞性质

铁磁物质是一种性能特异，用途广泛的材料。铁、钴、镍及其众多合金以及含铁的氧化物（铁氧体）均属铁磁物质。其特征是在外磁场作用下能被强烈磁化，故磁导率 μ 很高。另一特征是磁滞，即磁化场作用停止后，铁磁质仍保留磁化状态。当材料磁化时，磁感应强度 B 不仅与当时的磁场强度 H 有关，而且决定于磁化的历史情况，图 3-42 为铁磁物质的磁感应强度 B 与磁化场强度 H 之间的关系曲线。

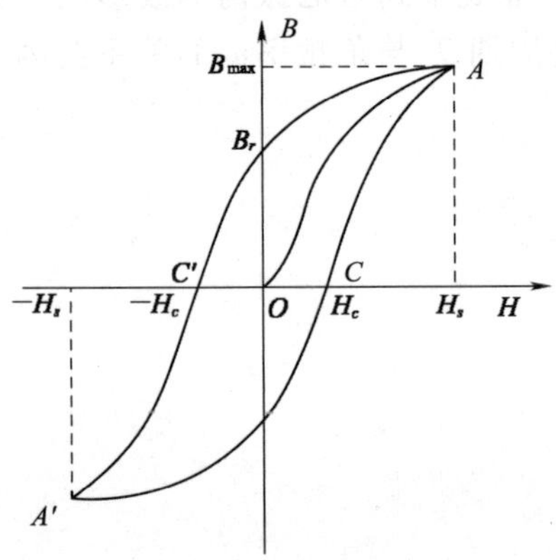

图 3-42　$B-H$ 关系曲线

曲线 OA 表示铁磁材料从没有磁性开始磁化，磁感应强度 B 随 H 的增加而增加，称为初始磁化曲线。当 H 增加到某一值 H_S时，B 几乎不再增加，说明磁化已达到饱和。材料磁化后，如使 H 减小，B 将不沿原路返回，而是沿另一条曲线 $AC'A'$下降。当 H 从 $-H_S$增加时，B 将沿 $A'CA$ 曲线到达 A，形成一闭合曲线，该闭合曲线称为磁滞回线，其中 $H=0$ 时，$|B|=B_r$，B_r称为剩余磁感应强度。要使磁感应强度 B 为零，就必须加一反向磁场 $-H_c$，H_c称为矫顽力。各种铁磁材料有不同的磁滞回线，主要区别在于矫顽力的大小，矫顽力大的称为硬磁材料，矫顽力小的称为软磁材料。

由于铁磁材料的磁滞特性，磁性材料所处的某一状态必然和它的历史有关。为了使样品的磁特性能重复出现，也就是指所测得的基本磁化曲线都是由原始状态（$H=0$，$B=0$）开始，在测量前必须进行退磁，以消除样品中的剩余磁性。

当初始态为 $H=B=0$ 的铁磁材料，在交变磁场强度由弱到强依次进行磁化，可以得到面积由小到大向外扩张的一簇磁滞回线，如图 3-43 所示，这些磁滞回线顶点的连线称为铁磁材料的基本磁化曲线，由此可近似确定其磁导率 $\mu=B/H$，因 B 与 H 非线性，故铁磁材

料的 μ 不是常数而是随 H 而变化的，如图 3－44 所示。铁磁材料的相对磁导率可高达数千乃至数万，这一特点是它用途广泛的主要原因之一。

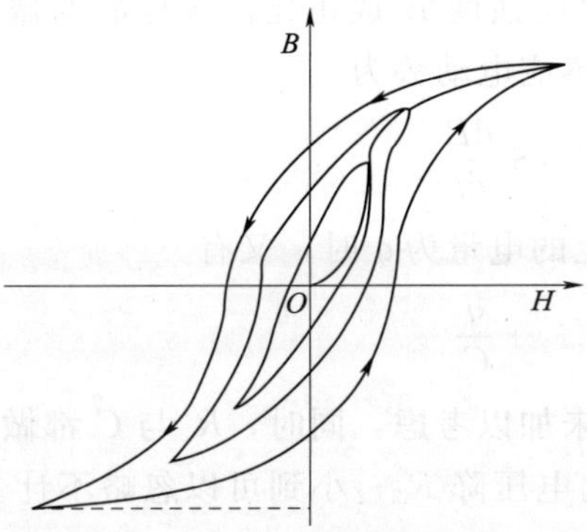

图 3－43　一簇磁滞回线

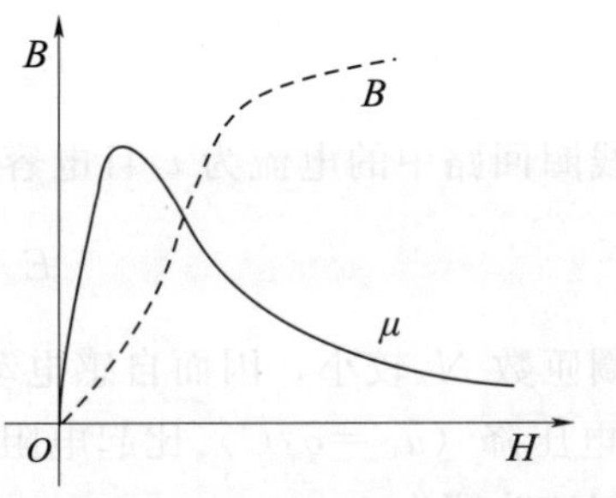

图 3－44　铁磁材料 μ 与 H 并系曲线

可以说磁化曲线和磁滞回线是铁磁材料分类和选用的主要依据，图 3－45 为常见的两种典型的磁滞回线，其中软磁材料的磁滞回线狭长，矫顽力、剩磁和磁滞损耗均较小，是制造变压器、电机、和交流磁铁的主要材料。而硬磁材料的磁滞回线较宽，矫顽力大，剩磁强，可用来制造永磁体。

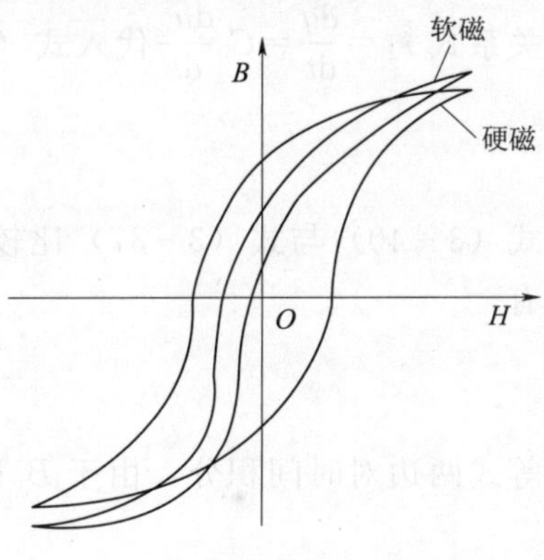

图 3－45　不同铁磁材料的磁滞回线

2. 示波器测量磁滞回线的原理

图 3－46 所示为示波器测动态磁滞回线的原理电路。将样品制成闭合的环形，然后均匀地绕以磁化线圈 N_1 及副线圈 N_2，即所谓的罗兰环。将交流电压 u 加在磁化线圈上，R_1 为取样电阻，其两端的电压 u_1 加到示波器的 X 输入端上。副线圈 N_2 与电阻 R_2 和电容串联成一回路。电容 C 两端的电压 u_c 加到示波器的 Y 输入端上。

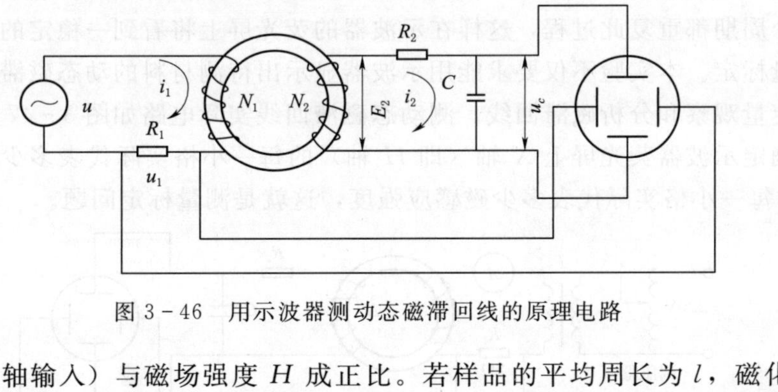

图 3－46　用示波器测动态磁滞回线的原理电路

(1) u_1（X 轴输入）与磁场强度 H 成正比。若样品的平均周长为 l，磁化线圈的匝数为 N_1，磁化电流为 i_1（瞬时值），根据安培环路定理，有 $Hl=N_1i_1$，而 $u_1=R_1i_1$，所以

$$u_1=\frac{R_1 l}{N_1}H \tag{3-36}$$

由于式中 R_1、l 和 N_1 皆为常数，因此，该式清楚地表明示波器荧光屏上电子束水平偏转的大小（u_1）与样品中的磁场强度（H）成正比。

（2）u_C（Y 轴输入）在一定条件下与磁感应强度 B 成正比。设样品的截面积为 S，根据电磁感应定律，在匝数为 N_2的副线圈中，感应电动势为

$$E_2=-N_2S\frac{\mathrm{d}B}{\mathrm{d}t} \tag{3-37}$$

此外，在副线圈回路中的电流为 i_2且电容 C 上的电量为 q 时，又有

$$E_2=R_2i_2+\frac{q}{C} \tag{3-38}$$

考虑到副线圈匝数 N_2较小，因而自感电动势未加以考虑，同时，R_2与 C 都做成足够大，使电容 C 上的电压降（$u_C=q/C$）比起电阻上的电压降 R_2i_2小到可以忽略不计。于是式（3-38）可以近似地改写为

$$E_2=R_2i_2 \tag{3-39}$$

将关系式 $i_2=\frac{\mathrm{d}q}{\mathrm{d}t}=C\frac{\mathrm{d}u_c}{\mathrm{d}t}$代入式（3-39），得

$$E_2=R_2C\frac{\mathrm{d}u_c}{\mathrm{d}t} \tag{3-40}$$

将式（3-40）与式（3-37）比较，不考虑其负号（在交流电中负号相当于相位差$\pm\pi$）时，应有

$$N_2S\frac{\mathrm{d}B}{\mathrm{d}t}=R_2C\frac{\mathrm{d}u_c}{\mathrm{d}t}$$

将等式两边对时间积分，由于 B 和 u_c都是交变的，故积分常数为 0。整理后得

$$u_c=\frac{N_2S}{R_2C}B \tag{3-41}$$

由于 N_2、S、R_2和 C 皆为常数，因此该式表明了示波器的荧光屏上竖直方向偏转的大小（u_c）与磁感应强度（B）成正比。

由此可见，在磁化电流变化的一周期内，示波器的光点将描绘出一条完整的磁滞回线，并在以后每个周期都重复此过程，这样在示波器的荧光屏上将看到一稳定的磁滞回线图形。

（3）测量标定。本实验不仅要求能用示波器显示出待测材料的动态磁滞回线，而且要能使用示波器定量观察和分析磁滞回线。测动态磁滞回线实际电路如图 3-47 所示。因此，在实验中还需确定示波器荧光屏上 X 轴（即 H 轴）的每一小格实际代表多少磁场强度，Y 轴（即 B 轴）的每一小格实际代表多少磁感应强度，这就是测量标定问题。

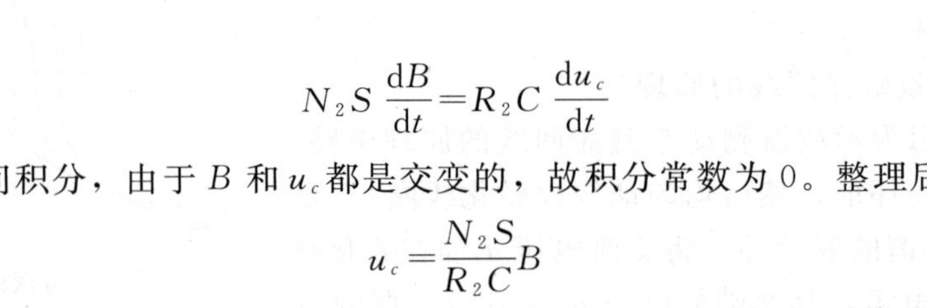

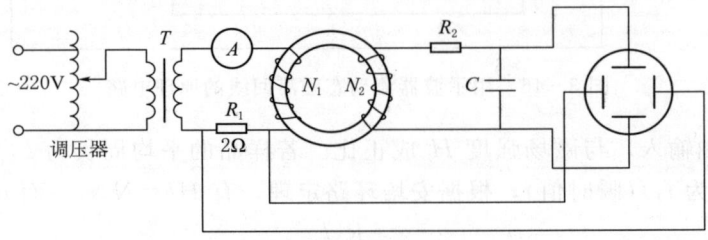

图 3-47 测动态磁滞回线实际电路

1）X 轴（H 轴）标定。X 轴标定操作的目的是标定 H。具体而言就是确定示波器荧光屏 X 轴（即 H 轴）的每一小格实际代表多少磁场强度。由式（3－36）可见，若设法测出光点沿 X 轴偏转的大小与电压 u_1 的关系，就可确定 H。具体标定 H 的线路图如图 3－48 所示。其中交流电表 A 用于测量 I_0（请注意 A 的指示是 i_0 的有效值 I_0）。调节 I_0 使荧光屏上水平线长度为 M_x 格，它对应于 u_1 且为峰值，即 $2\sqrt{2}R_1I_0$，因此，每一小格所代表的 u_1 值为 $2\sqrt{2}R_1I_0/M_x$。这样由式（3－36）就可知荧光屏每一小格所代表的磁场强度 H 是

$$H_0=\frac{2\sqrt{2}N_1I_0}{lM_x} \tag{3-42}$$

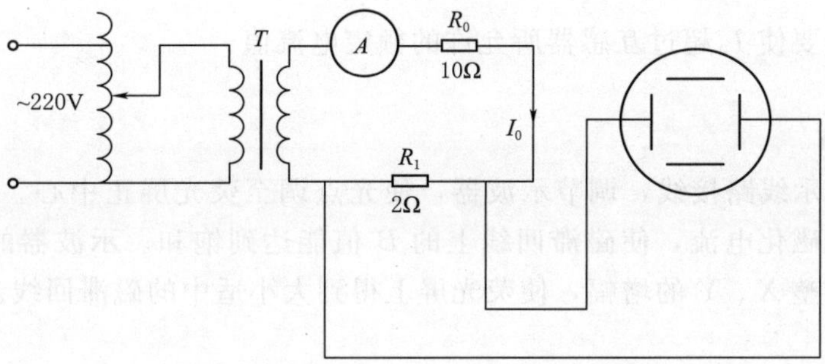

图 3－48　X 轴（H 轴）标定线路图

值得注意的是，标定线路中应将被测样品去掉，而代之以一纯电阻 R_0。这主要是因为被测样品铁磁材料的 B 和 H 的关系是非线性的，从而使电路中的电流产生非正弦形畸变。R_0 起限流作用，标定操作中应使 I_0 不超过 R_0 允许的电流。

2）Y 轴（B 轴）标定。Y 轴标定操作的目的是标定 B，具体而言就是确定 Y 轴（B 轴）的每一小格实际代表多少磁感应强度。具体标定 B 的线路如图 3－49 所示。图中 M 是一个标准互感器。

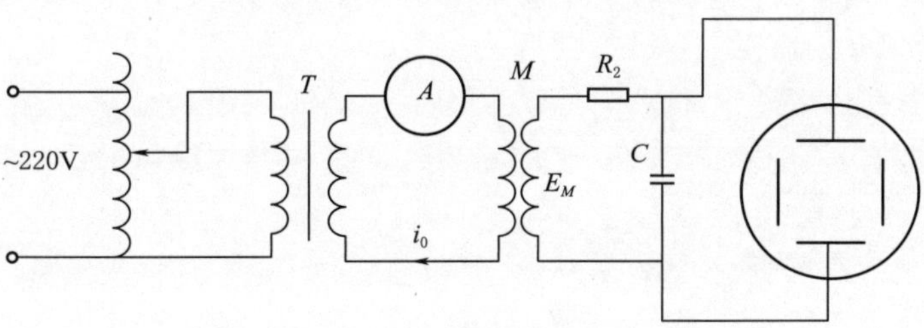

图 3－49　Y 轴（B 轴）标定线路图

流经互感器原边的瞬时电流为 i_0，则互感器副边中的感应电动势 E_0 为

$$E_0=-M\frac{\mathrm{d}i_0}{\mathrm{d}t}$$

类似于式（3－40），又有

$$M\frac{\mathrm{d}i_0}{\mathrm{d}t}=R_2C\frac{\mathrm{d}u_c}{\mathrm{d}t}$$

对上式两边积分，可得

$$u_C=\frac{Mi_0}{R_2C} \tag{3-43}$$

由于 A 测出的是 i_0 的有效值 I_0，所以对应于 u_c 的有效值 U_C，有

$$U_C=MI_0/R_2C$$

而相应的峰峰值为 $2\sqrt{2}MI_0/R_2C$。

若此时对应 u_c 峰峰值的垂直线总长度为 M_y，则根据式（3-41）可得，Y 轴每一小格所代表的磁感应强度为

$$B_0=\frac{2\sqrt{2}MI_0}{N_2SM_y} \tag{3-44}$$

应注意实验中，不要使 I_0 超过互感器所允许的额定电流值。

【实验内容】

1. 仪器的调节

按图 3-47 所示线路接线，调节示波器，使光点调至荧光屏正中心。调节调压变压器，从零开始逐步增大磁化电流，使磁滞回线上的 B 值能达到饱和。示波器的 X、Y 轴衰减置"1"挡，可适当调整 X、Y 的增幅，使荧光屏上得到大小适中的磁滞回线。记住此时磁化电流 I 的大小。

2. 测量动态磁滞回线

（1）样品退磁，把调压器的输出电压从最大值缓慢调至零，样品即被退磁。

（2）将电流调至 I，以每小格为单位测若干组 B、H 的坐标值。记住回线顶点 A（B_m、H_m）、剩磁（B_r）、矫顽力（H_c）三个点的读数（注意此后，示波器的 X 轴增幅，Y 轴增幅绝对不要改变，以便进行 H、B 标定）。

（3）标定 H 和 B，分别按图 3-48、图 3-49 接线。

（4）测磁化曲线，即测量大小不同的各个磁滞回线的顶点的连接。

（5）改变磁化电流的频率，观察磁滞回线的变化规律。

第四章 设计性实验

设计性物理实验的目的，是在学生具有一定实验能力基础上，把所学的物理学知识，运用到解决物理问题中。通过独立分析问题，使学生把知识转化为能力，这对激发学生创造性和深入研究的探索精神、培养科学实验能力、提高综合素质都有重要作用。

设计性物理实验要求学生根据题目中的任务和要求，自行设计合理的实验方案，并在实验过程中检验其正确性。根据题目中的任务和要求，学会查找文献、资料；以理论为根据建立物理模型；选择最佳条件与最少配套仪器，以及测量数据的处理方法，然后实验，观察现象，计算结果，测量数据，综合分析，写出完整的实验报告。

1. 设计性实验的进行程序

教师提出实验课题和研究项目，实验室提供条件。同学自行推证有关理论，确定实验方法，自行选择和组合配套仪器设备，熟悉实验仪器，选定实验内容，自行拟订实验方案，实验程序和注意事项等。做出具有一定精度的定量的测试结果，写出完整的实验报告。

2. 设计性实验的教学要求

在完成设计性实验的整个过程中，充分反映自己的实际水平与能力，力求有创新。实验方案的选择遵循最优化原则；测量方法的选择遵循误差最小原则；测量仪器的选择遵循误差均分原则；测量条件的选择遵循最有利原则。

3. 设计性实验报告的要求

(1) 引言：简明扼要地说明实验目的、内容、要求及实验结果的价值。

(2) 实验方法描述：介绍实验基本原理，简明扼要地进行公式推导，介绍基本方法、实验装置、测试条件等。

(3) 数据及处理：列出数据表格，进行计算及误差处理，给出最后结果。

(4) 结论：实验的小结。

(5) 参考资料：主要参考资料的名称、作者、出版物名称、出版者及出版时间。

4. 教学方法与考核方式

学生自行设计实验方案，教师指点启发，实验室为学生准备必要教学仪器。实验成绩考核按实验设计、实验过程、实验结果、实验报告分别记录实验成绩。

(1) 实验前的理论准备，预习情况。

(2) 实验方案的正确性与可行性。

(3) 实验中的操作、数据记录情况及实验问题的处理。

(4) 实验过程的态度、合作精神。

(5) 实验数据的分析与处理。

(6) 实验报告的完整性，结果的正确性及报告的整洁程度。

实验二十五　热电阻温度传感器特性研究

【引言】

温度是表征物体冷热程度的物理量。温度只能通过物体随温度变化的某些特性来间接测量。测温传感器就是将温度信息转换成易于传递和处理的电信号的传感器。

热电阻式传感器是利用导电物体的电阻率随温度而变化的效应制成的传感器。热电阻是中低温区最常用的一种温度检测器。它的主要特点是测量精度高，性能稳定。它分为金属热电阻和半导体热电阻两大类。

金属热电阻（铂电阻、铜电阻）的电阻值和温度一般可以用以下的近似关系式表示，即 $R_t=R_{t0}[1+\alpha(t-t_0)]$，式中 R_t 为温度 t 时的阻值；R_{t0} 为温度 t_0（通常 $t_0=0$℃）时对应电阻值；α 为温度系数。

半导体热敏电阻的阻值和温度关系为 $R_T=Ae^{B/T}$，式中 R_T 为温度为 T 时的阻值；A、B 是取决于半导体材料的结构的常数。

常用的热电阻有铂电阻、热敏电阻和铜电阻。其中铂电阻的测量精确度是最高的，它不仅广泛应用于工业测温，而且被制成标准的基准仪。

【任务与要求】

1. 任务

（1）恒流源法研究 Pt100 铂电阻温度特性。

（2）电桥法研究 Cu50 铜电阻温度特性。

（3）万用表法研究热敏电阻（NTC 和 PTC）的温度特性。

2. 要求

设计一个完成任务 1～3 的具体实验方案（仪器选择、原理、简要实验步骤、数据表格、数据处理方法等）。

【实验仪器】

DH－VC1 直流恒压恒流源（恒压 0～30V 可调，恒流 0～50mA 可调）；DH－SJ5 型温度传感实验装置（如图 4－2 所示）；温度传感器 Pt100 共 2 个；温度传感器 Cu50、NTC、PTC 各 1 个；数字万用表 1 个；电阻箱 1 个；电阻 2 个；九孔插板，导线若干。

【提示与注意事项】

（1）DH－SJ5 型温度传感实验装置用 Pt100 温度传感器作标准温度定标。

（2）恒流源特点其输出电流不随负载电阻的变化而变化，即电流输出保持恒定不变。

（3）从室温开始每升温 4℃测一次电阻值，要求测量 10 次。注意加热电流一般取 0.400A 较合适，使升温速率小些，以每分钟升温 2～3℃为宜，减少测量误差，表格自拟。

（4）用计算器或 Excel 软件对 Pt100、Cu50 的实验数据用最小二乘法原理进行线性拟合，得到 R_t-t 表达式并求温度系数 α，验证实验温度内近似线性结论。

（5）对 NTC 热敏电阻的 R_T-1/T 用最小二乘法原理（Excel 软件）进行指数拟合，得到什么结论？对 PTC 热敏电阻作电阻温度特性图，得到什么结论？

（6）任务 1 实验时恒流源电流设置为 3mA；任务 2 实验时电桥电源设置为 3V。

（7）第一次课讨论、设计具体的实验方案外，分别用恒流源法、电桥法、万用表法测量电阻箱的电阻，进行模拟练习，熟悉实验仪器使用与实验方法。

【附录1】

热电阻温度特性原理

1. Pt100铂电阻的测温原理

金属铂（Pt）的电阻值随温度变化而变化，并且具有很好的重现性和稳定性，利用铂的此种物理特性制成的传感器称为铂电阻温度传感器，通常使用的铂电阻温度传感器零度阻值为100Ω，电阻变化率为0.3851Ω/℃。铂电阻温度传感器精度高，稳定性好，应用温度范围广，是中低温区（－200～650℃）最常用的一种温度检测器，不仅广泛应用于工业测温，而且被制成各种标准温度计（涵盖国家和世界基准温度）供计量和校准使用。

按IEC751国际标准，温度系数TCR＝0.003851，Pt100（$R_0=100\Omega$）、Pt1000（$R_0=1000\Omega$）为统一设计型铂电阻。

$$TCR=(R_{100}-R_0)/(R_0\times100) \tag{4-1}$$

100℃时标准电阻值$R_{100}=138.51\Omega$。1000℃时标准电阻值$R_{1000}=1385.1\Omega$。

Pt100铂电阻的阻值随温度变化而变化，计算公式为

$$-200<t<0℃\quad R_t=R_0[1+At+Bt^2+C(t-100)t^3] \tag{4-2}$$

$$0<t<850℃\quad R_t=R_0(1+At+Bt^2) \tag{4-3}$$

式中：R_t为在t℃时的电阻值；R_0为在0℃时的电阻值；系数A、B、C分别为$A=3.90802\times10^{-3}℃^{-1}$，$B=-5.802\times10^{-7}℃^{-2}$，$C=-4.27350\times10^{-12}℃^{-4}$。

2. 热敏电阻温度特性原理（NTC型）

热敏电阻是阻值对温度变化非常敏感的一种半导体电阻，它有负温度系数和正温度系数两种。负温度系数的热敏电阻（NTC）的电阻率随着温度的升高而下降（一般是按指数规律）；而正温度系数热敏电阻（PTC）的电阻率随着温度的升高而升高；金属的电阻率则是随温度的升高而缓慢地上升。热敏电阻对于温度的反应要比金属电阻灵敏得多，热敏电阻的体积也可以做得很小，用它来制成的半导体温度计，已广泛地使用在自动控制和科学仪器中，并在物理、化学和生物学研究等方面得到了广泛的应用。

在一定的温度范围内，半导体的电阻率ρ和温度T之间有如下关系：

$$\rho=A_1e^{B/T} \tag{4-4}$$

式中：A_1和B为与材料物理性质有关的常数；T为绝对温度。

对于截面均匀的热敏电阻，其阻值R_T可用下式表示：

$$R_T=\rho\frac{l}{S} \tag{4-5}$$

式中：R_T的单位Ω；ρ的单位Ω·cm；l为两电极间的距离，单位cm；S为电阻的横截面积，单位cm^2。

将式（4－4）代入式（4－5），令$A=A_1\dfrac{l}{S}$，于是可得

$$R_T=Ae^{B/T} \tag{4-6}$$

对一定的电阻而言，A和B均为常数。对式（4－6）两边取对数，则有

$$\ln R_T=B\frac{1}{T}+\ln A \tag{4-7}$$

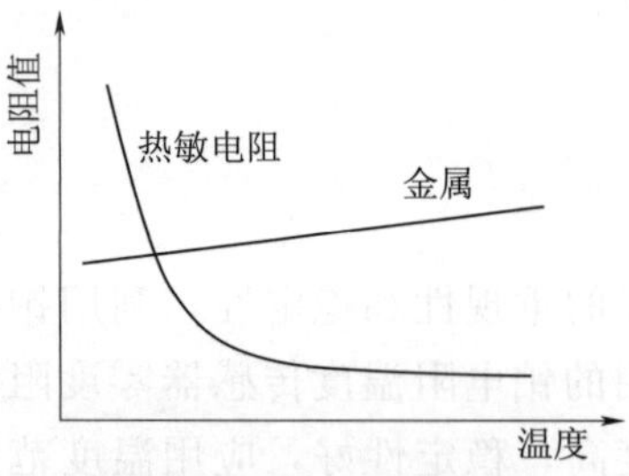

图 4-1　热敏电阻与普通电阻的温度特性

式中：R_T 为在温度 T(K) 时的电阻值；A 为在某温度时的电阻值；B 为常数，其值与半导体材料的成分和制造方法有关。

$\ln R_T$ 与 $\frac{1}{T}$ 呈线性关系，在实验中测得各个温度 T 的 R_T 值后，即可通过作图求出 B 值和 A 值，代入式（4-6），即可得到 R_T 的表达式。图 4-1 表示了热敏电阻（NTC）与普通电阻的不同温度特性。

3. Cu50 铜热电阻温度特性原理

铜热电阻是利用物质在温度变化时本身电阻也随着发生变化的特性来测量温度的。铜热电阻的受热部分（感温元件）是用细金属丝均匀地缠绕在绝缘材料制成的骨架上，当被测介质中有温度梯度存在时，所测得的温度是感温元件所在范围内介质层中的平均温度。铜热电阻在测温范围内电阻值和温度呈良好线性关系，可近似表示为 $R_t=R_0(1+\alpha t)$，铜热电阻温度系数 $\alpha=4.28\times10^{-3}℃^{-1}$，Cu50 铜热电阻 0℃的电阻 $R_0=50.0\Omega$。适用于无腐蚀介质，超过 150℃易被氧化，通常用于测量精度不高的场合。

【附录 2】

DH-SJ5 型温度传感器实验装置

1. 概述

DH-SJ5 型温度传感器实验装置（图 4-2）是以分离的温度传感器探头元器件，单个电子元件，以九孔板为实验平台来测量温度的设计性实验装置。该实验装置提供了多种测温方法，自行设计测温电路来测量温度传感器的温度特性。实验配有铂电阻 Pt100、热敏电阻(NTC 和 PTC)、铜热电阻 Cu50、铜-康铜热电偶、PN 结、AD590 和 LM35 等温度传感器。本实验装置采用智能温度控制器控温，具有以下特点。

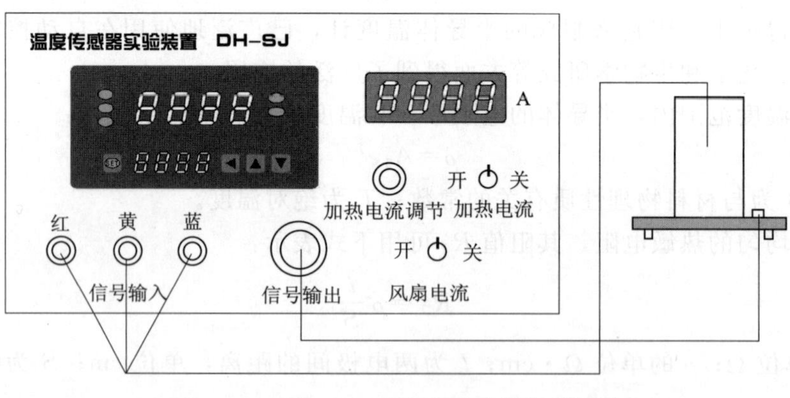

图 4-2　DH-SJ5 型温度传感器实验装置

（1）控温精度高、范围广，加热所需的温度可自由设定，采用数字显示。

（2）使用低电压恒流加热、安全可靠、无污染。加热电流连续可调。

（3）本仪器提供的是单个分离的温度传感器，形象直观，给实验带来了很大的方便，可对不同传感器的温度特性进行比较，更易于掌握它们的温度特性。

（4）采用九孔板作为实验平台，提供设计性实验。

(5) 加热炉配有风扇，在做降温实验过程中可采用风扇快速降温。

(6) 整体结构设计新颖，紧凑合理，外型美观大方。

2. 主要技术指标

(1) 电源电压：AC220V±10%（50/60H_Z）。

(2) 工作环境：温度0～40℃，相对湿度小于80%的无腐蚀性场合。

(3) 控温范围：室温～120℃。

(4) 温度控制精度：±0.2℃。

(5) 分辨率：0.1℃。

(6) 控制方式：先进的PID控制。

3. 温控仪与恒温炉的连线（图4-2）

Pt100的插头与温控仪上颜色对应的插座相连接。红→红；黄→黄；蓝→蓝。

【附录3】

电桥法测电阻的原理

如图4-3所示，设电桥供电电源电压为E，四个桥臂电阻分别为R_1、R_2、R_3和$R_4(t)$，其中R_1、R_2为电阻，R_3为电阻箱，而$R_4(t)$为传感元件，如铂电阻、铜电阻、热敏电阻等，其阻值随温度t而变化。若$R_1R_3 \neq R_2R_4(t)$，则电桥桥路上有电压$U_o(t)$输出，大小可用数字毫伏表显示。$R_4(t)$在加温过程中电阻值随温度而变化，所以要不断调节电阻箱R_3，使直流电压表（200mV）示值为0或接近0时立即记录电阻箱R_3的值，由R_1、R_2、R_3计算$R_4(t)$的值。实验中R_1、R_2电阻元件可用数字万用表测量。$U_o(t)=0$即电桥平衡，有

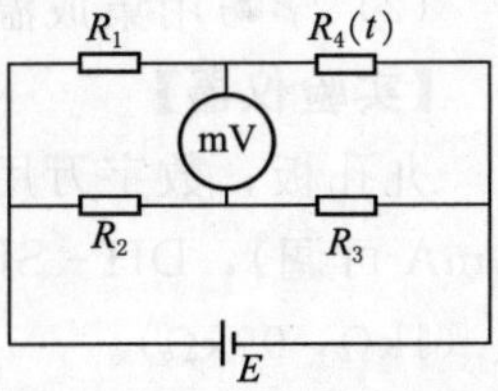

图4-3　电桥原理图

$$R_{4t}=\frac{R_1}{R_2}R_3$$

实验二十六　集成温度传感器特性研究

【引言】

AD590 是美国模拟器件公司生产的单片集成两端感温电流源，其输出电流与开尔文温标呈线性关系，灵敏度 1μA /K，具有性能稳定、无需补偿、热容量小、抗干扰能力强、可远距离测温且使用方便等优点。可广泛应用于各种冰箱、空调器、粮仓、冰库、工业仪器配套和各种温度的测量和控制等领域。

LM35 是 National Semiconductor 生产的温度传感器，其输出电压与摄氏温标呈线性关系，灵敏度 10mV/℃。芯片从电源吸收的电流几乎是不变的（约 50μA），所以芯片自身几乎没有散热的问题。LM35 已广泛用于一些工程系统上，如汽车自动检测线上的温度测量。一些具有温度检测功能的数字万用表温度探头也采用了 LM35 器件。

【任务与要求】

（1）研究常用集成温度传感器（AD590 和 LM35）温度特性。

（2）学习用集成温度传感器设计测温电路。

【实验仪器】

九孔板；数字万用表 1 个；DH－VC1 直流恒压恒流源（恒压 0～30V 可调，恒流 0～50mA 可调），DH－SJ5 型温度传感器实验装置（图 4－2）；温度传感器 AD590、LM35；电阻（1kΩ，99kΩ）。

【实验内容】

（1）了解 AD590、LM35 引脚及其功能。

（2）用 AD590 测量热力学温度。通过温控仪加热，观察从室温到 70℃ 温度传感器 AD590 的变化，每隔 5℃测一个数据。表格自拟，作 $V-T$ 曲线求灵敏度。

（3）用 LM35 测量摄氏温度。通过温控仪加热，观察从室温到 70℃ 温度传感器 LM35 的变化，每隔 5℃测一个数据。表格自拟，作 $V-t$ 曲线求灵敏度。

【附录】

集成温度传感器 AD590 和 LM35

1. 电流型集成温度传感器——AD590

（1）AD590 概述。AD590 是美国模拟器件公司生产的单片集成两端感温电流源。如图 4－4 所示。它的主要特性如下。

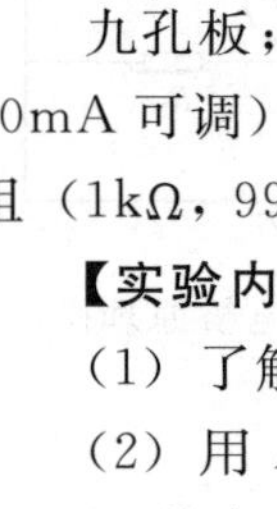

图 4－4　AD590 引脚

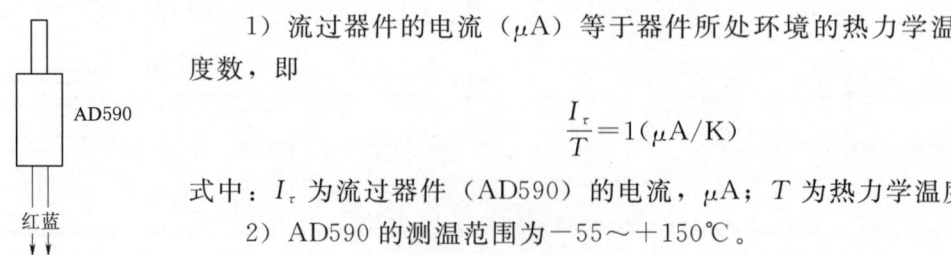

1）流过器件的电流（μA）等于器件所处环境的热力学温度（开尔文）度数，即

$$\frac{I_\tau}{T}=1(\mu A/K)$$

式中：I_τ 为流过器件（AD590）的电流，μA；T 为热力学温度，K。

2）AD590 的测温范围为－55～＋150℃。

3）AD590 的电源电压范围为 4～30V。电源电压可在 4～6V 范围变化，电流 I_τ 变化 1μA，相当于温度变化 1K。AD590 可以承受 44V 正向电压和 20V 反向电压，因而器件反接也不会被损坏。

4）输出阻抗＞10MΩ。

5）精度高。AD590 共有 I、J、K、L、M 五挡，其中 M 挡精度最高。

在－55～＋150℃范围内，非线性误差为±0.3℃。AD590 测量热力学温度、摄氏温度、两点温度差、多点最低温度、多点平均温度的具体电路，广泛应用于不同的温度控制场合。由于 AD590 精度高、价格低、不需辅助电源、线性好，常用于测温和热电偶的冷端补偿。

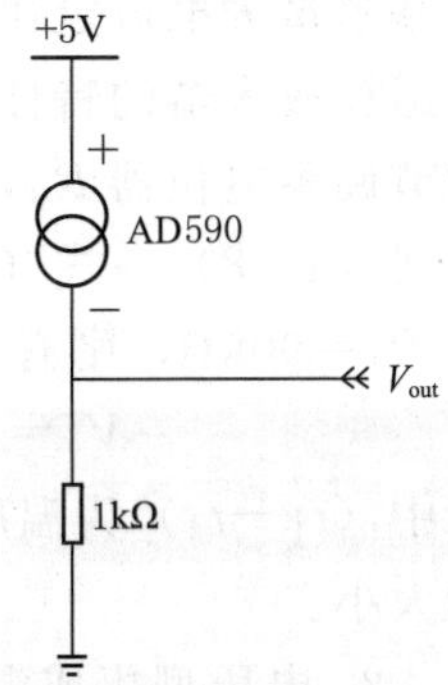

图 4－5 基本电路

（2）AD590 的应用电路。

1）基本应用电路。图 4－5 是 AD590 用于测量热力学温度的基本应用电路。因为流过 AD590 的电流与热力学温度成正比，当电阻 R_1 和电位器 R_2 的电阻之和为 1kΩ 时，输出电压 V_0 随温度的变化为 1mV/K。由于 AD590 的增益有偏差，电阻也有误差，因此应对电路进行调整。调整的方法为：把 AD590 放于冰水混合物中，调整电位器 R_2，使 $V_0=273.2$mV。或在室温下（25℃）条件下调整电位器，使 $V_0=273.2+25=298.2$（mV）。但这样调整只可保证在 0℃或 25℃附近有较高精度。

2）摄氏温度测量电路。

如图 4－6 所示，电位器 R_2 用于调整零点，R_4 用于调整运算放大器 LF355 的增益。调整方法如下：在 0℃时调整 R_2，使输出 $V_0=0$，然后在 100℃时调整 R_4 使 $V_0=100$mV。如此反复调整多次，直至 0℃时，$V_0=0$mV，100℃时 $V_0=100$mV 为止。最后在室温下进行校验。例如，若室温为 25℃，那么 V_0 应为 25mV。冰水混合物是 0℃环境，沸水为 100℃环境。

要使图 4－6 中的输出为 200mV/℃，可通过增大反馈电阻（图中反馈电阻由 R_3 与电位器 R_4 串联而成）来实现。AD581 是高精度集成稳压器，输入电压最大为 40V，输出电压为 10V。

3）温差测量电路及其应用。图 4－7 是利用两个 AD590 测量两点温度差的电路。在反馈电阻为 100kΩ 的情况下，设 1 号和 2 号 AD590 处的温度分别为 t_1（℃）和 t_2（℃），则输出电压为

$$V_{out}=(t_1-t_2)100(\text{mV}/℃)$$

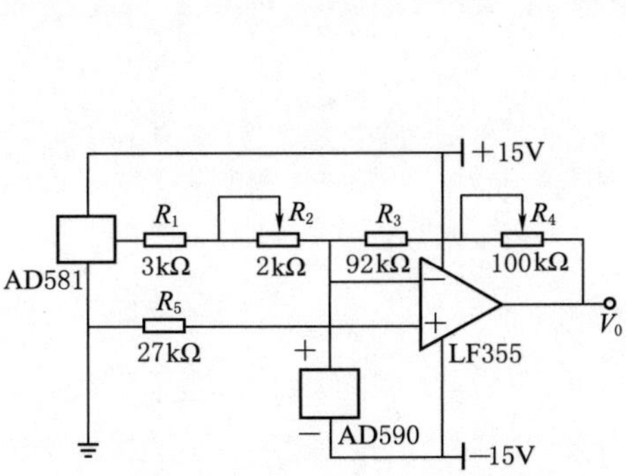

图 4－6 摄氏温度测量电路

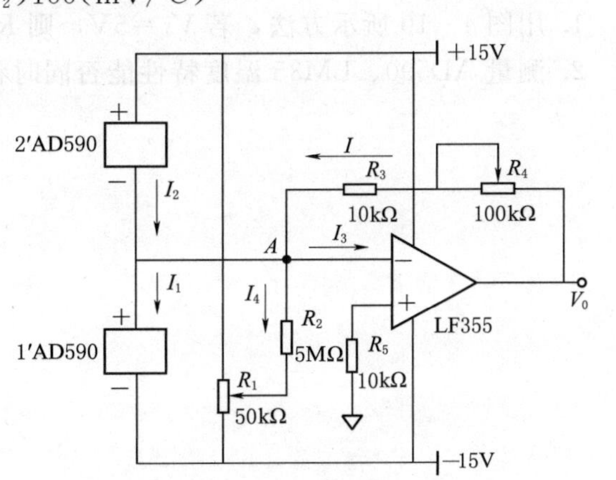

图 4－7 温差测量电路

图中电位器 R_2 用于调零。电位器 R_4 用于调整运算放大器 LF355 的增益。

由基尔霍夫电流定律： $$I+I_2=I_1+I_3+I_4 \tag{4-8}$$

由运算放大器的特性知： $$I_3=0 \tag{4-9}$$

调节调零电位器 R_2，使： $$I_4=0 \tag{4-10}$$

由式（4-8）～式（4-10）得：$I=I_1-I_2$

设 $R_4=90\text{k}\Omega$，则有

$$V_0=I(R_3+R_4)=(I_1-I_2)(R_3+R_4)=(t_1-t_2)100(\text{mV}/^\circ\text{C}) \tag{4-11}$$

其中（t_1-t_2）为温度差，单位为℃。由式（4-11）知，改变（R_3+R_4）的值可以改变 V_0 的大小。

2. 电压型集成温度传感器——LM35

LM35 是 National Semiconductor 生产的集成温度传感器，如图 4-8 所示。其输出电压值与摄氏温标呈线性关系，在 0℃时其电压输出为 0V，温度每升高 1℃时其电压输出就增加 10mV。在常温下，LM35 不需要额外的校准处理，其精度就可达到±1/4℃的准确率。LM35 的测温范围是－55～150℃。

$$V_{out}=10t(\text{mV})$$

图 4-9 为单电源模式；图 4-10 为正负双电源模式，图 4-10 中 $R_1=-Vs/50\mu\text{A}$。

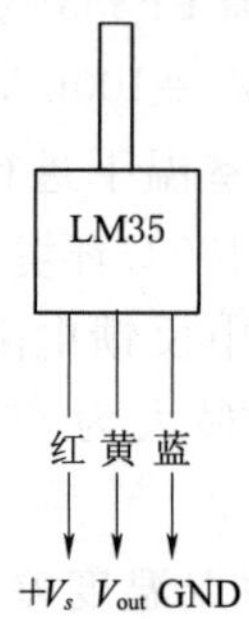

图 4-8 LM35 引脚

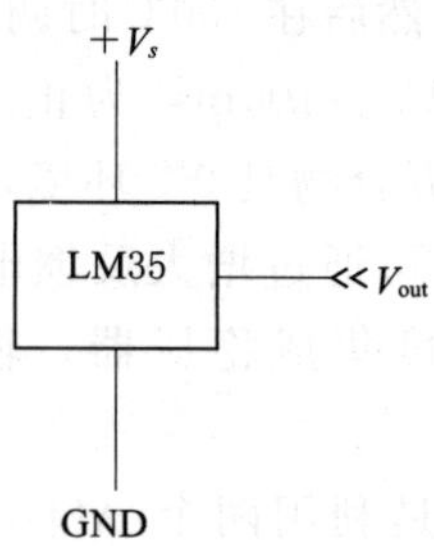

图 4-9 单电源模式

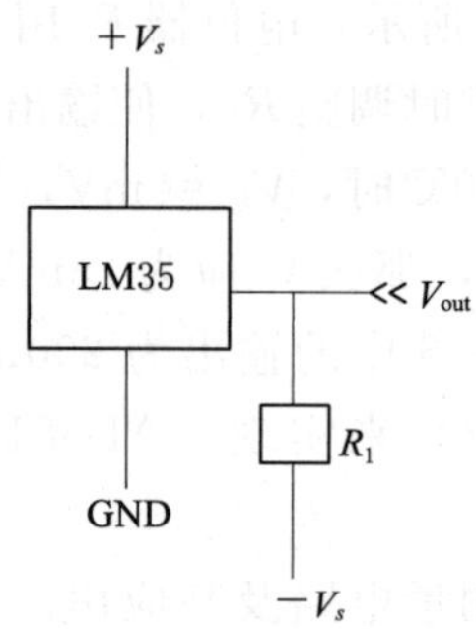

图 4-10 正负双电源模式

【思考题】

1. 用图 4-10 所示方法，若 $Vs=5\text{V}$，则 R_1 应多大？怎样实现？
2. 测量 AD590、LM35 温度特性能否同时将这两个传感器放在炉子上加热以节省时间？

实验二十七　非线性元件伏-安特性的测量

【引言】

满足欧姆定律 $U=RI$ 的电阻，若加在其两端的电压 U 与通过电阻的电流 I 呈线性关系，这种电阻叫线性电阻。但是很多器件的电压与电流不满足线性关系，这种电阻叫非线性电阻。非线性元件的阻值用微分电阻表示，定义为 $R=\mathrm{d}U/\mathrm{d}I$，它表示电压随电流变化的变化率，又叫动态电阻或特性电阻，这个定义是电阻的普遍定义。非线性电阻伏-安特性总是与一定的物理过程相联系，如发热、发光、能级跃迁等。江崎玲於奈等人因研究与隧道二极管负电阻有关的遂穿现象而获得1973年的诺贝尔物理学奖。

【任务与要求】

1. 任务

(1) 白炽灯泡伏安特性研究。

(2) 二极管正向伏安性特测量。

(3) 稳压二极管反向伏安特性测量。

2. 要求

设计一个完成任务（1）～（3）的具体实验方案（仪器选择、原理依据、电路设计、拟订简要实验步骤、数据表格、数据处理方法等）。

【实验仪器】

数字万用表2个；DH-VC1直流恒压源恒流源（恒压0～30V可调，恒流0～50mA可调）；整流二极管（1N4007）、白炽钨丝灯泡（8V/0.1A）、硅稳压二极管（2CW56）；电位器（470Ω/2W，2.2kΩ/1W，5kΩ/1W）各1个，电阻（100Ω/2W，200Ω/2W）各1个，开关1个，导线若干，九孔插板。图4-11是部分仪器实物图。

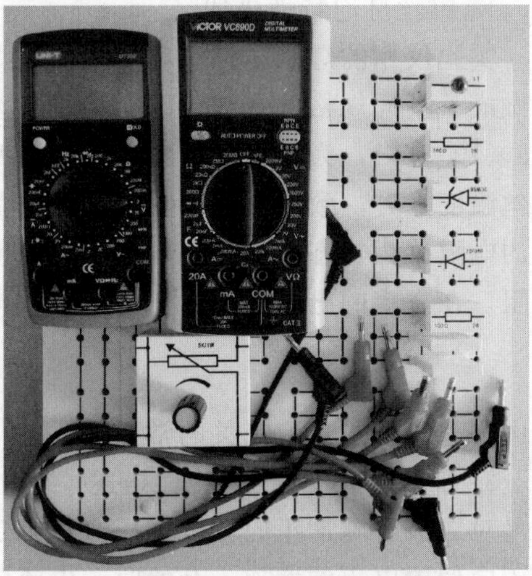

图4-11　实物图

【提示与注意事项】

1. 白炽灯泡伏安特性研究

提示：调节直流稳压电源，在0～8V每升1V测一次（白炽灯泡规格8V/0.1A）。在一定的电流范围内，白炽灯泡电压和电流的关系为：$U=KI^n$。可用EXCEL软件对测量数据用最小二乘法原理拟合 $U-I$ 关系，作灯泡的 $U-I$ 曲线。

2. 二极管正向伏-安特性测量

设计电路中标出限流电阻阻值、稳压电源电压参数。一般地，二极管电压测量选取以下电压：0.20，0.40，0.50，0.55，0.60，0.65，0.68，0.70，0.72（单位V），作二极管正向伏-安特性曲线图。

3. 稳压二极管反向伏-安特性测量

设计电路中标出限流电阻阻值、稳压电源电压参数。注意稳压二极管必须接反向电压！

测量时稳压二极管电流不要超过 20mA，作稳压二极管反向伏-安特性曲线图。

注意：当稳压二极管出现反向击穿的“雪崩效应”时，电压改为每 0.02V 测一次，测量电流到 20mA 为止，否则会因电流过大烧坏稳压二极管！

4. 数字万用表的直流电压表各挡内阻均 10MΩ；直流电流表 2mA 挡内阻约 100Ω，20mA 挡内阻约 10Ω，200mA 挡内阻约 1.5～4.5Ω，以上数值仅供参考。

【思考题】

1. 二极管与稳压二极管伏-安特性测量的电路设计必须采取限流措施，而白炽灯泡测量电路设计可以不考虑，为什么？从计算得到的电阻值进行解释。

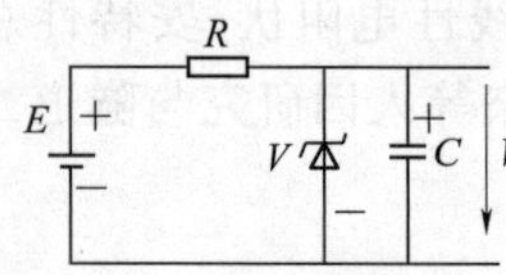

图 4-12　稳压二极管应用

2. 由测得稳压二极管特性曲线解释稳压原理，找出稳压二极管最佳的工作电流和稳定电压。

3. 根据测定的伏-安特性曲线设计一个简单的稳压电路，标定电路元件参数和未经稳定的电源电压范围，以及负载电阻允许通过的电流变化范围（参考图 4-12）。

【附录 1】

待测元件特性描述

1. 钨丝灯泡特性描述

实验仪用的灯泡中钨丝和家用白炽灯泡中钨丝同属一种材料，但丝的粗细和长短不同，就做成了不同规格的灯泡。本实验的钨丝灯泡规格为 8V/0.1A。金属钨的电阻温度系数为 $4.8\times10^{-3}/℃$，为正温度系数，当灯泡两端施加电压后，钨丝上就有电流流过，产生功耗，灯丝温度上升，致使灯泡电阻增加。灯泡不加电压时电阻称为冷态电阻。施加额定电压时测得的电阻称为热态电阻。钨丝点亮时温度很高，超过额定电压时会烧断，冷态电阻小于热态电阻。在一定的电流范围内，灯泡二端电压和流过的电流的关系为

$$U=KI^n$$

其中 K、n 为与灯泡有关的常数。

2. 二极管正向伏-安特性描述

对二极管施加正向偏置电压时，则二极管中就有正向电流通过（多数载流子导电），随着正向偏置电压的增加，开始时，电流随电压变化很缓慢，而当正向偏置电压增至接近二极管导通电压（锗管为 0.2V 左右，硅管为 0.7V 左右），电流急剧增加，二极管导通后，电压有少许变化，电流的变化都很大。

3. 稳压二极管伏安特性描述

2CW56 属硅半导体稳压二极管，其正向伏-安特性类似于 1N4007 型二极管，其反向特性变化甚大。当 2CW56 二端反向偏置电压不大于 5V，其电阻值很大，反向电流极小，据手册资料称其值不大于 0.5μA。随着反向偏置电压的进一步增加，大约到 7.6～8.1V 时，出现了反向击穿（有意掺杂而成），产生雪崩效应，其电流迅速增加，电压稍许变化，将引起电流巨大变化。只要在线路中，对“雪崩”产生的电流进行有效的限流措施，其电流有些许变化，二极管两端电压仍然是稳定的（变化很小），这就是稳压二极管的使用基础，其应用电路如图 4-12 所示。如果二极管稳压值为 7.9～8.1V，则要求 E 为

10V 左右；2CW56 工作电流选择 8mA，考虑负载电流为 2mA，通过限流电阻 R 的电流为 10mA，计算 R 值：

$$R=\frac{E-U_z}{I}=\frac{10-8}{0.01}=200\Omega$$

【附录 2】

数字万用表的使用

1. 使用方法

(1) 使用前阅读有关的使用说明书，熟悉电源开关、量程开关、插孔、特殊插口的作用。

(2) 将电源开关置于 ON 位置。

(3) 交直流电压的测量：根据需要将量程开关拨至 DCV（直流）或 ACV（交流）的合适量程，红表笔插入 V/Ω 孔，黑表笔插入 COM 孔，并将表笔与被测线路并联。

(4) 交直流电流的测量：将量程开关拨至 DCA（直流）或 ACA（交流）的合适量程，红表笔插入 mA 孔（＜200mA 时）或 10A 孔（＞200mA 时），黑表笔插入 COM 孔，并将万用表串联在被测电路中。

(5) 电阻的测量：将量程开关拨至 Ω 的合适量程，红表笔插入 V/Ω 孔，黑表笔插入 COM 孔。如果被测电阻值超出所选择量程的最大值，万用表将显示“1”，这时应选择更高的量程。测量电阻时，红表笔为正极，黑表笔为负极，这与指针式万用表正好相反。因此，测量晶体管、电解电容器等有极性的元器件时，必须注意表笔的极性。

图 4-13　数字万用表

2. 使用注意事项

(1) 如果无法预先估计被测电压或电流的大小，则应先拨至最高量程挡测量一次，再视情况逐渐把量程减小到合适位置。测量完毕，应将量程开关拨到最高电压挡，并关闭电源。

(2) 满量程时，仪表仅在最高位显示数字“1”，其他位均消失，这时应选择更高的量程。

(3) 数字万用表测量电压时与被测电路并联，测电流时串联，测直流量时不必考虑正、负极性。

(4) 当误用交流电压挡去测量直流电压，或者误用直流电压挡去测量交流电压时，显示屏将显示“000”，或低位上的数字出现跳动。

(5) 禁止在测量高电压（220V 以上）或大电流（0.5A 以上）时换量程，以防止产生电弧，烧毁开关触点。

(6) 当显示“BATT”或“LOW BAT”时，表示电池电压低于工作电压。

3. 数字万用表量程设置

直流电压 200mV/2V/20V/200V/1000V

交流电压 2V/20V/200V/750V

直流电流 2mA/200mA/20A
交流电流 2mA/200mA/20A
电阻 200Ω/2kΩ/20kΩ/2MΩ/20MΩ
电容 2nF/20nF/200nF/20mF
频率 2kHz/20kHz

实验二十八　RLC 电路稳态特性的研究

【引言】

电容、电感元件在交流电路中的阻抗是随着电源频率的改变而变化的。将正弦交流电压加到电阻、电容和电感组成的电路中时，各元件上的电压及相位会随着变化，这称作电路的稳态特性。

【任务与要求】

(1) 观测 RC 和 RL 串联电路的幅频特性和相频特性。

(2) 了解 RLC 串联、并联电路的相频特性和幅频特性。

(3) 观察和研究 RLC 电路的串联谐振和并联谐振现象。

【实验仪器】

双踪示波器 1 台；低频功率信号源 1 台；十进制电阻器 2 只（10×10Ω，10×100Ω）；可调电容器 1 只（0.022μF，10μF，100μF，470μF）；可调电感器 1 只（1mH，10mH，50mH，100mH）；电容 4 只（0.022μF，10μF，100μF，470μF）；电感 2 只（1mH，10mH）；纽子开关 1 个；短接桥和连接导线若干；九孔插件方板 1 块。

【提示与注意事项】

1. 信号源采用正弦波输出

对 *RC*、*RL*、*RLC* 电路的稳态特性采用正弦波。

注意： 仪器采用开放式设计，使用时要正确接线，不要短路功率信号源，以防损坏。

2. RC 串联电路的幅频特性和相频特性研究

(1) 幅频特性。选择正弦波信号，保持其输出幅度不变，分别用示波器测量不同频率时的 U_R、U_C，可取 $C=0.022\mu F$，$R=1k\Omega$，也可根据实际情况自选 R、C 参数。用双通道示波器观测时可用一个通道监测信号源电压，另一个通道分别测 U_R、U_C，但需注意两通道的接地点应位于线路的同一点，否则会引起部分电路短路，作 *RC* 串联电路的幅频特性图。

(2) 相频特性。将信号源电压 U 和 U_R 分别接至示波器的两个通道，可取 $C=0.022\mu F$，$R=1k\Omega$（也可自选）。从低到高调节信号源频率，观察示波器上两个波形的相位变化情况，可用李萨如图形法观测，并记录不同频率时的相位差，作 *RC* 串联电路的相频特性图。

注意下式为同频率的李萨如图形的椭圆方程，可以计算相位差。

$$\frac{x^2}{A_1^2}+\frac{y^2}{A_2^2}-\frac{2xy}{A_1A_2}\cos(\phi_2-\phi_1)=\sin^2(\phi_2-\phi_1)$$

3. *RL* 串联电路的幅频特性和相频特性研究

测量 *RL* 串联电路的幅频特性和相频特性与 *RC* 串联电路时方法类似，可选 $L=10mH$，$R=1k\Omega$，也可自行确定，作 *RL* 串联电路的幅频特性和相频特性图。

4. *RLC* 串联电路的幅频特性和相频特性研究

自选合适的 L 值、C 值和 R 值，用示波器的两个通道测信号源电压 U 和电阻电压 U_R，计算 Q 值。

(1) 幅频特性。保持信号源电压 U 不变（可取 $U_{PP}=5V$），根据所选的 L 值和 C 值，估算谐振频率，以选择合适的正弦波频率范围。从低到高调节频率，当 U_R 的电压为最大时的频率即为谐振频率，记录下不同频率时U_R的大小，作*RLC*串联电路的幅频特性图。

（2）相频特性。用示波的双通道观测U的相位差，U_R的相位与电路中电流的相位相同，观测在不同频率下的相位变化，记录下某一频率时的相位差值，作*RLC*串联电路的相频特性图。

5. *RLC*并联电路的幅频特性和相频特性研究（选做内容）

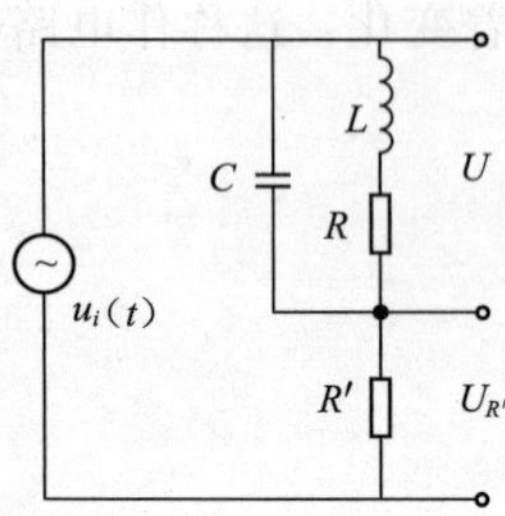

图 4-14　*RLC*并联电路

按图 4-14 进行连线，注意R为电感的内阻，它的值可用欧姆表测量，选取$L=10\text{mH}$、$C=0.022\mu\text{F}$、$R'=1\text{k}\Omega$。也可自行设计选定。注意R'的取值不能过小，计算Q值。作 RLC 并联电路的幅频特性和相频特性图。

（1）幅频特性。保持信号源的U值幅度不变（取U_{PP}为 4V），测量U和U'_R的变化情况。

（2）相频特性。用示波器的两个通道，测U与U'_R的相位变化情况。自行确定电路参数。

【附录】

RC、*RL*、*RLC* 稳态特性描述

1. *RC*串联电路的稳态特性

（1）*RC*串联电路的频率特性。在图 4-15 所示电路中，电阻R、电容C的电压有以下关系式：

$$I=\frac{U}{\sqrt{R^2+\left(\frac{1}{\omega C}\right)^2}} \tag{4-12}$$

$$U_R=IR \tag{4-13}$$

$$U_C=I\,\frac{1}{\omega C} \tag{4-14}$$

$$\phi=-\arctan\frac{1}{\omega CR} \tag{4-15}$$

其中ω为交流电源的角频率，U为交流电源的电压有效值，ϕ为电流和电源电压的相位差，它与角频率ω的关系如图 4-16 所示。可见当ω增加时，I和U_R增加，而U_C减小。当ω很小时$\phi\to-\frac{\pi}{2}$，ω很大时$\phi\to 0$。

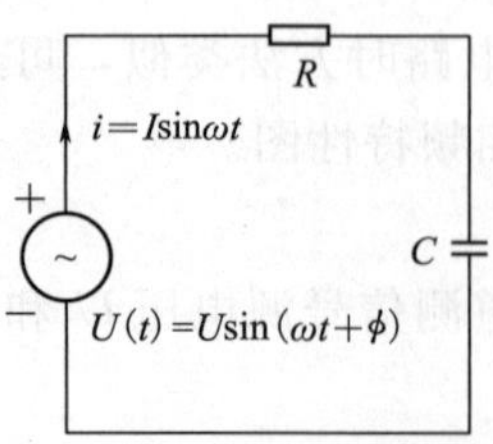

图 4-15　*RC*串联电路

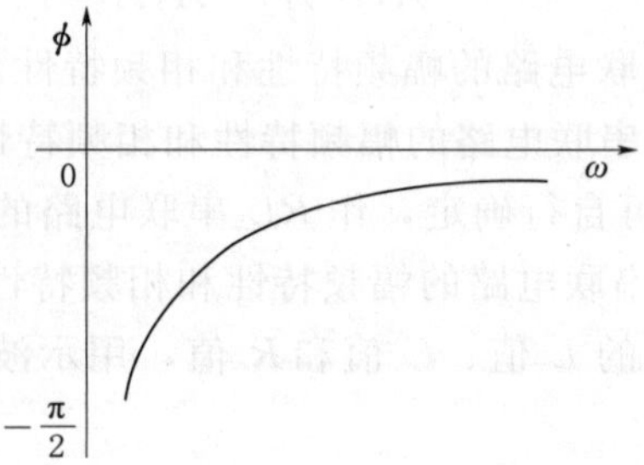

图 4-16　*RC*串联电路的相频特性

（2）RC 低通滤波电路。如图 4－17 所示，其中 U_i 为输入电压，U_o 为输出电压，则有

$$\frac{U_o}{U_i}=\frac{1}{1+j\omega RC} \tag{4-16}$$

它是一个复数，其模为

$$\left|\frac{U_o}{U_i}\right|=\frac{1}{\sqrt{1+(\omega RC)^2}} \tag{4-17}$$

设 $\omega_0=\frac{1}{RC}$，则由上式可知：

$\omega=0$ 时，$\left|\frac{U_o}{U_i}\right|=1$；$\omega=\omega_0$时，$\left|\frac{U_o}{U_i}\right|=\frac{1}{\sqrt{2}}=0.707$；$\omega\to\infty$时，$\left|\frac{U_o}{U_i}\right|=0$。

可见$\left|\frac{u_o}{u_i}\right|$随$\omega$ 的变化而变化，并且当 $\omega<\omega_0$时，$\left|\frac{u_o}{u_i}\right|$变化较小，$\omega>\omega_0$时，$\left|\frac{u_o}{u_i}\right|$明显下降。这就是低通滤波器的工作原理，使较低频率的信号容易通过，而阻止较高频率的信号通过。

（3）RC 高通滤波电路。RC 高通滤波电路的原理图如图 4－18 所示。

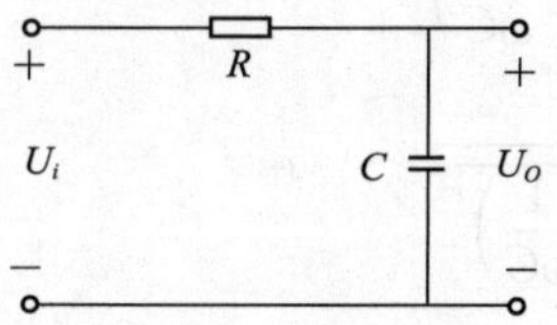

图 4－17　RC 低通滤波器电路

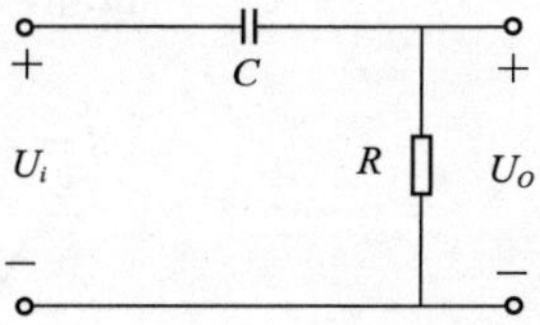

图 4－18　RC 高通滤波器电路

根据图 4－18 分析可知有

$$\left|\frac{U_o}{U_i}\right|=\frac{1}{\sqrt{1+\left(\frac{1}{\omega RC}\right)^2}} \tag{4-18}$$

同样令 $\omega_0=\frac{1}{RC}$，则

$\omega=0$ 时，$\left|\frac{U_o}{U_i}\right|=\frac{1}{\sqrt{2}}=0.707$；$\omega=\omega_0$时，$\left|\frac{U_o}{U_i}\right|=0$；$\omega\to\infty$时，$\left|\frac{U_o}{U_i}\right|=1$。

可见该电路的特性与低通滤波电路相反，它对低频信号的衰减较大，而高频信号容易通过，衰减很小，通常称作高通滤波电路。

2. RL 串联电路的稳态特性

RL 串联电路如图 4－19 所示，可见电路中 I、U、U_R、U_L有以下关系：

$$I=\frac{U}{\sqrt{R^2+(\omega L)^2}} \tag{4-19}$$

$$U_R=IR,U_L=I\omega L \tag{4-20}$$

$$\phi=\arctan\frac{\omega L}{R} \tag{4-21}$$

可见 RL 电路的幅频特性与RC 电路相反，ω 增加时，I、U_R减小 U_L则增大。它的相频

特性如图 4-20 所示。因此 ω 很小时 $\phi\to 0$，ω 很大时 $\phi\to\pi/2$。

3. RLC 电路的稳态特性

在电路中如果同时存在电感和电容元件，那么在一定条件下会产生某种特殊状态，能量会在电容和电感元件中产生交换，这种现象称为谐振现象。

(1) RLC 串联电路。在如图 4-21 所示电路中，电路的总阻抗 $|Z|$，电压 U 和 i 之间有以下关系：

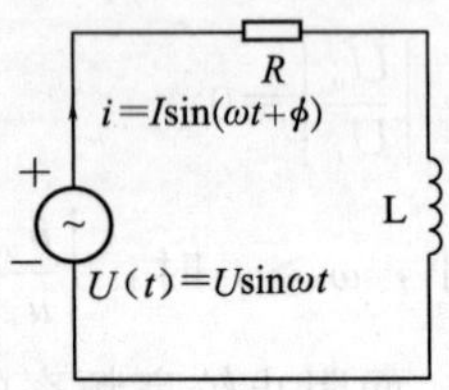

图 4-19 RL 串联电路

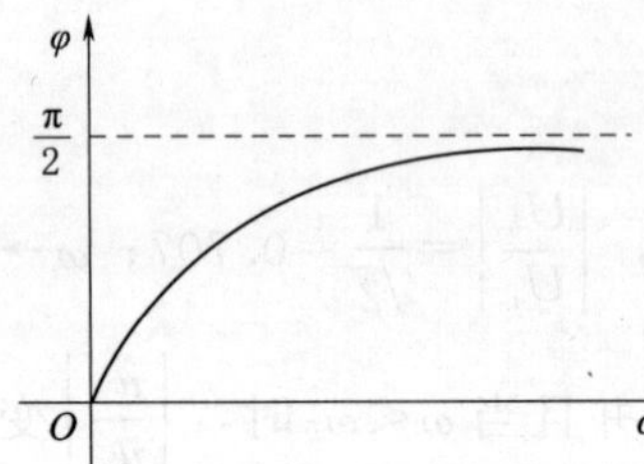

图 4-20 RL 串联电路的相频特性

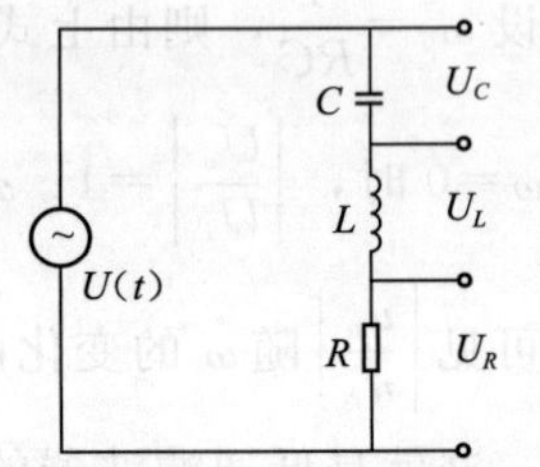

图 4-21 RLC 串联电路

$$|Z|=\sqrt{R^2+\left(\omega L-\frac{1}{\omega C}\right)^2} \tag{4-22}$$

$$i=\frac{U}{\sqrt{R^2+\left(\omega L-\frac{1}{\omega C}\right)^2}} \tag{4-23}$$

$$\phi=\arctan\frac{\omega L-\frac{1}{\omega C}}{R} \tag{4-24}$$

其中 ω 为角频率，可见以上参数均与 ω 有关，它们与频率的关系称为频响特性，如图 4-22所示。

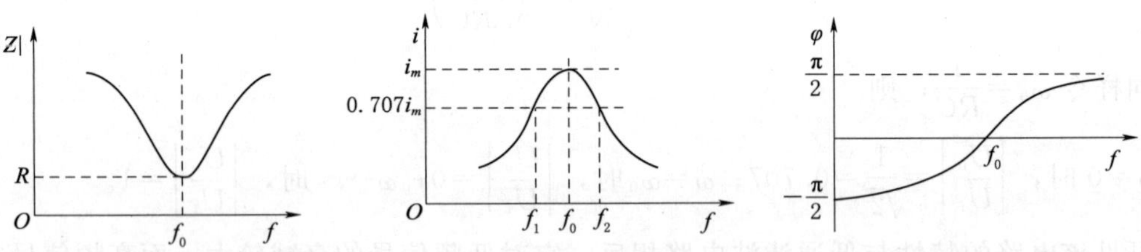

(a) RLC串联电路的阻抗特性　(b) RLC串联电路的幅频特性　(c) RLC串联电路的相频特性

图 4-22

由图 4-22 (a) 可知，在频率 f_0 处阻抗 $|Z|$ 值最小，且整个电路呈纯电阻性，而电流 i 达到最大值，f_0 称为 RLC 串联电路的谐振频率（ω_0 为谐振角频率）。从图 4-22 (b) 还可知，在 $f_1\sim f_0\sim f_2$ 的频率范围内 i 值较大，称为通频带。

下面我们推导出 $f_0(\omega_0)$ 和另一个重要的参数品质因数 Q。

当 $\omega L=\dfrac{1}{\omega C}$ 时，从式 (4-22)、式 (4-23) 及式 (4-24) 可知

$$|Z|=R,\phi=0,i_m=U/R$$

这时的
$$\omega=\omega_0=\frac{1}{\sqrt{LC}} \tag{4-25}$$
$$f=f_0=\frac{1}{2\pi\sqrt{LC}} \tag{4-26}$$
电感上的电压
$$U_L=i_m|Z_L|=\frac{\omega_0 L}{R}U \tag{4-27}$$
电容上的电压
$$U_C=i_m|Z_C|=\frac{1}{R\omega_0 C}U \tag{4-28}$$
U_C或U_L与U的比值称为品质因数Q。
$$Q=\frac{U_L}{U}=\frac{U_C}{U}=\frac{\omega_0 L}{R}=\frac{1}{R\omega_0 C} \tag{4-29}$$
可以证明$\nabla f=\frac{f_0}{Q}$，$Q=\frac{f_0}{\nabla f}$。

(2) RLC 并联电路。在图 4-14 所示的电路中有
$$|Z|=\sqrt{\frac{R^2+(\omega L)^2}{(1-\omega^2 LC)^2+(\omega RC)^2}} \tag{4-30}$$
$$\phi=\arctan\frac{\omega L-\omega C[R^2+(\omega L)^2]}{R} \tag{4-31}$$
可以求得并联谐振角频率
$$\omega_0=2\pi f_0=\sqrt{\frac{1}{LC}-\left(\frac{R}{L}\right)^2} \tag{4-32}$$
可见并联谐振频率与串联谐振频率不相等（当Q值很大时才近似相等）。

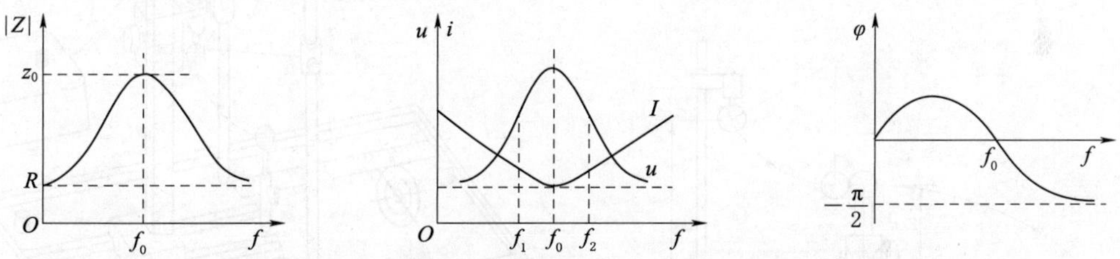

图 4-23　*RLC* 并联电路的阻抗特性、幅频特性、相频特性

图 4-23 给出了 RLC 并联电路的阻抗、相位差和电压随频率的变化关系。和 RLC 串联电路类似，品质因数 $Q=\frac{\omega_0 L}{R}=\frac{1}{R\omega_0 C}$。

由以上分析可知 RLC 串联、并联电路对交流信号具有选频特性，在谐振频率点附近，有较大的信号输出，其他频率的信号被衰减。这使得高频电路在通信领域中得到了非常广泛的应用。

实验二十九 碰 撞 打 靶

碰撞是力学研究的基础课题，有丰富的物理内容，从宏观天体的碰撞到微观物体粒子碰撞，是自然界中普遍存在的现象。本实验仪由美国哈佛大学的单摆打靶实验而来，经改进后，实验现象直观，内容有趣，是适应大理科平台实验教学改革的新型实验仪器。

【实验目的】

（1）通过球碰撞、平抛运动，进一步掌握碰撞与平抛运动规律。

（2）比较实验值与理论值差异，分析原因。

【实验仪器】

CP－1碰撞打靶实验仪

【实验要求】

（1）按图4－24推导在理想情况下（不考虑能量损失）被撞击金属球水平移动距离 x 与电磁铁吸头高度为 h_0，升降台高度为 y_0（其中 $h_0=h+r$，$y_0=y-r$，r 为金属球半径，铁球、铜球、铝球三个球半径相同）及金属球半径 r、质量 m 关系式。其中 h_0、y_0 可直接在图4－25所示实验仪上读取。

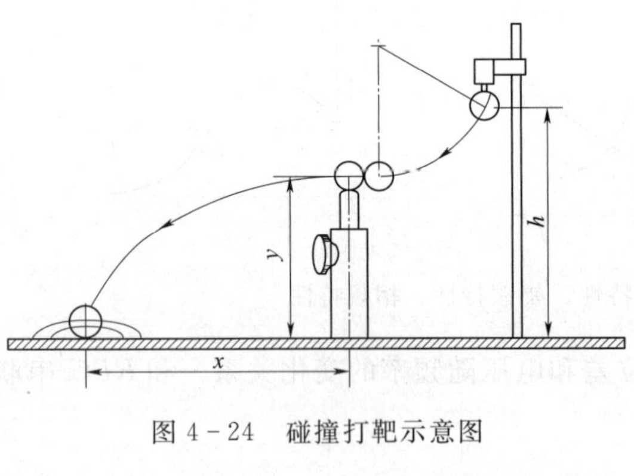

图4－24 碰撞打靶示意图

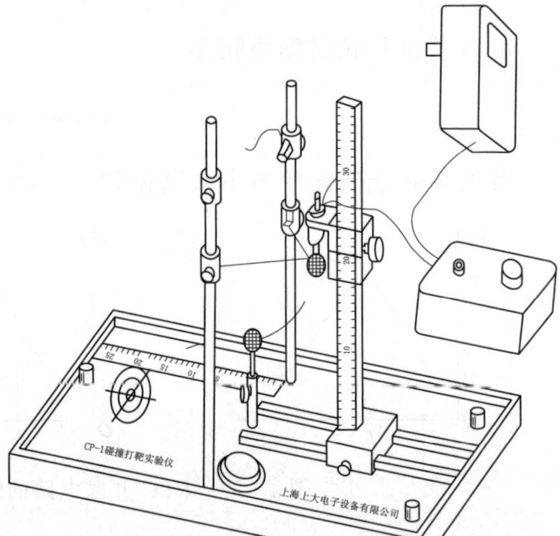

图4－25 CP－1碰撞打靶实验仪

（2）先将铁球作被撞击金属球，测量靶心离升降台距离 x，选合适的 y_0，通过理论计算电磁铁吸头高度 h_0 应多大？将电磁铁吸头移至理论计算值 h_0 位置做三次碰撞实验，铁球能击中靶心吗？为什么？

（3）记录上述三次碰撞实验铁球实际水平移动距离并计算平均值，计算能量损失大小。如果让铁球击中靶心，电磁铁吸头应移至什么位置？再做三次碰撞，以确定实际击中靶心时电磁铁位置。

（4）分析能量损失的各种原因，测出各部分能量损失大小。

（5）依次选铜球、铝球作被撞击金属球，重复上述实验步骤。结果如何？

【实验提示】

调节绳索有效工作长度，使撞击铁球正好在最低点与升降台上被撞击金属球水平相碰。

实验三十　用非平衡电桥设计电阻数字温度计

本实验作为非平衡电桥应用之一，是市场上各类数字温度计的雏形，具有一定的实用价值。让学生设计、组装铂电阻数字温度计并进行温度校验，将大大激发学生对设计性实验的兴趣。

【实验任务】

（1）用非平衡电桥设计铂电阻数字温度。

（2）在室温至 65℃范围进行温度校验。

【实验仪器】

直流稳压电源（0～5V），QJ23 型电桥（或 XZ95 型电阻箱），DH－SJ 型温度传感器实验装置，Pt100 铂电阻，标准温度计，SB2238B 数字万用表（用 200mV 挡，100mV 以下分辨率 0.01mV）。

【设计要求】

用数字万用表显示 0～100℃温度值，要求最大非线性温度误差≤0.5℃。（铂电阻允许最大电流 I_{max}≤3mA）

【设计提示】

1. 非平衡电桥测量温度原理

参照“图 2－24 非平衡电桥原理图”，由式（2－38）知，不同温度 t，对应不同 $U_o(t)$，通过数字万用表显示的 $U_o(t)$ 值就可确定对应温度 t 值，这就是非平衡电桥测量温度原理。但数字万用表显示值与温度是非线性的，这给温度标定和显示带来了困难。可以通过恰当方法进行线性化和数字化处理，使数字万用表显示毫伏数的十倍就代表温度值，即

$$U_o(t)=\frac{t}{10}(\mathrm{mV})$$

若显示 1.00mV 就表示铂电阻所处环境温度是 10.0℃，其余依次类推，并且保证显示温度误差不大于 0.5℃。如果能达到此要求，铂电阻数字温度计就设计好了。

2. 线性化和数字化处理

将式（2－44）代入式（2－38）并在一定条件下将其展开，令展开表达式

$$U_o(t)=a+bt+\Delta U(t)$$

其中 $\Delta U(t)$ 是非线性误差项，只要 $a=0$，$b=0.1$，$|\Delta U(t)|\leqslant 0.05$mV 即可。

提示：在 $0<Kt<1$ 条件下，$\frac{1}{1+Kt}=1-Kt+\sum_{n=2}^{\infty}(-1)^n K^n t^n=1-Kt+\frac{K^2t^2}{1+Kt}$

最后，对设计的数字温度计进行温度校验与结果分析。

实验三十一　光的色散实验研究

当入射光不是单色光并且入射到三棱镜时，虽然入射角对各种波长的光都相同，但出射角并不相同，表明折射率也不同。对一般的透明材料，折射率随波长的减小而增大。如紫光波长短，折射率大，光线偏折大；红光波长长，折射率小，光线偏折小。折射率 n 随光线波长 λ 而变化的现象称为色散。

【实验任务】

用分光计观察谱线，并测定玻璃材料的色散曲线。

【实验要求】

(1) 进一步巩固用分光计测量最小偏向角，计算材料折射率的原理和方法。

(2) 作出三棱镜的色散曲线。

【实验仪器】

分光计，平面镜，三棱镜，汞灯，钠光灯。

【实验提示】

用汞灯的光谱谱线的波长作为已知数据，测出各条谱线对应的最小偏向角 $\delta_{\min}$，并计算 $\delta_{\min}$对应的 n 值，在直角坐标中作三棱镜的 $n-\lambda$ 色散曲线。

实验三十二　光栅衍射与波长的测量

衍射光栅简称光栅，是利用多缝衍射原理使光发生色散的一种光学元件。实验室中通常使用的光栅是原刻光栅复制而成的，一般每毫米约 250～600 条线。20 世纪 60 年代以来，随着激光技术的发展又制造出了全息光栅。由于光栅衍射条纹狭窄细锐，分辨本领比棱镜高，所以常用光栅作摄谱仪、单色仪等光学仪器的分光元件，用来测定谱线波长、研究光谱的结构和强度等。

【实验任务】

（1）观察光栅的衍射光谱，用光栅衍射原理测定光栅常数。

（2）用光栅测定汞原子光谱部分谱线的波长。

【实验仪器】

JJY-1 型分光计、全息光栅、低压汞灯（紫 435.8nm、绿 546.1nm、黄 577.0nm 和黄 579.1nm）。

【实验要求】

1. 本实验已知绿光波长 $\lambda_{绿}=546.1$nm，测出相应的衍射角，计算出光栅常数；再根据得到的光栅常数，通过实验中测出的另外一条紫光和两条黄光的衍射角，求出紫光和两条黄光的波长，并计算百分差。表格自拟。

2. 光栅常数、紫光、两条黄光的波长表达式应携带不确定度参数。

【实验提示】

（1）测量前先调节好分光计，全息光栅平面的法线与分光计平行光管的中心轴平行。

（2）光栅衍射光的干涉条纹（$k=0$，±1，±2），如图 4-26 所示；光栅衍射光谱（$k=0$，±1），如图 4-27 所示。

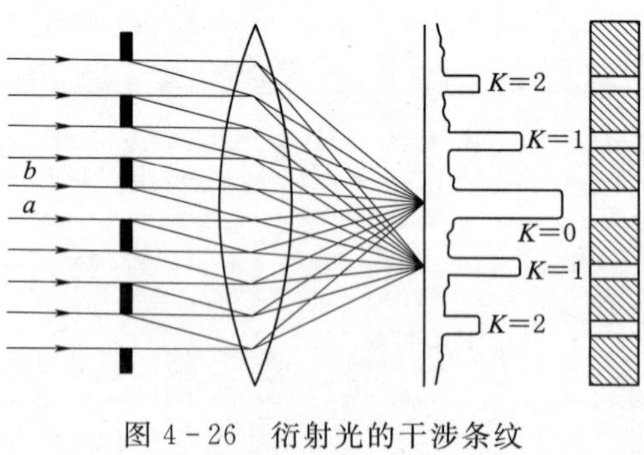

图 4-26　衍射光的干涉条纹

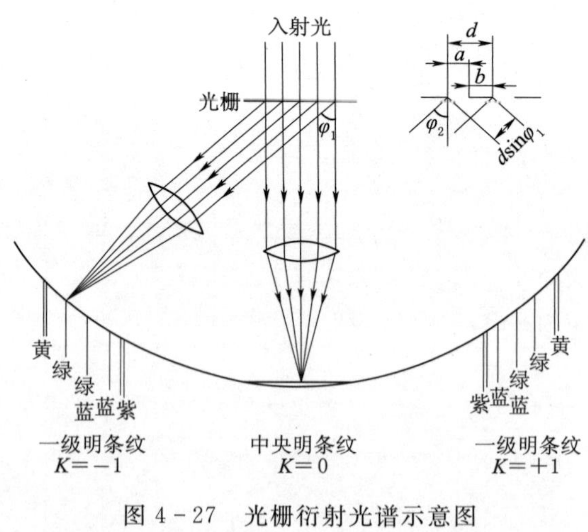

图 4-27　光栅衍射光谱示意图

（3）用分光计测出两条黄光、绿光、紫光衍射角 ϕ_k（$k=\pm1$，±2）。先将绿光 $k=\pm1$ 级两条衍射光夹角测出来，取平均值即为绿光 $k=\pm1$ 级的衍射角。其余类推。

附录Ⅰ 物理量单位

表附Ⅰ-1　　国际单位制的基本单位

量的名称	单位名称	单位符号
长度	米	m
质量	千克（公斤）	kg
时间	秒	s
电流	安［培］	A
热力学温度	开［尔文］	K
物质的量	摩［尔］	mol
发光强度	坎［德拉］	cd

表附Ⅰ-2　　国际单位制中具有专门名称的导出单位

量的名称	单位名称	单位符号	其他表示示例
频率	赫［兹］	Hz	s^{-1}
重力；力	牛［顿］	N	$kg \cdot m/s^2$
压力；压强；应力	帕［斯卡］	Pa	N/m^2
能量；功；热	焦［尔］	J	$N \cdot m$
功率；辐射能量	瓦［特］	W	J/s
电荷量	库［仑］	C	$A \cdot s$
电位；电压；电动势，电势	伏［特］	V	W/A
电容	法［拉］	F	C/V
电阻	欧［姆］	Ω	V/A
电导	西［门子］	S	A/V
磁通量	韦［伯］	Wb	$V \cdot s$
磁通量密度；磁感应强度	特［斯拉］	T	Wb/m^2
电感	亨［利］	H	Wb/A
摄氏温度	摄氏度	℃	
光通量	流［明］	lm	$cd \cdot sr$
光照度	勒［克斯］	lx	lm/m^2

表附Ⅰ-3　　国家选定的非国际单位制单位

量的名称	单位名称	单位符号	换算关系及说明
时间	分 [小] 时 天（日）	min h d	1min=60s 1h=60min=3600s 1d=24h=86400s
平面角	[角] 秒 [角] 分 度	(″) (′) (°)	1″=（π/648000）rad 1′=60″=（π/10800）rad 1°=60′=（π/180）rad
旋转速度	转每分	r/min	1 r/min=（1/60）s^{-1}
长度	海里	n mile	1 n mile=1852m （只用于航程）
速度	节	kn	1kn=1 n mile/h =（1852/3600）m/s （只用于航行）
质量	吨 原子质量单位	t u	1 t=10^3kg 1 u≈1.66×10^{-27}kg
体积	升	L，(l)	1 L=1 dm^3=$10^{-3}$$m^3$
能	电子伏 [特]	eV	1 eV≈1.6×10^{-19}J
级差	分贝	dB	
线密度	特 [克斯]	tex	1tex=1 g/km

表附Ⅰ-4　　用于构成十进倍数和分数单位的词头

所表示的因数	词头名称	词头符号	所表示的因数	词头名称	词头符号
10^{18}	艾 [可萨]	E	10^{-1}	分	d
10^{15}	拍 [它]	P	10^{-2}	厘	c
10^{12}	太 [拉]	T	10^{-3}	毫	m
10^{9}	吉 [咖]	G	10^{-6}	微	μ
10^{6}	兆	M	10^{-9}	纳 [诺]	n
10^{3}	千	k	10^{-12}	皮 [可]	p
10^{2}	百	h	10^{-15}	飞 [母托]	f
10^{1}	十	da	10^{-18}	阿 [托]	a

附录Ⅱ 常用物理基本常数表

物理常数	符号	最佳实验值	供计算用值
真空中光速	c	$299792458\pm1.2\mathrm{m\cdot s^{-1}}$	$3.00\times10^{8}\mathrm{m\cdot s^{-1}}$
引力常数	G	$(6.6720\pm0.0041)\times10^{-11}\mathrm{N\cdot m^2\cdot kg^{-2}}$	$6.67\times10^{-11}\mathrm{N\cdot m^2\cdot kg^{-2}}$
阿伏加德罗常数	N_A	$(6.022045\pm0.000031)\times10^{23}\mathrm{mol^{-1}}$	$6.02\times10^{23}\mathrm{mol^{-1}}$
普适气体常数	R	$(8.31441\pm0.00026)\mathrm{J\cdot mol^{-1}\cdot K^{-1}}$	$8.31\mathrm{J\cdot mol^{-1}\cdot K^{-1}}$
玻尔兹曼常数	k	$(1.380662\pm0.000041)\times10^{-23}\mathrm{J\cdot K^{-1}}$	$1.38\times10^{-23}\mathrm{J\cdot K^{-1}}$
理想气体摩尔体积	V_m	$(22.41383\pm0.00070)\times10^{-3}\mathrm{m^3\cdot mol^{-1}}$	$22.4\times10^{-3}\mathrm{m^3\cdot mol^{-1}}$
基本电荷（元电荷）	e	$(1.6021892\pm0.0000046)\times10^{-19}\mathrm{C}$	$1.602\times10^{-19}\mathrm{C}$
原子质量单位	u	$(1.6605655\pm0.0000086)\times10^{-27}\mathrm{kg}$	$1.66\times10^{-27}\mathrm{kg}$
电子静止质量	$\mathrm{m_e}$	$(9.109534\pm0.000047)\times10^{-31}\mathrm{kg}$	$9.11\times10^{-31}\mathrm{kg}$
电子荷质比	e/m_e	$(1.7588047\pm0.0000049)\times10^{11}\mathrm{C\cdot kg^{-1}}$	$1.76\times10^{11}\mathrm{C\cdot kg^{-1}}$
质子静止质量	m_p	$(1.6726485\pm0.0000086)\times10^{-27}\mathrm{kg}$	$1.673\times10^{-27}\mathrm{kg}$
中子静止质量	m_n	$(1.6749543\pm0.0000086)\times10^{-27}\mathrm{kg}$	$1.675\times10^{-27}\mathrm{kg}$
法拉第常数	F	$(9.648456\pm0.000027)\times10^{4}\mathrm{C\cdot mol^{-1}}$	$9.65\times10^{4}\mathrm{C\cdot mol^{-1}}$
真空介电常数（电容率）	ε_0	$(8.854187818\pm0.000000071)\times10^{-12}\mathrm{F\cdot m^{-1}}$	$8.85\times10^{-12}\mathrm{F\cdot m^{-1}}$
真空磁导率	μ_0	$12.5663706144\times10^{-7}\mathrm{H\cdot m^{-1}}$	$4\pi\times10^{-7}\mathrm{H\cdot m^{-1}}$
电子磁矩	μ_e	$(9.284832\pm0.000036)\times10^{-24}\mathrm{J\cdot T^{-1}}$	$9.28\times10^{-24}\mathrm{J\cdot T^{-1}}$
质子磁矩	μ_p	$(1.4106171\pm0.0000055)\times10^{-23}\mathrm{J\cdot T^{-1}}$	$1.41\times10^{-23}\mathrm{J\cdot T^{-1}}$
玻尔（Bohr）半径	α_0	$(5.2917706\pm0.0000044)\times10^{-11}\mathrm{m}$	$5.29\times10^{-11}\mathrm{m}$
玻尔（Bohr）磁子	μ_B	$(9.274078\pm0.000036)\times10^{-24}\mathrm{J\cdot T^{-1}}$	$9.27\times10^{-24}\mathrm{J\cdot T^{-1}}$
核磁子	μ_N	$(5.059824\pm0.000020)\times10^{-27}\mathrm{J\cdot T^{-1}}$	$5.05\times10^{-27}\mathrm{J\cdot T^{-1}}$
普朗克（Planck）常数	h	$(6.626176\pm0.000036)\times10^{-34}\mathrm{J\cdot s}$	$6.63\times10^{-34}\mathrm{J\cdot s}$
精细结构常数	a	$7.2973506(60)\times10^{-3}$	
里德伯（Rydberg）常数	R	$1.097373177(83)\times10^{7}\mathrm{m^{-1}}$	
电子康普顿波长	λ_{ce}	$2.4263089(40)\times10^{-12}\mathrm{m}$	
质子康普顿波长	λ_{cp}	$1.3214099(22)\times10^{-15}\mathrm{m}$	
质子电子质量比	m_p/m_e	1836.1515	
钠光谱中黄线波长	λ		$5.893\times10^{-7}\mathrm{m}$
冰点绝对温度	T_0		273.15K
标准大气压	P_0		101325Pa
空气中声速（标态）	V_0		$331.45\mathrm{m\cdot s^{-1}}$
干燥空气密度（标态）	$\rho_{空气}$		$1.293\mathrm{kg\cdot m^{-3}}$

附录Ⅲ 常用物理数据表

表附Ⅲ-1 20℃时常用金属的杨氏模量 E

金属	$E/(\times 10^4 N/mm^2)$	金属	$E/(\times 10^4 N/mm^2)$
铝	7.0～7.1	灰铸铁	6～17
银	6.9～8.2	硬铝合金	7.1
金	7.7～8.1	球木铸铁	15～18
锌	7.8～8.0	康铜	16.0～16.6
铜	10.3～12.7	铸钢	17.2
铁	18.6～20.6	碳钢	19.6～20.6
镍	20.3～21.4	合金钢	20.6～22.0
铬	23.5～24.5		
钨	40.7～41.5		

表附Ⅲ-2 物质中的声速

物质		声速/(m/s)	物质	声速/(m/s)
氧气	0℃	317.2	NaCl 14.8%水溶液 20℃	1542
氩气	0℃	319	甘油	1923
干燥空气	0℃	331.45	铅	1210
	10℃	337.46	金	2030
	20℃	343.37	银	2680
	30℃	349.18	锡	2730
	40℃	354.89	铂	2800
氮气	0℃	337	铜	3750
氢气	0℃	1269.5	锌	3850
二氧化碳	0℃	258	钨	4320
一氧化碳	0℃	337.1	镍	4900
四氯化碳	20℃	935	铝	5000
乙醚	20℃	1006	不锈钢	5000
乙醇	20℃	1168	重硅钾铅玻璃	3720
丙酮	20℃	1190	轻氯铜银冕玻璃	4540
汞	20℃	1451	硼硅酸玻璃	5170
水	20℃	1482.9	熔融石英	5760

注 气体压强为一个大气压；固体声速指沿棒传播纵波速度。

表附Ⅲ-3　常用材料的导热系数

物质		导热系数 /[10^{-2}W/(m·K)]	物质		导热系数 /[10^{-2}W/(m·K)]
干燥空气	27℃	2.60	乙醇	20℃	1.7
氮气	27℃	2.61	甘油	0℃	2.9
氢气	27℃	18.2			
二氧化碳	27℃	1.66	银	0℃	4.18
氧气	27℃	2.68	铝	0℃	2.38
氦气	27℃	15.1	黄铜	0℃	1.2
氖气	27℃	4.90	铜	0℃	4.0
			不锈钢	0℃	0.14
水	0℃	5.61	玻璃	0℃	0.010
	20℃	6.04	橡胶	25℃	1.6×10^{-3}
100℃		6.80	木材	27℃	$(0.4\sim3.5)\times10^{-3}$

表附Ⅲ-4　金属和合金的电阻率及其温度系数

金属或合金	电阻率 ρ/($10^{-6}\Omega\cdot$cm)		温度系数 α/(10^{-3}/℃)
铁	8.70	(0℃)	6.5
金	2.01	(0℃)	4.0
银	1.47	(0℃)	4.0
锡	12.0	(20℃)	4.4
铂	10.5	(20℃)	3.9
铜	1.55	(0℃)	4.3
锌	5.65	(0℃)	4.2
钨	4.89	(0℃)	5.1
铝	2.50	(0℃)	4.6
水银	95.8	(20℃)	1.0
黄铜	8.00	(20℃)	1.0
钢（0.1～0.15%碳）	10～14	(20℃)	6.0
镍铬合金	98～110	(20℃)	0.03～0.4

表附Ⅲ-5　物质的折射率 n

典型气体折射率

气体	折射率	气体	折射率
氦	1.000035	氮	1.000298
氖	1.000067	氨	1.000379
甲烷	1.000144	一氧化碳	1.000334
氢	1.000232	二氧化碳	1.000451
水蒸气	1.000255	硫化氢	1.000641

续表

气 体	折射率	气 体	折射率
氧	1.000271	二氧化硫	1.000686
氩	1.000281	氯	1.000786
空气	1.000292	乙烯	1.000719

典型液体折射率

液 体	折射率	液 体	折射率
盐酸 10.5℃	1.254	甲苯 20℃	1.495
甲醇 20℃	1.3292	氨水 16.5℃	1.325
丙酮 20℃	1.3591	三氯甲烷 20℃	1.446
甘油 20℃	1.474	二氧化碳 15℃	1.195
水 20℃	1.3330	苯 20℃	1.501
硝酸（99.94%） 16℃	1.397	二硫化碳 18℃	1.6255
硫酸（98%） 23℃	1.429	乙醇 20℃	1.3605
加拿大树胶 20℃	1.530	乙醚 20℃	1.3510

典型固体折射率

固 体	折射率	固 体	折射率
氯化钾	1.49044	火石玻璃	1.6055
氯化钠	1.5111	重冕玻璃 ZK_6	1.6126
冕牌玻璃 K_6	1.5159	ZK_8	1.6140
K_8	1.5163	钡火石玻璃	1.6259
K_9	1.5399	重火石玻璃 ZF_1	1.6475
钡冕玻璃	1.5443	ZF_6	1.7550

注 表中数据均为 *D* 线（钠黄光）的折射率。

表附Ⅲ-6 **常用光源的谱线波长** 单位：nm

氢（H）	汞（Hg）	钠（Na）	镉（Cd）	He-Ne 激光
656.3 红	423.4 橙	589.6 黄	643.8 红	632.8 橙
486.1 蓝绿	579.1 黄$_2$	589.0 黄	508.6 绿	
434.1 紫	577.0 黄$_1$			
410.2 紫	546.1 绿			
397.0 紫	491.6 蓝绿			
	435.8 紫$_2$			
	404.7 紫$_1$			

参 考 文 献

[1] 丁慎训，张连芳．物理实验教程［M]．2版．北京：清华大学出版社，2002.
[2] 隋成华，施建青．大学基础物理教程［M]．杭州：浙江电子音像出版社，2001.
[3] 是度芳，贺渝龙．基础物理实验［M]．武汉：湖北科学技术出版社，2003.
[4] 周殿清．大学物理实验［M]．武汉：武汉大学出版社，2002.
[5] 黄贤武，郑筱霞．传感器原理与应用［M]．成都：电子科技大学出版社，1999.
[6] 曾仲宁．大学物理实验［M]．北京：中国铁道出版社，2002.
[7] 潘人培，董宝昌．物理实验教学参考书［M]．北京：高等教育出版社，1990.
[8] 闵锐，徐勇，孙峥．电子线路基础［M]．西安：西安电子科技大学出版社，2003.
[9] 张雄，王黎．物理实验设计与研究［M]．北京：科学出版社，2001.
[10] ［美］A. M. 波蒂斯，H. D. 杨．大学物理实验伯克利物理实验［M]．北京：科学出版社，1982.
[11] 赵凯华，等．新概念物理学［M]．北京：高等教育出版社，1998.
[12] 朱鹤年．基础物理实验教程［M]．北京：高等教育出版社，2003.
[13] 杨述武．普通物理实验［M]．3版．北京：高等教育出版社，2000.
[14] 齐文辉，王宇鑫．对伏安法测量太阳电池输出特性实验的研究［J]．企业科技与发展，2009（4).
[15] 姜林．太阳能电池基本特性测定实验——一个与能源利用有关的综合设计性实验［J]．大学物理，2005（6).
[16] 李海雁，杨锡震．太阳能电池［J]．大学物理，2003（9).
[17] 华金龙，等．大学物理学（下册）［M]．上海：同济大学出版社，1996.
[18] 郝柏林．分岔、混沌、奇怪吸引子、湍流及其它——关于确定论系统中的内在随机性［J]．物理学进展，1983.
[19] 赵凯华．从单摆到混沌［J]．现代物理知识，1994.
[20] 郝柏林．从抛物线谈起——混沌动力学引论［M]．上海：上海科技教育出版社，1993.
[21] 张连芳，等．非线性电路中混沌现象的模拟实验［J]．工科物理增刊，1998.
[22] 王昊，李昕．集成运放应用电路设计360例［M]．北京：高等教育出版社，2007.
[23] 邵建新．二极管伏安特性曲线测试电路的改进［J]．物理实验，2002（3).
[24] 唐恒阳．改进的二极管伏安特性电路［J]．大学物理，2000（8).
[25] 阮亮，高红，常缨，等．用非平衡电桥法设计和组装电子数字温度计［J]．物理实验，2001（10).
[26] 汪建军．基于非平衡电桥的电阻数字温度计设计［J]．浙江万里学院学报，2009（2).
[27] 葛松华，唐亚明．光的色散实验研究［J]．实验科学与技术，2009（6).
[28] 王绍符．教学中三棱镜光的色散与复合之实验研究［J]．现代物理知识，2005（2).